高等学校“十三五”规划教材

线性代数（第二版）

Xianxing Daishu

长江大学线性代数教研室　组　编

李克娥　熊　骏　主　编

吴海涛　潘大勇　副主编

華中科技大學出版社

http://www.hustp.com

中国·武汉

内 容 提 要

本书基本上保留了原来的体系，第4章改动稍大，个别章节在表述的详略方面做了优化和取舍：增加了一些应用型的案例，调整并增加了部分例题和习题，修改了少许文字，增加了解说性的批注和段落，简化了一些定理的证明.

本书介绍了线性代数的基本概念、基本理论和基本方法，并结合数学软件 MATLAB，解决了线性代数中的一些计算问题. 本书内容主要包括行列式、矩阵及其运算、矩阵的初等变换与线性方程组、向量组的线性相关性、方阵的特征值与对角化、二次型、线性空间与线性变换、MATLAB 在线性代数中的应用等内容. 本书侧重于工程数学的基本方法，注重学生应用能力的培养，注重概念、理论和方法的引入，增加了数学软件的应用. 每章都有小结，并配有一定数量的习题和部分习题的参考答案，完成前6章教学大约需40学时.

本书可作为高等院校理工科、经管类各专业本科生的教材和相关课程教师的参考用书.

图书在版编目(CIP)数据

线性代数/长江大学线性代数教研室组编；李克娥，熊骏主编. —2版. —武汉：华中科技大学出版社，2019.7(2024.7重印)

高等学校"十三五"规划教材

ISBN 978-7-5680-5493-5

Ⅰ.①线… Ⅱ.①长… ②李… ③熊… Ⅲ.①线性代数-高等学校-教材 Ⅳ.①O151.2

中国版本图书馆 CIP 数据核字(2019)第160051号

线性代数(第二版) 长江大学线性代数教研室 组编

Xianxing Daishu(Di-er Ban) 李克娥 熊 骏 主编

策划编辑：袁 冲
责任编辑：史永霞
封面设计：孢 子
责任监印：朱 玢
出版发行：华中科技大学出版社(中国·武汉) 电话：(027)81321913
武汉市东湖新技术开发区华工科技园 邮编：430223
录 排：武汉创易图文工作室
印 刷：武汉市首壹印务有限公司
开 本：787mm×960mm 1/16
印 张：14
字 数：306千字
版 次：2024年7月第2版第6次印刷
定 价：25.80元

第二版前言

本书第一版自 2013 年出版以来，就被我们用作教材，经过多次的教研活动，经历了多年的教学实践.这次我们根据在实践中积累的经验，并在吸取同事们所提出的宝贵意见的基础上，重新进行编写.本书基本上保留了原来的体系，第 4 章改动稍大，个别章节在表述的详略方面做了优化和取舍.主要体现在:①增加了一些应用型案例，利用线性代数的有关知识进行解决，增强学生的学习兴趣，培养学生的数学建模思想;②调整并增加了部分例题和习题，将习题分成 A、B 两组，其中 B 组习题难度略高，很多题选自近几年全国硕士研究生入学考试的试卷，供学有余力的学生学习;③文字上做了少许修改，并增加了一些解说性的批注和段落，以使相关知识点更加通俗易懂;④简化了一些定理的证明.

本书共八章，主要包括行列式、矩阵及其运算、矩阵的初等变换与线性方程组、向量组的线性相关性、方阵的特征值与对角化、二次型、线性空间与线性变换、MATLAB 在线性代数中的应用等内容.本书在线性代数的基本概念、基本理论和基本方法的引入方面，进行了有益的探索，并且在阐明线性代数基本理论的同时，增加了应用型案例和数学软件在线性代数中的应用，有利于培养学生的学习兴趣和实际运用能力.

本书由李克娥、熊骏任主编，吴海涛、潘大勇任副主编.第 1 章由潘大勇编写，第 2 章和第 8 章由吴海涛编写，第 3 章和第 7 章由熊骏编写，第 4 章、第 5 章和第 6 章由李克娥编写.在本书的编写过程中，长江大学信息与数学学院线性代数教研室的全体老师参与了资料的收集整理工作，并提出了许多宝贵意见;当然，本书的顺利付梓也离不开长江大学信息与数学学院的领导和全体教师的热心鼓励和支持，在此一并表示感谢.由于水平有限，不妥之处在所难免，恳请广大读者批评指正.

编　者

2019 年 5 月

目　　录

第1章　行　列　式

行列式是人们从解线性方程组的需要中建立起来的，是线性代数的基本概念，在数学和其他学科中都有广泛的应用.本章主要概述了全排列及逆序数，对换及其性质，n 阶行列式的定义、性质和计算方法.

1.1　全排列与逆序数

1.1.1　全排列

把 n 个不同的元素排成一列称为这 n 个元素的一个全排列，n 个不同的元素所有可能的排列的个数称为全排列数，习惯上用 A_n^n 表示.下面来计算 A_n^n.

从 n 个不同的元素中任取一个数放在第一个位置上，有 n 种取法，从剩下的 $n-1$ 个元素中任取一个放在第二个位置上，有 $n-1$ 种取法，这样继续下去，直到最后剩下一个数放在第 n 个位置上，只有 1 种取法.于是

$$A_n^n=n(n-1)\cdot\cdots\cdot 3\cdot 2\cdot 1. \tag{1.1}$$

因此，n 个不同元素的全排列数有 $A_n^n=n!$ 种.

如果几个元素都是正整数，我们给出如下定义.

定义1　由 n 个不同的数 $1,2,\cdots,n$ 组成的有序数组 $p_1,p_2,\cdots,p_n$ 称为这 n 个数的一个全排列(或简称 n 级排列).其中 p_i 为 $1,2,\cdots,n$ 中的某个数，i 表示这个数在排列中的位置，排列的对象称为元素，本节主要讨论 n 个元素 $1,2,\cdots,n$ 所构成的排列.

例如，用 1、2、3 三个数组成多少个不同的三级排列，这个问题相当于说出由三个数字 1、2、3 组成的全排列，共有 $A_3^3=3!=6$ 个.这 6 个不同的三级排列分别是：123，132，213，231，312，321.

1.1.2　逆序和逆序数

对于排列，首先规定一个标准排列次序：称 $12\cdots n$ 为标准顺序(即规定左小右大为顺序).由 $1,2,\cdots,n$ 所构成的任一排列中，若某 2 个元素的排列次序与标准顺序不同，就称为有一个逆序.例如 1、2、3 排成的 3 级排列

123、132、213、231、312、321，

其中 123 就是标准顺序排列(顺序)，其余的则是非标准顺序排列(有逆序)，如在 132 中，3

在 2 的左边,与标准顺序不同,故 132 有 1 个逆序.

一般地,n 个自然数 $1,2,\cdots,n$ 的一个任意排列记作 $p_1p_2\cdots p_n$,若第 i 个位置上的元素 p_i 的左边有 τ_i 个元素比 p_i 大,就说元素 p_i 的逆序是 τ_i.一个排列中所有逆序的和,称为这个排列的逆序数,记作 τ.因此,排列 $p_1p_2\cdots p_n$ 的逆序数是

$$\tau=\tau_1+\tau_2+\cdots+\tau_n=\sum_{i=1}^{n}\tau_i. \tag{1.2}$$

例 1 求排列 641523 的逆序数.

解 6 级排列的标准顺序为 123456,下面逐一分析各个数字的逆序数:

首位数字 6 的逆序数为 0,4 的逆序数为 1,1 的逆序数为 2,5 的逆序数为 1,2 的逆序数为 3,3 的逆序数为 3.

所以由式(1.2),排列 641523 的逆序数

$$\tau=0+1+2+1+3+3=10.$$

例 2 求排列 $n(n-1)\cdots1$ 的逆序数.

解 n 级排列的标准顺序为 $12\cdots n$.

首位 n 的逆序数为 0,$n-1$ 的逆序数为 1,$n-2$ 的逆序数为 $2,\cdots,2$ 的逆序数为 $n-2$,1 的逆序数为 $n-1$.所以由式(1.2),排列 $n(n-1)\cdots1$ 的逆序数为

$$\tau=0+1+\cdots+(n-2)+(n-1)=\frac{n(n-1)}{2}.$$

称逆序数 τ 为奇数的排列为奇排列,τ 为偶数的排列为偶排列.如例 1 中的排列 641523 就是一个偶排列,排列 561423 也是一个偶排列,而排列 461523 就是一个奇排列.例 2 中排列 $n(n-1)\cdots21$ 的奇偶性与 n 的取值相关:当 $n=4k$ 或 $4k+1$(k 为非负整数)时,$\frac{n(n-1)}{2}$ 是偶数,这时排列是偶排列;当 $n=4k+2$ 或 $4k+3$(k 为非负整数)时,这个排列是奇排列.

1.2 对换及其性质

定义 2 将一个排列中的任意 2 个元素的位置对换,而其余元素不动,得到一个新的排列的过程称为对换.若对换的是相邻的 2 个元素,则称为相邻对换.

排列 461523 可由排列 641523 进行一次相邻对换得到,也可由排列 561423 进行一次不相邻对换得到,这里排列 641523 和排列 561423 都是偶排列,而排列 461523 是一个奇排列,可见进行一次对换(无论相邻与否)将改变排列的奇偶性.一般地,我们有:

定理 1 一个排列经过一次对换,排列的奇偶性改变一次.

证明 先证相邻对换的情形.设排列为 $a_1\cdots a_sabb_1\cdots b_t$,对换 a,b 即经过一次相邻对

换后变成排列 $a_1\cdots a_s bab_1\cdots b_t$.

显然，$a_1\cdots a_s$，$b_1\cdots b_t$ 这两个排列的逆序数经过对换 a，b 后并不改变，改变的只是 a 和 b 二者的次序：

若 $a<b$，经过对换后 a 的逆序数增加 1，而 b 的逆序数不变；

若 $a>b$，经过对换后 a 的逆序数不变，而 b 的逆序数减少 1.

总之，排列 $a_1\cdots a_s abb_1\cdots b_t$ 的逆序数比经过对换后的排列 $a_1\cdots a_s bab_1\cdots b_t$ 的逆序数增加 1 或减少 1，从而奇偶性发生改变.

再证一般对换的情形.设排列为 $a_1\cdots a_s ab_1\cdots b_t bc_1\cdots c_l$.

将该排列中的元素 b 作 t 次相邻对换，变成排列 $a_1\cdots a_s abb_1\cdots b_t c_1\cdots c_l$，再将字母 a 作 $t+1$ 次相邻对换，变成 $a_1\cdots a_s bb_1\cdots b_t ac_1\cdots c_l$.

于是可知排列 $a_1\cdots a_s ab_1\cdots b_t bc_1\cdots c_l$ 可经 $2t+1$ 次相邻对换变成排列

$$a_1\cdots a_s bb_1\cdots b_t ac_1\cdots c_l.$$

排列 $a_1\cdots a_s ab_1\cdots b_t bc_1\cdots c_l$ 的奇偶性改变了 $2t+1$ 次，因此奇偶性发生改变.

推论 1 奇排列对换成标准排列的对换次数为奇数，偶排列对换成标准排列的对换次数为偶数.

证明 由定理 1 知，对换的次数就是排列奇偶性的变化次数，而标准排列是逆序数为零的偶排列，故推论 1 成立.

1.3 行列式的定义

1.3.1 二元线性方程组和二阶行列式

我们用高斯消元法来解二元线性方程组

$$\begin{cases} a_{11}x_1+a_{12}x_2=b_1, \\ a_{21}x_1+a_{22}x_2=b_2. \end{cases} \tag{1.3}$$

这里 $b_i(i=1,2)$ 是常数项，a_{ij} 是 x_j 的系数$(i,j=1,2)$.

为消去 x_2，以 a_{22} 与 a_{12} 分别乘上列两方程的两端，然后两个方程相减，得

$$(a_{11}a_{22}-a_{12}a_{21})x_1=b_1a_{22}-a_{12}b_2;$$

同样，消去 x_1，得

$$(a_{11}a_{22}-a_{12}a_{21})x_2=a_{11}b_2-b_1a_{21}.$$

因此，当 $D=a_{11}a_{22}-a_{12}a_{21}\neq 0$ 时，可得方程组(1.3)的解为

$$x_1=\frac{b_1a_{22}-a_{12}b_2}{a_{11}a_{22}-a_{12}a_{21}},\quad x_2=\frac{a_{11}b_2-b_1a_{21}}{a_{11}a_{22}-a_{12}a_{21}}. \tag{1.4}$$

式(1.4)中的分子、分母都是 4 个数分两对分别相乘再相减而得的，分母 $a_{11}a_{22}-a_{12}a_{21}$ 是

由方程组(1.3)中未知数的四个系数所确定的.未知数的4个系数构成了一个数表:

$$\begin{matrix} a_{11} & a_{12} \\ a_{21} & a_{22} \end{matrix} \tag{1.5}$$

为了便于记忆,我们称表达式 $a_{11}a_{22}-a_{12}a_{21}$ 为数表(1.5)所确定的二阶行列式.

定义3 二阶行列式:

$$\begin{vmatrix} a_{11} & a_{12} \\ a_{21} & a_{22} \end{vmatrix}=a_{11}a_{22}-a_{12}a_{21}. \tag{1.6}$$

其中,数 $a_{ij}\,(i,j=1,2)$ 称为行列式(1.6)的元素或元.元素 a_{ij} 的第一个下标 i 称为行标,表明该元素位于第 i 行;第二个下标 j 称为列标,表明该元素位于第 j 列.位于第 i 行与第 j 列交叉处的元素 a_{ij} 称为行列式(1.6)的 (i,j) 元.

二阶行列式(1.6)的右端又称为二阶行列式的展开式,二阶行列式的展开式可以用对角线法则来记忆,即

$$\begin{vmatrix} a_{11} & a_{12} \\ a_{21} & a_{22} \end{vmatrix}=a_{11}a_{22}-a_{12}a_{21},$$

其中,把 a_{11} 到 a_{22} 的实线称为主对角线,把 a_{12} 到 a_{21} 的虚线称为副对角线.于是二阶行列式就是这样2项的代数和:一项是主对角线上的2个元素之积,取正号;一项是副对角线上的2个元素之积,取负号.实际上,二阶行列式的展开式中,每项2个元素来自行列式中不同的行和不同的列.一般地,二阶行列式展开式的每一项可以表示为 $a_{1p_1}a_{2p_2}$,这里 p_1,p_2 是自然数1,2的一个排列,因此只有2种可能,即 $a_{11}a_{22}$ 和 $a_{12}a_{21}$.如何确定每项所带的符号呢?观察列标 p_1,p_2 排列的逆序数,容易发现:$a_{11}a_{22}$ 列标排列12的逆序数 $\tau_1=0$;$a_{12}a_{21}$ 列标排列21的逆序数 $\tau_2=1$.因此,逆序数是偶数时取正号,逆序数是奇数时取负号,这样二阶行列式可表示为

$$\begin{vmatrix} a_{11} & a_{12} \\ a_{21} & a_{22} \end{vmatrix}=(-1)^{\tau 1}a_{11}a_{22}+(-1)^{\tau 2}a_{12}a_{21}.$$

这便是对角线法则的意义.

利用二阶行列式的定义,式(1.4)中 x_1,x_2 的分子、分母也可以写成二阶行列式:

$$\begin{vmatrix} b_1 & a_{12} \\ b_2 & a_{22} \end{vmatrix}=b_1a_{22}-a_{12}b_2;\quad \begin{vmatrix} a_{11} & b_1 \\ a_{21} & b_2 \end{vmatrix}=a_{11}b_2-b_1a_{21}.$$

若记

$$D=\begin{vmatrix} a_{11} & a_{12} \\ a_{21} & a_{22} \end{vmatrix},\quad D_1=\begin{vmatrix} b_1 & a_{12} \\ b_2 & a_{22} \end{vmatrix},\quad D_2=\begin{vmatrix} a_{11} & b_1 \\ a_{21} & b_2 \end{vmatrix},$$

则当 $D\neq 0$ 时,式(1.4)表示为

$$x_1=\frac{D_1}{D}=\frac{\begin{vmatrix} b_1 & a_{12} \\ b_2 & a_{22} \end{vmatrix}}{\begin{vmatrix} a_{11} & a_{12} \\ a_{21} & a_{22} \end{vmatrix}}, \quad x_2=\frac{D_2}{D}=\frac{\begin{vmatrix} a_{11} & b_1 \\ a_{21} & b_2 \end{vmatrix}}{\begin{vmatrix} a_{11} & a_{12} \\ a_{21} & a_{22} \end{vmatrix}}. \tag{1.7}$$

例 3 解线性方程组

$$\begin{cases} 2x+y=7, \\ x-3y=-2. \end{cases}$$

解 由于

$$D=\begin{vmatrix} 2 & 1 \\ 1 & -3 \end{vmatrix}=-7\neq 0, \quad D_1=\begin{vmatrix} 7 & 1 \\ -2 & -3 \end{vmatrix}=-19, \quad D_2=\begin{vmatrix} 2 & 7 \\ 1 & -2 \end{vmatrix}=-11,$$

因此,方程组有唯一解

$$\begin{cases} x=\dfrac{D_1}{D}=\dfrac{-19}{-7}=\dfrac{19}{7}, \\ y=\dfrac{D_2}{D}=\dfrac{-11}{-7}=\dfrac{11}{7}. \end{cases}$$

1.3.2 三元线性方程组和三阶行列式

三元线性方程组:

$$\begin{cases} a_{11}x_1+a_{12}x_2+a_{13}x_3=b_1, \\ a_{21}x_1+a_{22}x_2+a_{23}x_3=b_2, \\ a_{31}x_1+a_{32}x_2+a_{33}x_3=b_3. \end{cases} \tag{1.8}$$

同样可以逐次消元,消去 x_3,x_2 得

$$(a_{11}a_{22}a_{33}+a_{12}a_{23}a_{31}+a_{13}a_{21}a_{32}-a_{11}a_{23}a_{32}-a_{12}a_{21}a_{33}-a_{13}a_{22}a_{31})x_1$$
$$=b_1a_{22}a_{33}+a_{12}a_{23}b_3+a_{13}b_2a_{32}-b_1a_{23}a_{32}-a_{12}b_2a_{33}-a_{13}a_{22}b_3.$$

记 $D=a_{11}a_{22}a_{33}+a_{12}a_{23}a_{31}+a_{13}a_{21}a_{32}-a_{11}a_{23}a_{32}-a_{12}a_{21}a_{33}-a_{13}a_{22}a_{31}$,当 $D\neq 0$ 时,可得

$$x_1=\frac{1}{D}(b_1a_{22}a_{33}+a_{12}a_{23}b_3+a_{13}b_2a_{32}-b_1a_{23}a_{32}-a_{12}b_2a_{33}-a_{13}a_{22}b_3). \tag{1.9}$$

类似地,可得

$$x_2=\frac{1}{D}(a_{11}b_2a_{33}+b_1a_{23}a_{31}+a_{13}a_{21}b_3-a_{11}a_{23}b_3-b_1a_{21}a_{33}-a_{13}b_2a_{31}). \tag{1.10}$$

$$x_3=\frac{1}{D}(a_{11}a_{22}b_3+a_{12}b_2a_{31}+b_1a_{21}a_{32}-a_{11}b_2a_{32}-a_{12}a_{21}b_3-b_1a_{22}a_{31}). \tag{1.11}$$

式(1.9) ～ 式(1.11) 便是三元线性方程组(1.8) 的求解公式,要记住公式是较困难的.注意到这个线性方程组的系数对应一个三行三列的数表,类似于二阶行列式.

定义 4 三阶行列式

$$\begin{vmatrix} a_{11} & a_{12} & a_{13} \\ a_{21} & a_{22} & a_{23} \\ a_{31} & a_{32} & a_{33} \end{vmatrix} = a_{11}a_{22}a_{33} + a_{12}a_{23}a_{31} + a_{13}a_{21}a_{32} - a_{11}a_{23}a_{32} - a_{12}a_{21}a_{33} - a_{13}a_{22}a_{31}. \tag{1.12}$$

上述定义表明三阶行列式是 6 项乘积的代数和,每项均来自不同行不同列的 3 个元素的乘积再冠以正负号,其规律是如下图所示的对角线法则:实线上的 3 元素之积冠以正号,虚线上的 3 个元素之积冠以负号.

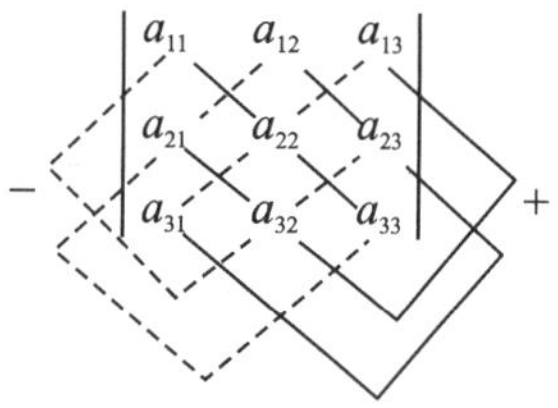

如何理解对角线法则呢?

首先,我们看到式(1.12) 中,每一项都是不同行不同列的 3 个元素之积,行标依次为 1,2,3,而列标是数 1,2,3 的一个排列.由于 1,2,3 的全排列数是 3!,因此展开式共有 6 项,且各项均可写成 $a_{1p_1}a_{2p_2}a_{3p_3}$,这里 p_1,p_2,p_3 是自然数 1,2,3 的一个排列.其次,各项的符号与列标排列的逆序数相关.事实上,展开式每项列标的排列中,排列 123,231,312 的逆序数分别是 $\tau(123)=0$,$\tau(231)=2$,$\tau(312)=2$,且都是偶数,排列是偶排列;排列 132,213,321 的逆序数分别是 $\tau(132)=1$,$\tau(213)=1$,$\tau(321)=3$,且都是奇数,排列是奇排列.这样,展开式中各项的符号可以表示为$(-1)^\tau$,其中 τ 是列标排列的逆序数.因此,三阶行列式(1.12) 可以表示为

$$D = \begin{vmatrix} a_{11} & a_{12} & a_{13} \\ a_{21} & a_{22} & a_{23} \\ a_{31} & a_{32} & a_{33} \end{vmatrix} = \sum_{p_1p_2p_3} (-1)^\tau a_{1p_1}a_{2p_2}a_{3p_3}.$$

将方程组(1.8) 中常数项 b_1、b_2、b_3 依次替换 D 中的第一列元素(x_1 的系数)、第二列元素(x_2 的系数)、第三列元素(x_3 的系数) 所得的行列式分别为

$$D_1 = \begin{vmatrix} b_1 & a_{12} & a_{13} \\ b_2 & a_{22} & a_{23} \\ b_3 & a_{32} & a_{33} \end{vmatrix},\quad D_2 = \begin{vmatrix} a_{11} & b_1 & a_{13} \\ a_{21} & b_2 & a_{23} \\ a_{31} & b_3 & a_{33} \end{vmatrix},\quad D_3 = \begin{vmatrix} a_{11} & a_{12} & b_1 \\ a_{21} & a_{22} & b_2 \\ a_{31} & a_{32} & b_3 \end{vmatrix}.$$

当 $D \neq 0$ 时，方程组(1.8)有公式解

$$x_1=\frac{D_1}{D},\quad x_2=\frac{D_2}{D},\quad x_3=\frac{D_3}{D}. \tag{1.13}$$

有关线性方程组更进一步的讨论见第2章克莱姆(Cramer)法则和第3章相关内容.

例4 计算三阶行列式

$$D=\begin{vmatrix} 2 & 1 & 2 \\ -4 & 3 & 1 \\ 2 & 3 & 5 \end{vmatrix}.$$

解 按对角线法则，有

$$\begin{aligned} D &= 2\times3\times5+1\times1\times2+2\times(-4)\times3-2\times1\times3-1\times(-4)\times5-2\times3\times2 \\ &= 30+2-24-6+20-12=10. \end{aligned}$$

例5 有一条抛物线经过三点(1,1)，(−1,9)，(2,3)，求该抛物线的方程.

解 抛物线为二次多项式函数，设为 $f(x)=ax^2+bx+c$，于是

$$\begin{cases} a+b+c=1, \\ a-b+c=9, \\ 4a+2b+c=3. \end{cases}$$

这是关于未知数 a,b,c 的线性方程组，经计算

$$D=\begin{vmatrix} 1 & 1 & 1 \\ 1 & -1 & 1 \\ 4 & 2 & 1 \end{vmatrix}=6,$$

$$D_1=\begin{vmatrix} 1 & 1 & 1 \\ 9 & -1 & 1 \\ 3 & 2 & 1 \end{vmatrix}=12, D_2=\begin{vmatrix} 1 & 1 & 1 \\ 1 & 9 & 1 \\ 4 & 3 & 1 \end{vmatrix}=-24, D_3=\begin{vmatrix} 1 & 1 & 1 \\ 1 & -1 & 9 \\ 4 & 2 & 3 \end{vmatrix}=18,$$

由式(1.13)，得

$$a=\frac{D_1}{D}=2,\quad b=\frac{D_2}{D}=-4,\quad c=\frac{D_3}{D}=3.$$

因此，所求抛物线的方程为 $f(x)=2x^2-4x+3$.

特别提示：对角线法则只适用于二阶行列式和三阶行列式.

下面我们将行列式的定义推广到 n 阶的情形.

1.3.3 n 阶行列式

为了定义 n 阶行列式，先来回顾二阶行列式、三阶行列式的结构.

$$\begin{vmatrix} a_{11} & a_{12} \\ a_{21} & a_{22} \end{vmatrix} = \sum_{p_1 p_2} (-1)^{\tau} a_{1p_1} a_{2p_2},$$

其中,p_1,p_2 是自然数 1,2 的一个排列,τ 是列标 p_1,p_2 排列的逆序数.

$$\begin{vmatrix} a_{11} & a_{12} & a_{13} \\ a_{21} & a_{22} & a_{23} \\ a_{31} & a_{32} & a_{33} \end{vmatrix} = \sum_{p_1 p_2 p_3} (-1)^{\tau} a_{1p_1} a_{2p_2} a_{3p_3},$$

其中,p_1,p_2,p_3 是自然数 1,2,3 的一个排列,τ 是列标 p_1,p_2,p_3 排列的逆序数.

类似地,可以把行列式推广到一般的情形.

定义 5 由 n^2 个元素 $a_{ij}(i,j=1,2,\cdots,n)$ 排成 n 行 n 列的数表

$$\begin{matrix} a_{11} & a_{12} & \cdots & a_{1n} \\ a_{21} & a_{22} & \cdots & a_{2n} \\ \vdots & \vdots & & \vdots \\ a_{n1} & a_{n2} & \cdots & a_{nn} \end{matrix},$$

作出表中位于不同行不同列的 n 个数的乘积,并冠以符号$(-1)^{\tau}$,得到形如

$$(-1)^{\tau} a_{1p_1} a_{2p_2} \cdots a_{np_n}$$

的项,其中,$p_1,p_2,\cdots,p_n$ 是自然数 $1,2,\cdots,n$ 的一个排列,τ 是列标 $p_1,p_2,\cdots,p_n$ 排列的逆序数.所有项(共有 $n!$ 项)的代数和称为 n 阶行列式,记作

$$D_n = \begin{vmatrix} a_{11} & a_{12} & \cdots & a_{1n} \\ a_{21} & a_{22} & \cdots & a_{2n} \\ \vdots & \vdots & & \vdots \\ a_{n1} & a_{n2} & \cdots & a_{nn} \end{vmatrix} = \sum_{p_1 p_2 \cdots p_n} (-1)^{\tau} a_{1p_1} a_{2p_2} \cdots a_{np_n}, \tag{1.14}$$

为方便起见,我们常记为

$$D_n = \sum (-1)^{\tau} a_{1p_1} a_{2p_2} \cdots a_{np_n}$$

或简记为 $\det(a_{ij})$,其中 a_{ij} 为行列式 $\det(a_{ij})$ 的 (i,j) 元,$p_1,p_2,\cdots,p_n$ 是自然数 $1,2,\cdots,n$ 的一个排列,τ 是列标 $p_1,p_2,\cdots,p_n$ 排列的逆序数.

特别规定,一阶行列式 $D_1=|a|=a$.注意这里的行列式记号不要与绝对值记号混淆.

例 6 在 6 阶行列式中,项 $a_{23}a_{31}a_{42}a_{56}a_{14}a_{65}$ 应冠以什么符号?

解 项 $a_{23}a_{31}a_{42}a_{56}a_{14}a_{65}$ 通过交换元素的位置,可以使行标按照从小到大的标准顺序排列,它的值及符号不变,得

$$a_{14}a_{23}a_{31}a_{42}a_{56}a_{65}.$$

而列标的排列为 431265,易知

$$\tau(431265)=6.$$

因此,这一项的逆序数是偶数,故在这个 6 阶行列式的展开式中该项应冠以"+"号.

例 7 用定义计算 n 阶行列式

$$D_n=\begin{vmatrix} a_{11} & a_{12} & \cdots & a_{1n} \\ 0 & a_{22} & \cdots & a_{2n} \\ \vdots & \vdots & & \vdots \\ 0 & 0 & \cdots & a_{n-1,n} \\ 0 & 0 & \cdots & a_{nn} \end{vmatrix}.$$

解 在这个行列式中，当 $i>j$ 时，有 $a_{ij}=0$，即 D_n 中可能不为0的元素 a_{ij} 的下标满足 $i\leqslant j$，我们称这种行列式为上三角行列式(或上三角形行列式). 在 D_n 的展开式

$$D_n=\sum(-1)^{\tau}a_{1p_1}a_{2p_2}\cdots a_{np_n}$$

中，当 $p_i<i$ 时，$a_{ip_i}=0$，所以展开式中的非零项必有 $p_1\geqslant 1,p_2\geqslant 2,\cdots,p_n\geqslant n$.

在所有排列 $p_1p_2\cdots p_n$ 中，能满足上述关系的排列只有一个自然排列 $12\cdots n$，所以 D_n 中可能不为零的项只有一项 $(-1)^{\tau}a_{11}a_{22}\cdots a_{nn}$，此项的符号 $(-1)^{\tau}=(-1)^0=1$，即得

$$D_n=\begin{vmatrix} a_{11} & a_{12} & \cdots & a_{1n} \\ 0 & a_{22} & \cdots & a_{2n} \\ \vdots & \vdots & & \vdots \\ 0 & 0 & \cdots & a_{n-1,n} \\ 0 & 0 & \cdots & a_{nn} \end{vmatrix}=(-1)^{\tau}a_{11}a_{22}\cdots a_{nn}=a_{11}a_{22}\cdots a_{nn}=\prod_{i=1}^{n}a_{ii}. \tag{1.15}$$

这表明，上三角行列式等于其主对角线上的 n 个元素之积.

特别地，若满足 $i\neq j$ 时 $a_{ij}=0$，则行列式称为对角行列式(空出的元素都是0，省略不写)，易得

$$D_n=\begin{vmatrix} a_{11} & & & \\ & a_{22} & & \\ & & \ddots & \\ & & & a_{nn} \end{vmatrix}=a_{11}a_{22}\cdots a_{nn}=\prod_{i=1}^{n}a_{ii}. \tag{1.16}$$

在行列式中，当 $i<j$ 时，有 $a_{ij}=0$，即 D_n 中可能不为零的元素 a_{ij} 的下标必满足 $i\geqslant j$，称这种行列式为下三角行列式(又称下三角形行列式)，同理可得

$$D_n=\begin{vmatrix} a_{11} & & & \\ a_{21} & a_{22} & & \\ \vdots & \vdots & \ddots & \\ a_{n1} & a_{n2} & \cdots & a_{nn} \end{vmatrix}=a_{11}a_{22}\cdots a_{nn}=\prod_{i=1}^{n}a_{ii}. \tag{1.17}$$

副对角线行列式：

$$D_n=\begin{vmatrix} & & & a_1 \\ & & a_2 & \\ & \iddots & & \\ a_n & & & \end{vmatrix}=(-1)^{\frac{n(n-1)}{2}}a_1a_2\cdots a_n. \tag{1.18}$$

由对换及其性质可得以下定理:

定理 2 n 阶行列式也可定义为

$$D_n=\sum(-1)^{\tau}a_{p_1 1}a_{p_2 2}\cdots a_{p_n n}, \tag{1.19}$$

其中 τ 为排列 $p_1p_2\cdots p_n$ 的逆序数.

例 8 证明

$$D=\begin{vmatrix} a_{11} & a_{12} & a_{13} & a_{14} & a_{15} \\ a_{21} & a_{22} & a_{23} & a_{24} & a_{25} \\ 0 & 0 & 0 & a_{34} & a_{35} \\ 0 & 0 & 0 & a_{44} & a_{45} \\ 0 & 0 & 0 & a_{54} & a_{55} \end{vmatrix}=0.$$

证明 由定义知,$D=\sum(-1)^{\tau}a_{1p_1}a_{2p_2}a_{3p_3}a_{4p_4}a_{5p_5}$,其中 p_1,p_2,p_3,p_4,p_5 是自然数 1,2,3,4,5 的一个排列,τ 是列标 p_1,p_2,p_3,p_4,p_5 排列的逆序数. 若 $a_{1p_1}a_{2p_2}a_{3p_3}a_{4p_4}a_{5p_5}\neq 0$,由题设知 p_3,p_4,p_5 只能等于 4 或 5,从而 p_3,p_4,p_5 中至少有两个相等, 这与 p_1,p_2,p_3,p_4,p_5 是自然数 1,2,3,4,5 的一个排列矛盾. 故 $a_{1p_1}a_{2p_2}a_{3p_3}a_{4p_4}a_{5p_5}=0$,于是 $D=0$.

1.4 行列式的性质

由 n 阶行列式的定义知,当 n 较大时,直接利用定义计算行列式,一般来说计算量是很大的. 因此探讨行列式的性质,不仅可以用来简化行列式的计算,而且在理论研究中也是必不可少的.

先介绍行列式的一个重要性质.

把行列式 D 的所有同行与同列互换所得到的行列式称为 D 的转置行列式,记作 D^{T},即若

$$D=\begin{vmatrix} a_{11} & a_{12} & \cdots & a_{1n} \\ a_{21} & a_{22} & \cdots & a_{2n} \\ \vdots & \vdots & & \vdots \\ a_{n1} & a_{n2} & \cdots & a_{nn} \end{vmatrix},$$

则

$$D^{\mathrm{T}}=\begin{vmatrix} a_{11} & a_{21} & \cdots & a_{n1} \\ a_{12} & a_{22} & \cdots & a_{n2} \\ \vdots & \vdots & & \vdots \\ a_{1n} & a_{2n} & \cdots & a_{nn} \end{vmatrix}.$$

性质1 行列式与它的转置行列式相等，即 $D=D^{\mathrm{T}}$.

证明 将 $D=\det(a_{ij})$ 的转置行列式记作

$$D^{\mathrm{T}}=\begin{vmatrix} b_{11} & b_{12} & \cdots & b_{1n} \\ b_{21} & b_{22} & \cdots & b_{2n} \\ \vdots & \vdots & & \vdots \\ b_{n1} & b_{n2} & \cdots & b_{nn} \end{vmatrix},$$

则 $b_{ij}=a_{ji}(i,j=1,2,\cdots,n)$. 由定义知，

$$D^{\mathrm{T}}=\sum(-1)^{\tau}b_{1p_1}b_{2p_2}\cdots b_{np_n}=\sum(-1)^{\tau}a_{p_11}a_{p_22}\cdots a_{p_nn}.$$

于是由定理2推出

$$D=\sum(-1)^{\tau}a_{p_11}a_{p_22}\cdots a_{p_nn}=D^{\mathrm{T}}.$$

由性质1可知，行列式中行与列具有同等的地位，对行成立的性质，对列也成立，反之亦然. 以下我们仅证明行的性质，列的性质类似可得.

性质2 互换行列式的两行（或列），行列式的值变号.

记

$$D=\begin{vmatrix} a_{11} & a_{12} & \cdots & a_{1n} \\ \vdots & \vdots & & \vdots \\ a_{i1} & a_{i2} & \cdots & a_{in} \\ \vdots & \vdots & & \vdots \\ a_{j1} & a_{j2} & \cdots & a_{jn} \\ \vdots & \vdots & & \vdots \\ a_{n1} & a_{n2} & \cdots & a_{nn} \end{vmatrix}\begin{matrix} \\ \\ \text{第 } i \text{ 行} \\ \\ \text{第 } j \text{ 行} \\ \\ \\ \end{matrix},$$

又记

$$D_1=\begin{vmatrix} a_{11} & a_{12} & \cdots & a_{1n} \\ \vdots & \vdots & & \vdots \\ a_{j1} & a_{j2} & \cdots & a_{jn} \\ \vdots & \vdots & & \vdots \\ a_{i1} & a_{i2} & \cdots & a_{in} \\ \vdots & \vdots & & \vdots \\ a_{n1} & a_{n2} & \cdots & a_{nn} \end{vmatrix}=\begin{vmatrix} b_{11} & b_{12} & \cdots & b_{1n} \\ \vdots & \vdots & & \vdots \\ b_{i1} & b_{i2} & \cdots & b_{in} \\ \vdots & \vdots & & \vdots \\ b_{j1} & b_{j2} & \cdots & b_{jn} \\ \vdots & \vdots & & \vdots \\ b_{n1} & b_{n2} & \cdots & b_{nn} \end{vmatrix},$$

即 D_1 由行列式 D 互换第 i 行与第 j 行得到. 由 n 阶行列式的定义，$D=\sum(-1)^{\tau}a_{1p_1}$

$\cdots a_{ip_i}\cdots a_{jp_j}\cdots a_{np_n}$,而

$$D_1=\sum(-1)^{\tau}b_{1p_1}\cdots b_{ip_i}\cdots b_{jp_j}\cdots b_{np_n}=\sum(-1)^{\tau}a_{1p_1}\cdots a_{jp_i}\cdots a_{ip_j}\cdots a_{np_n}$$
$$=\sum(-1)^{\tau}a_{1p_1}\cdots a_{ip_j}\cdots a_{jp_i}\cdots a_{np_n},$$

其中 $\tau=\tau(p_1\cdots p_i\cdots p_j\cdots p_n)$,$\tau_1=\tau(p_1\cdots p_j\cdots p_i\cdots p_n)$. 由于 τ_1 与 τ 的奇偶性正好相反,故 $(-1)^{\tau}=-(-1)^{\tau_1}$,所以 $D_1=-\sum(-1)^{\tau_1}a_{1p_1}\cdots a_{ip_j}\cdots a_{jp_i}\cdots a_{np_n}=-D$.

为了方便,以 r_i 表示第 i 行,c_i 表示第 i 列,则 $r_i\leftrightarrow r_j$ 表示交换第 i 行和第 j 行两行,$c_i\leftrightarrow c_j$ 表示交换第 i 列和第 j 列两列.

由性质 2 即可得到下面的推论.

推论 2 若行列式 D 中有两行(或列)元素对应相等,则 D 的值为零.

证明 把 D 相同的两行(或列)互换,所得行列式记作 D_1,则由性质 2 得 $D_1=-D$,而互换后 D 实际上没有变,故应有 $D_1=D$,所以 $D=0$.

性质 3 用数 k 乘以行列式 D,等于将该数 k 乘以 D 的某一行(或列)中所有的元素.

证明 按照 n 阶行列式的定义,$D=\begin{vmatrix}a_{11}&\cdots&a_{1n}\\\vdots&&\vdots\\a_{i1}&\cdots&a_{in}\\\vdots&&\vdots\\a_{n1}&\cdots&a_{nn}\end{vmatrix}=\sum(-1)^{\tau}a_{1q_1}\cdots a_{iq_i}\cdots a_{nq_n}$,则

$$kD=k\left[\sum(-1)^{\tau}a_{1q_1}\cdots a_{iq_i}\cdots a_{nq_n}\right]=\sum(-1)^{\tau}a_{1q_1}\cdots(ka_{iq_i})\cdots a_{nq_n}=\begin{vmatrix}a_{11}&\cdots&a_{1n}\\\vdots&&\vdots\\ka_{i1}&\cdots&ka_{in}\\\vdots&&\vdots\\a_{n1}&\cdots&a_{nn}\end{vmatrix}.$$

推论 3 行列式某一行(或列)的所有元素的公因子可以提到行列式符号的外面.

第 i 行(或列)乘以 k,记为 $r_i\times k$(或 $c_i\times k$). 第 i 行(或列)提出公因子 k,记为 $r_i\div k$(或 $c_i\div k$).

由推论 3 可得下面的结论.

推论 4 若行列式有一行(或列)的元素全为零,则行列式为零.

推论 5 若行列式有两行(或列)元素对应成比例,则行列式为零.

证明请读者完成.

性质 4 若 D 的某一行(或列)的元素都可表示为两数之和,则此行列式可以写成两个行列式的和,即

$$D=\begin{vmatrix} a_{11} & a_{12} & \cdots & a_{1n} \\ \vdots & \vdots & & \vdots \\ a_{i1}+b_{i1} & a_{i2}+b_{i2} & \cdots & a_{in}+b_{in} \\ \vdots & \vdots & & \vdots \\ a_{n1} & a_{n2} & \cdots & a_{nn} \end{vmatrix}=\begin{vmatrix} a_{11} & a_{12} & \cdots & a_{1n} \\ \vdots & \vdots & & \vdots \\ a_{i1} & a_{i2} & \cdots & a_{in} \\ \vdots & \vdots & & \vdots \\ a_{n1} & a_{n2} & \cdots & a_{nn} \end{vmatrix}+\begin{vmatrix} a_{11} & a_{12} & \cdots & a_{1n} \\ \vdots & \vdots & & \vdots \\ b_{i1} & b_{i2} & \cdots & b_{in} \\ \vdots & \vdots & & \vdots \\ a_{n1} & a_{n2} & \cdots & a_{nn} \end{vmatrix}.$$

证明 按照 n 阶行列式的定义，有

$$D=\begin{vmatrix} a_{11} & a_{12} & \cdots & a_{1n} \\ \vdots & \vdots & & \vdots \\ a_{i1}+b_{i1} & a_{i2}+b_{i2} & \cdots & a_{in}+b_{in} \\ \vdots & \vdots & & \vdots \\ a_{n1} & a_{n2} & \cdots & a_{nn} \end{vmatrix}=\sum(-1)^{\tau}a_{1q_1}\cdots(a_{iq_i}+b_{iq_i})\cdots a_{nq_n}$$

$$=\sum(-1)^{\tau}a_{1q_1}\cdots a_{iq_i}\cdots a_{nq_n}+\sum(-1)^{\tau}a_{1q_1}\cdots b_{iq_i}\cdots a_{nq_n}$$

$$=\begin{vmatrix} a_{11} & a_{12} & \cdots & a_{1n} \\ \vdots & \vdots & & \vdots \\ a_{i1} & a_{i2} & \cdots & a_{in} \\ \vdots & \vdots & & \vdots \\ a_{n1} & a_{n2} & \cdots & a_{nn} \end{vmatrix}+\begin{vmatrix} a_{11} & a_{12} & \cdots & a_{1n} \\ \vdots & \vdots & & \vdots \\ b_{i1} & b_{i2} & \cdots & b_{in} \\ \vdots & \vdots & & \vdots \\ a_{n1} & a_{n2} & \cdots & a_{nn} \end{vmatrix}.$$

性质 4 表明，行列式的某一行(或列)的元素是 2 个元素之和时，行列式关于该行(或列)可以分解为 2 个行列式之和. 若 n 阶行列式每个元素都表示成 2 个元素之和，则行列式可以分解为 2^n 个行列式之和.

例如：$\begin{vmatrix} a_1+c_1 & a_2+c_2 \\ b_1+d_1 & b_2+d_2 \end{vmatrix}=\begin{vmatrix} a_1 & a_2+c_2 \\ b_1 & b_2+d_2 \end{vmatrix}+\begin{vmatrix} c_1 & a_2+c_2 \\ d_1 & b_2+d_2 \end{vmatrix}$

$$=\begin{vmatrix} a_1 & a_2 \\ b_1 & b_2 \end{vmatrix}+\begin{vmatrix} a_1 & c_2 \\ b_1 & d_2 \end{vmatrix}+\begin{vmatrix} c_1 & a_2 \\ d_1 & b_2 \end{vmatrix}+\begin{vmatrix} c_1 & c_2 \\ d_1 & d_2 \end{vmatrix}.$$

性质 5 把行列式某一行(或列)的 λ 倍加到另一行(或列)的对应元素上，行列式的值不变，即

$$\begin{vmatrix} a_{11} & a_{12} & \cdots & a_{1n} \\ \vdots & \vdots & & \vdots \\ a_{i1} & a_{i2} & \cdots & a_{in} \\ \vdots & \vdots & & \vdots \\ a_{k1} & a_{k2} & \cdots & a_{kn} \\ \vdots & \vdots & & \vdots \\ a_{n1} & a_{n2} & \cdots & a_{nn} \end{vmatrix}\xlongequal{r_k+\lambda r_i}\begin{vmatrix} a_{11} & a_{12} & \cdots & a_{1n} \\ \vdots & \vdots & & \vdots \\ a_{i1} & a_{i2} & \cdots & a_{in} \\ \vdots & \vdots & & \vdots \\ a_{k1}+\lambda a_{i1} & a_{k2}+\lambda a_{i2} & \cdots & a_{kn}+\lambda a_{in} \\ \vdots & \vdots & & \vdots \\ a_{n1} & a_{n2} & \cdots & a_{nn} \end{vmatrix}.$$

证明 根据性质 4 及推论 5,有

$$\begin{vmatrix} a_{11} & a_{12} & \cdots & a_{1n} \\ \vdots & \vdots & & \vdots \\ a_{i1} & a_{i2} & \cdots & a_{in} \\ \vdots & \vdots & & \vdots \\ a_{k1}+\lambda a_{i1} & a_{k2}+\lambda a_{i2} & \cdots & a_{kn}+\lambda a_{in} \\ \vdots & \vdots & & \vdots \\ a_{n1} & a_{n2} & \cdots & a_{nn} \end{vmatrix}$$

$$=\begin{vmatrix} a_{11} & a_{12} & \cdots & a_{1n} \\ \vdots & \vdots & & \vdots \\ a_{i1} & a_{i2} & \cdots & a_{in} \\ \vdots & \vdots & & \vdots \\ a_{k1} & a_{k2} & \cdots & a_{kn} \\ \vdots & \vdots & & \vdots \\ a_{n1} & a_{n2} & \cdots & a_{nn} \end{vmatrix}+\begin{vmatrix} a_{11} & a_{12} & \cdots & a_{1n} \\ \vdots & \vdots & & \vdots \\ a_{i1} & a_{i2} & \cdots & a_{in} \\ \vdots & \vdots & & \vdots \\ \lambda a_{i1} & \lambda a_{i2} & \cdots & \lambda a_{in} \\ \vdots & \vdots & & \vdots \\ a_{n1} & a_{n2} & \cdots & a_{nn} \end{vmatrix}=\begin{vmatrix} a_{11} & a_{12} & \cdots & a_{1n} \\ \vdots & \vdots & & \vdots \\ a_{i1} & a_{i2} & \cdots & a_{in} \\ \vdots & \vdots & & \vdots \\ a_{k1} & a_{k2} & \cdots & a_{kn} \\ \vdots & \vdots & & \vdots \\ a_{n1} & a_{n2} & \cdots & a_{nn} \end{vmatrix}.$$

故结论成立.

行列式的性质 2、性质 3、性质 5 涉及行列式的 3 种运算(互换、数乘、倍加),即 $r_i \leftrightarrow r_j$,$r_i \times k$,$r_i+\lambda r_j$(或 $c_i \leftrightarrow c_j$,$c_i \times k$,$c_i+\lambda c_j$).利用行列式的性质可有效地简化行列式的计算.特别值得一提的是,我们常常利用倍加运算 $r_i+\lambda r_j$(或 $c_i+\lambda c_j$)把行列式化为上(或下)三角行列式,从而得到行列式的值.例如,利用性质 5 把行列式化成上三角行列式,便可直接得到行列式的值.

例 9 计算 4 阶行列式

$$D=\begin{vmatrix} 0 & -1 & -1 & 2 \\ 1 & -1 & 0 & 2 \\ -1 & 2 & -1 & 0 \\ 2 & 1 & 1 & 0 \end{vmatrix}.$$

解 我们利用性质将它化成上三角行列式,便可应用前面的结果.

$$D \xlongequal{r_1 \leftrightarrow r_2} -\begin{vmatrix} 1 & -1 & 0 & 2 \\ 0 & -1 & -1 & 2 \\ -1 & 2 & -1 & 0 \\ 2 & 1 & 1 & 0 \end{vmatrix} \xlongequal[r_3+r_1]{r_4+(-2)r_1} -\begin{vmatrix} 1 & -1 & 0 & 2 \\ 0 & -1 & -1 & 2 \\ 0 & 1 & -1 & 2 \\ 0 & 3 & 1 & -4 \end{vmatrix}$$

$$\xlongequal[r_3+r_2]{r_4+3r_2} -\begin{vmatrix} 1 & -1 & 0 & 2 \\ 0 & -1 & -1 & 2 \\ 0 & 0 & -2 & 4 \\ 0 & 0 & -2 & 2 \end{vmatrix} \xlongequal{r_4+(-1)r_3} -\begin{vmatrix} 1 & -1 & 0 & 2 \\ 0 & -1 & -1 & 2 \\ 0 & 0 & -2 & 4 \\ 0 & 0 & 0 & -2 \end{vmatrix}$$

$$=-1\times(-1)\times(-2)\times(-2)=4.$$

例 10 计算 n 阶行列式

$$D=\begin{vmatrix} x & a & a & \cdots & a \\ a & x & a & \cdots & a \\ a & a & x & \cdots & a \\ \vdots & \vdots & \vdots & & \vdots \\ a & a & a & \cdots & x \end{vmatrix}.$$

解 D 中各行元素的和相同,从第二列起,把各列都加到第一列上,有

$$D \xlongequal{c_1+c_2+c_3+\cdots+c_n} \begin{vmatrix} x+(n-1)a & a & a & \cdots & a \\ x+(n-1)a & x & a & \cdots & a \\ x+(n-1)a & a & x & \cdots & a \\ \vdots & \vdots & \vdots & & \vdots \\ x+(n-1)a & a & a & \cdots & x \end{vmatrix}$$

$$=[x+(n-1)a]\begin{vmatrix} 1 & a & a & \cdots & a \\ 1 & x & a & \cdots & a \\ 1 & a & x & \cdots & a \\ \vdots & \vdots & \vdots & & \vdots \\ 1 & a & a & \cdots & x \end{vmatrix}$$

$$\xlongequal[i=2,\cdots,n]{r_i-r_1} [x+(n-1)a]\begin{vmatrix} 1 & a & a & \cdots & a \\ 0 & x-a & 0 & \cdots & 0 \\ 0 & 0 & x-a & \cdots & 0 \\ \vdots & \vdots & \vdots & & \vdots \\ 0 & 0 & 0 & \cdots & x-a \end{vmatrix}$$

$$=[x+(n-1)a](x-a)^{n-1}.$$

思考:若 D 中主对角线上的元素依次为 $x_1,x_2,\cdots,x_n$,如何计算行列式呢?

例 11 设

$$D=\begin{vmatrix} D_1 & O \\ C & D_2 \end{vmatrix}=\left|\begin{array}{ccc:ccc} a_{11} & \cdots & a_{1k} & & & \\ \vdots & & \vdots & & O & \\ a_{k1} & \cdots & a_{kk} & & & \\ \hdashline c_{11} & \cdots & c_{1k} & b_{11} & \cdots & b_{1n} \\ \vdots & & \vdots & \vdots & & \vdots \\ c_{n1} & \cdots & c_{nk} & b_{n1} & \cdots & b_{nn} \end{array}\right|,$$

其中

$$D_1=\begin{vmatrix} a_{11} & \cdots & a_{1k} \\ \vdots & & \vdots \\ a_{k1} & \cdots & a_{kk} \end{vmatrix},\quad D_2=\begin{vmatrix} b_{11} & \cdots & b_{1n} \\ \vdots & & \vdots \\ b_{n1} & \cdots & b_{nn} \end{vmatrix},$$

证明:$D=D_1D_2$.

证明 对 D_1 作运算 r_i+kr_j,把 D_1 化为下三角行列式

$$D_1=\begin{vmatrix} p_{11} & & \\ \vdots & \ddots & \\ p_{k1} & \cdots & p_{kk} \end{vmatrix}=p_{11}\cdots p_{kk},$$

对 D_2 作运算 c_i+kc_j,把 D_2 化为下三角行列式

$$D_2=\begin{vmatrix} q_{11} & & \\ \vdots & \ddots & \\ q_{n1} & \cdots & q_{nn} \end{vmatrix}=q_{11}\cdots q_{nn}.$$

于是,对 D 的前 k 行作运算 r_i+kr_j,再对后 n 列作运算 c_i+kc_j,就可把 D 化为下三角行列式

$$D=\left|\begin{array}{ccc:ccc} p_{11} & & & & & \\ \vdots & \ddots & & & O & \\ p_{k1} & \cdots & p_{kk} & & & \\ \hdashline c_{11} & \cdots & c_{1k} & q_{11} & & \\ \vdots & & \vdots & \vdots & \ddots & \\ c_{n1} & \cdots & c_{nk} & q_{n1} & \cdots & q_{nn} \end{array}\right|.$$

故

$$D=p_{11}\cdots p_{kk}q_{11}\cdots q_{nn}=(p_{11}\cdots p_{kk})(q_{11}\cdots q_{nn})=D_1D_2.$$

1.5 行列式按行(或列)展开

1.5.1 余子式与代数余子式

一般而言,低阶行列式的计算比高阶行列式的计算要简便些.那么,低阶行列式与高阶行列式之间有怎样的联系呢?我们先来定义余子式与代数余子式.

定义 6 在 n 阶行列式 $D_n=\begin{vmatrix} a_{11} & a_{12} & \cdots & a_{1n} \\ a_{21} & a_{22} & \cdots & a_{2n} \\ \vdots & \vdots & & \vdots \\ a_{n1} & a_{n2} & \cdots & a_{nn} \end{vmatrix}$ 中任取一个元素 a_{ij},划去 a_{ij} 所在的第 i 行、第 j 列,剩下的那个 $n-1$ 阶行列式

$$M_{ij}=\begin{vmatrix} a_{11} & \cdots & a_{1,j-1} & a_{1,j+1} & \cdots & a_{1n} \\ \vdots & & \vdots & \vdots & & \vdots \\ a_{i-1,1} & \cdots & a_{i-1,j-1} & a_{i-1,j+1} & \cdots & a_{i-1,n} \\ a_{i+1,1} & \cdots & a_{i+1,j-1} & a_{i+1,j+1} & \cdots & a_{i+1,n} \\ \vdots & & \vdots & \vdots & & \vdots \\ a_{n1} & \cdots & a_{n,j-1} & a_{n,j+1} & \cdots & a_{nn} \end{vmatrix} \quad (i,j=1,2,\cdots,n) \tag{1.20}$$

称为元素 a_{ij} 的余子式.记 $A_{ij}=(-1)^{i+j}M_{ij}$,称 A_{ij} 为元素 a_{ij} 的代数余子式.

例如在 $D=\begin{vmatrix} 1 & 3 & 0 & 1 \\ 3 & 0 & 1 & 4 \\ 1 & 1 & 2 & 1 \\ 0 & 1 & 1 & 0 \end{vmatrix}$ 中,第一行各元素 1,3,0,1 的余子式分别是

$$M_{11}=\begin{vmatrix} 0 & 1 & 4 \\ 1 & 2 & 1 \\ 1 & 1 & 0 \end{vmatrix}=-3,\quad M_{12}=\begin{vmatrix} 3 & 1 & 4 \\ 1 & 2 & 1 \\ 0 & 1 & 0 \end{vmatrix}=1,$$

$$M_{13}=\begin{vmatrix} 3 & 0 & 4 \\ 1 & 1 & 1 \\ 0 & 1 & 0 \end{vmatrix}=1,\quad M_{14}=\begin{vmatrix} 3 & 0 & 1 \\ 1 & 1 & 2 \\ 0 & 1 & 1 \end{vmatrix}=-2.$$

相应地,各元素的代数余子式分别是

$$A_{11}=(-1)^{1+1}M_{11}=M_{11}=-3,\quad A_{12}=(-1)^{1+2}M_{12}=-M_{12}=-1,$$

$A_{13}=(-1)^{1+3}M_{13}=M_{13}=1,\quad A_{14}=(-1)^{1+4}M_{14}=-M_{14}=-(-2)=2.$

1.5.2 行列式按某行(列)展开法则

引理 如果n阶行列式D的第i行除a_{ij}外的其余元素都为零,则这个行列式等于a_{ij}与其代数余子式A_{ij}的乘积,即$D=a_{ij}A_{ij}$.

证明 先证最简单的情况:$(i,j)=(1,1)$.设

$$D_1=\begin{vmatrix} a_{11} & 0 & \cdots & 0 \\ a_{21} & a_{22} & \cdots & a_{2n} \\ \vdots & \vdots & & \vdots \\ a_{n1} & a_{n2} & \cdots & a_{nn} \end{vmatrix},$$

这是例 11 中$k=1$时的情况,由例 11 的结论,即有$D_1=a_{11}M_{11}$.又因$A_{11}=(-1)^{1+1}M_{11}=M_{11}$,故得$D_1=a_{11}A_{11}$.

再证一般的情况:设D的第i行除a_{ij}外的其余元素都为零,即

$$D=\begin{vmatrix} a_{11} & \cdots & a_{1j} & \cdots & a_{1n} \\ \vdots & & \vdots & & \vdots \\ 0 & \cdots & a_{ij} & \cdots & 0 \\ \vdots & & \vdots & & \vdots \\ a_{n1} & \cdots & a_{nj} & \cdots & a_{nn} \end{vmatrix}.$$

将D的第i行依次与其上面的第$i-1$行,第$i-2$行,…,第1行逐行对换,这样(i,j)元a_{ij}就调到了$(1,j)$元的位置,调换的次数为$i-1$次;再将第j列依次与其左边的第$j-1$列,第$j-2$列,…,第1列逐列对换,经过了$j-1$次调换,$(1,j)$元就调到了$(1,1)$元的位置.这样,共经过$i-1+j-1=i+j-2$次对换,将a_{ij}调到了$(1,1)$元的位置上,所得的行列式记为D',则

$$D'=(-1)^{i+j-2}D=(-1)^{i+j}D.$$

而a_{ij}在D'中的余子式仍然是a_{ij}在D中的余子式M_{ij}.利用已证的结果有$D'=a_{ij}M_{ij}$,因此有

$$D=(-1)^{i+j}D'=(-1)^{i+j}a_{ij}M_{ij}=a_{ij}A_{ij}.$$

定理3 n阶行列式D的任一行或列的各元素与其对应的代数余子式的乘积之和,等于D的值,即

$$D=a_{i1}A_{i1}+a_{i2}A_{i2}+\cdots+a_{in}A_{in}=\sum_{k=1}^{n}a_{ik}A_{ik}\quad(i=1,2,\cdots,n)\tag{1.21}$$

或

$$D=a_{1j}A_{1j}+a_{2j}A_{2j}+\cdots+a_{nj}A_{nj}=\sum_{k=1}^{n}a_{kj}A_{kj}\quad(j=1,2,\cdots,n).\qquad(1.22)$$

证明 任选 D 的第 i 行,把该行元素都写成 n 个数之和,即

$$D=\begin{vmatrix}a_{11}&a_{12}&\cdots&a_{1n}\\\vdots&\vdots&&\vdots\\a_{i1}&a_{i2}&\cdots&a_{in}\\\vdots&\vdots&&\vdots\\a_{n1}&a_{n2}&\cdots&a_{nn}\end{vmatrix}=\begin{vmatrix}a_{11}&a_{12}&\cdots&a_{1n}\\\vdots&\vdots&&\vdots\\a_{i1}+0+\cdots+0&0+a_{i2}+\cdots+0&\cdots&0+0+\cdots+a_{in}\\\vdots&\vdots&&\vdots\\a_{n1}&a_{n2}&\cdots&a_{nn}\end{vmatrix}$$

$$=\begin{vmatrix}a_{11}&a_{12}&\cdots&a_{1n}\\\vdots&\vdots&&\vdots\\a_{i1}&0&\cdots&0\\\vdots&\vdots&&\vdots\\a_{n1}&a_{n2}&\cdots&a_{nn}\end{vmatrix}+\begin{vmatrix}a_{11}&a_{12}&\cdots&a_{1n}\\\vdots&\vdots&&\vdots\\0&a_{i2}&\cdots&0\\\vdots&\vdots&&\vdots\\a_{n1}&a_{n2}&\cdots&a_{nn}\end{vmatrix}+\cdots+\begin{vmatrix}a_{11}&a_{12}&\cdots&a_{1n}\\\vdots&\vdots&&\vdots\\0&0&\cdots&a_{in}\\\vdots&\vdots&&\vdots\\a_{n1}&a_{n2}&\cdots&a_{nn}\end{vmatrix},$$

由引理即得

$$D=a_{i1}A_{i1}+a_{i2}A_{i2}+\cdots+a_{in}A_{in}=\sum_{k=1}^{n}a_{ik}A_{ik}\quad(i=1,2,\cdots,n).$$

式(1.21)称为行列式“按第 i 行展开”.

按第 j 列展开可类似证明,即

$$D=a_{1j}A_{1j}+a_{2j}A_{2j}+\cdots+a_{nj}A_{nj}=\sum_{k=1}^{n}a_{kj}A_{kj}\quad(j=1,2,\cdots,n).$$

定理3称为行列式按某行(或列)展开法则.它为行列式的计算提供了一种新方法,将 n 阶行列式转化为 $n-1$ 阶行列式,达到降阶的目的,这种方法习惯上称为降阶法.我们来计算

$$D=\begin{vmatrix}1&3&0&1\\3&0&1&4\\1&1&2&1\\0&1&1&0\end{vmatrix}.$$

前面已经得到 $A_{11}=-3,A_{12}=-1,A_{13}=1,A_{14}=2$.如果按第一行展开,那么就有

$$\begin{aligned}D&=a_{11}A_{11}+a_{12}A_{12}+a_{13}A_{13}+a_{14}A_{14}\\&=1\cdot A_{11}+3\cdot A_{12}+0\cdot A_{13}+1\cdot A_{14}\\&=1\times(-3)+3\times(-1)+0\times1+1\times2=-4.\end{aligned}$$

当然,我们还可以结合行列式的性质来计算:将第一列中除(1,1)外的其他元素化为零,再按第一列展开.

对于行列式 $D=\det(a_{ij})$,按第 j 行展开,有

$$a_{j1}A_{j1}+a_{j2}A_{j2}+\cdots+a_{jn}A_{jn}=\begin{vmatrix} a_{11} & \cdots & a_{1n} \\ \vdots & & \vdots \\ a_{i1} & \cdots & a_{in} \\ \vdots & & \vdots \\ a_{j1} & \cdots & a_{jn} \\ \vdots & & \vdots \\ a_{n1} & \cdots & a_{nn} \end{vmatrix}, \tag{1.23}$$

在式(1.23)中把 a_{jk} 换成 a_{ik} $(k=1,2,\cdots,n)$ 可得

$$a_{i1}A_{j1}+a_{i2}A_{j2}+\cdots+a_{in}A_{jn}=\begin{vmatrix} a_{11} & \cdots & a_{1n} \\ \vdots & & \vdots \\ a_{i1} & \cdots & a_{in} \\ \vdots & & \vdots \\ a_{i1} & \cdots & a_{in} \\ \vdots & & \vdots \\ a_{n1} & \cdots & a_{nn} \end{vmatrix}\begin{matrix} \\ \\ (\text{第 } i \text{ 行}) \\ \\ (\text{第 } j \text{ 行}) \\ \\ \\ \end{matrix}. \tag{1.24}$$

当 $i\neq j$ 时,式(1.24)右端行列式中有两行元素相同,由行列式的性质知,该行列式等于零,即得

$$a_{i1}A_{j1}+a_{i2}A_{j2}+\cdots+a_{in}A_{jn}=0 \quad (i\neq j). \tag{1.25}$$

类似地,如果是按列展开,可以得到

$$a_{1i}A_{1j}+a_{2i}A_{2j}+\cdots+a_{ni}A_{nj}=0 \quad (i\neq j). \tag{1.26}$$

由以上证明可知,定理 3 有以下重要结论.

推论 6 行列式某一行各元素与另一行对应元素的代数余子式乘积之和等于零,即

$$a_{i1}A_{j1}+a_{i2}A_{j2}+\cdots+a_{in}A_{jn}=\sum_{k=1}^{n}a_{ik}A_{jk}=0 \quad (i\neq j). \tag{1.27}$$

结合定理 3,可得

$$\sum_{k=1}^{n}a_{ki}A_{kj}=\delta_{ij}D=\begin{cases} D, & i=j, \\ 0, & i\neq j; \end{cases} \tag{1.28}$$

$$\sum_{k=1}^{n}a_{ik}A_{jk}=\delta_{ij}D=\begin{cases} D, & i=j, \\ 0, & i\neq j. \end{cases} \tag{1.29}$$

其中，$\delta_{ij}=\begin{cases}1, i=j,\\0, i\neq j,\end{cases}$ 称为克罗内克(Kronecker)符号函数.

例 12　设

$$D=\begin{vmatrix}3&0&4&0\\2&2&2&2\\0&-7&0&0\\5&3&-2&2\end{vmatrix},$$

求第四行的代数余子式之和及余子式之和.

解　第四行的代数余子式之和 $A_{41}+A_{42}+A_{43}+A_{44}$ 等于用 1,1,1,1 代替 D 中的第四行所得的行列式，即

$$A_{41}+A_{42}+A_{43}+A_{44}=\begin{vmatrix}3&0&4&0\\2&2&2&2\\0&-7&0&0\\1&1&1&1\end{vmatrix}\xlongequal{\text{第二行与第四行对应成比例}}0.$$

由于 $M_{41}+M_{42}+M_{43}+M_{44}=-A_{41}+A_{42}-A_{43}+A_{44}$，用 $-1,1,-1,1$ 代替 D 中的第四行所得的行列式，即

$$M_{41}+M_{42}+M_{43}+M_{44}=\begin{vmatrix}3&0&4&0\\2&2&2&2\\0&-7&0&0\\-1&1&-1&1\end{vmatrix}=(-1)^{3+2}\times(-7)\times\begin{vmatrix}3&4&0\\2&2&2\\-1&-1&1\end{vmatrix}$$

$$=-28.$$

例 13　证明范德蒙德(Vandermonde)行列式

$$V_n=\begin{vmatrix}1&1&1&\cdots&1\\x_1&x_2&x_3&\cdots&x_n\\x_1^2&x_2^2&x_3^2&\cdots&x_n^2\\\vdots&\vdots&\vdots&&\vdots\\x_1^{n-1}&x_2^{n-1}&x_3^{n-1}&\cdots&x_n^{n-1}\end{vmatrix}=\prod_{1\leqslant j<i\leqslant n}(x_i-x_j),\tag{1.30}$$

其中，

$$\prod_{1\leqslant j<i\leqslant n}(x_i-x_j)=(x_2-x_1)(x_3-x_1)(x_3-x_2)\cdots(x_n-x_1)(x_n-x_2)\cdots(x_n-x_{n-1}).$$

证明　用数学归纳法证明.

当 $n=2$ 时，$V_2=\begin{vmatrix}1&1\\x_1&x_2\end{vmatrix}=x_2-x_1=\prod\limits_{1\leqslant j<i\leqslant 2}(x_i-x_j)$，等式成立.

假设等式对 $n-1$ 阶范德蒙德行列式成立，即 $V_{n-1}=\prod\limits_{1\leqslant j<i\leqslant n-1}(x_i-x_j)$，则对 n 阶范德蒙德行列式

$$V_n \xlongequal[i=n,n-1,\cdots,2]{r_i-x_1r_{i-1}} \begin{vmatrix} 1 & 1 & 1 & \cdots & 1 \\ 0 & x_2-x_1 & x_3-x_1 & \cdots & x_n-x_1 \\ 0 & x_2(x_2-x_1) & x_3(x_3-x_1) & \cdots & x_n(x_n-x_1) \\ \vdots & \vdots & \vdots & & \vdots \\ 0 & x_2^{n-2}(x_2-x_1) & x_3^{n-2}(x_3-x_1) & \cdots & x_n^{n-2}(x_n-x_1) \end{vmatrix}$$

按第一列展开并提取公因子，得

$$V_n=(x_2-x_1)(x_3-x_1)\cdots(x_n-x_1)\begin{vmatrix} 1 & 1 & \cdots & 1 \\ x_2 & x_3 & \cdots & x_n \\ \vdots & \vdots & & \vdots \\ x_2^{n-2} & x_3^{n-2} & \cdots & x_n^{n-2} \end{vmatrix}. \quad (1.31)$$

式(1.31)右边的行列式是一个 $n-1$ 阶范德蒙德行列式 V_{n-1}，由归纳假设知 $V_{n-1}=\prod\limits_{2\leqslant j<i\leqslant n}(x_i-x_j)$，将其代入式(1.31)便得

$$V_n=\prod_{i=2}^{n}(x_i-x_1)\prod_{2\leqslant j<i\leqslant n}(x_i-x_j)=\prod_{1\leqslant j<i\leqslant n}(x_i-x_j).$$

例 14 计算 n 阶行列式

$$D_n=\begin{vmatrix} 2 & 1 & & & & & \\ 1 & 2 & 1 & & & & \\ & 1 & 2 & 1 & & & \\ & & \ddots & \ddots & \ddots & & \\ & & & 1 & 2 & 1 & \\ & & & & 1 & 2 & 1 \\ & & & & & 1 & 2 \end{vmatrix}.$$

解 这是三对角行列式.按第 n 列展开，得

$$D_n=2\begin{vmatrix} 2 & 1 & & & & \\ 1 & 2 & 1 & & & \\ & 1 & 2 & 1 & & \\ & & \ddots & \ddots & \ddots & \\ & & & 1 & 2 & 1 \\ & & & & 1 & 2 \end{vmatrix}-\begin{vmatrix} 2 & 1 & & & & \\ 1 & 2 & 1 & & & \\ & 1 & 2 & 1 & & \\ & & \ddots & \ddots & \ddots & \\ & & & 1 & 2 & 1 \\ & & & & & 1 \end{vmatrix}=2D_{n-1}-D_{n-2}.$$

因为 $D_n=2D_{n-1}-D_{n-2}$，易知 $D_n-D_{n-1}=D_{n-1}-D_{n-2}$，反复利用这一递推关系，有

$$D_n - D_{n-1} = D_{n-1} - D_{n-2} = D_{n-2} - D_{n-3} = \cdots$$
$$= D_3 - D_2 = D_2 - D_1 = 3 - 2 = 1.$$

所以,

$$D_n = D_{n-1} + 1 = (D_{n-2} + 1) + 1 = (D_{n-3} + 1) + 2 = \cdots$$
$$= D_1 + (n-1) = n + 1.$$

在例14中,也可以这样考虑:因为$D_1 = 2$,$D_2 = 3$,故猜想$D_n = n + 1$.下面用数学归纳法来证明.

假设$k < n$时命题成立,那么当$k = n$时,有

$$D_n = 2D_{n-1} - D_{n-2} = 2[(n-1)+1] - [(n-2)+1] = n + 1.$$

由数学归纳法可知,对于任意的正整数,都有$D_n = n + 1$.

小　　结

本章内容有全排列与逆序数、对换及其性质、行列式的定义、行列式的性质及行列式按行(或列)展开.本章的主要内容是行列式.行列式的主要内容包括行列式的定义、行列式的性质、行列式的计算和应用.

n阶行列式的背景就是为了建立n个方程n个未知数的方程组的公式解.n阶行列式是不同行、不同列的n个元素乘积的代数和(共有$n!$项),代数和中的每个乘积项是带有正负号的,正负号的确定是行标依据顺序排列而以列标排列的逆序数τ的奇偶性来确定的,即

$$D_n = \begin{vmatrix} a_{11} & a_{12} & \cdots & a_{1n} \\ a_{21} & a_{22} & \cdots & a_{2n} \\ \vdots & \vdots & & \vdots \\ a_{n1} & a_{n2} & \cdots & a_{nn} \end{vmatrix} = \sum (-1)^{\tau} a_{1p_1} a_{2p_2} \cdots a_{np_n}.$$

行列式本质上是一个数值,所以我们可以把行列式当成一个数值来进行加减乘除等运算.

利用行列式性质计算行列式的值是计算行列式的重要方法.行列式的性质主要有:

行列式转置后值不变,即$D = D^{\mathrm{T}}$.由该性质可知,行列式中行与列具有同等的地位,对行成立的性质,对列也成立,反之亦然.互换行列式的两行(或列),行列式的值变号.易得行列式D中有两行(或列)元素对应相等,则D的值为零.用数k乘以行列式D,等于将该数k乘以D的某一行(或列)中所有的元素.于是,若行列式有一行(或列)的元素全为零,则行列式为零;若行列式有两行(或列)元素对应成比例,则行列式为零.若行列式D

的某一行(或列)的元素都可表示为两数之和,则此行列式可以写成两个行列式的和.

把行列式某一行(或列)的 λ 倍加到另一行(或列)的对应元素上,行列式的值不变.

行列式的性质主要涉及行列式的三种运算(互换、数乘、倍加),即 $r_i \leftrightarrow r_j$,$r_i \times k$,$r_i + \lambda \cdot r_j$(或 $c_i \leftrightarrow c_j$,$c_i \times k$,$c_i + \lambda \cdot c_j$).利用行列式的性质可有效地简化行列式的计算.

行列式的计算方法很多.用行列式的定义来求特殊行列式(比如三角行列式、对角行列式等)的值和证明一些命题,是比较方便易行的.而在通常情况下,直接用定义计算行列式的值不是十分方便,常常需要依据行列式的性质和展开法则进行.常常组合使用性质来求行列式的值,尤其是倍加性质,一定要熟练运用.行列式按行(或列)展开法则其实是一种降阶求行列式值的方法,行列式展开为某行(或列)每个元素乘以它对应的代数余子式之和.如果是某行(或列)每个元素乘以另外一行(或列)对应代数余子式之和,则值为零.行列式按行(或列)展开法则往往和行列式的性质配合使用.

行列式的应用体现在后面各章,主要有:n 个方程 n 个未知量的方程组的公式解——克莱姆法则;求矩阵的秩;求矩阵的伴随矩阵和逆;判断 n 个 n 维向量的线性相关性;求矩阵的特征值;判断矩阵的正定性等.

习 题 一

A

1. 按自然数从小到大为标准次序,求下列各排列的逆序数.

(1) 2413;　　(2) 4637251;

(3) 315426;　　(4) 217986354;

(5) $1 \cdot 3 \cdot 5 \cdots (2n-1) 2 \cdot 4 \cdot 6 \cdots (2n)$;

(6) $1 \cdot 3 \cdot 5 \cdots (2n-1)(2n)(2n-2) \cdots 4 \cdot 2$.

2. 填空题.

(1) 若排列 $3972i15j4$ 为偶排列,则 $i =$ ________,$j =$ ________.

(2) 4 阶行列式中含有因子 $a_{11}a_{23}$ 的项是________.

(3) 在 6 阶行列式中的项 $a_{23}a_{31}a_{42}a_{56}a_{14}a_{65}$ 带的符号应为________,$a_{32}a_{43}a_{14}a_{51}a_{66}a_{25}$ 带的符号应为________.

(4) 5 阶行列式中包含 $a_{13}a_{25}$ 并带正号的所有项为________.

3. 求行列式的值:

(1) $\begin{vmatrix} 3 & 1 & 2 \\ 6 & 4 & 1 \\ 0 & 0 & -2 \end{vmatrix}$;　　(2) $\begin{vmatrix} 1 & 2 & 3 \\ 4 & 5 & 6 \\ 7 & 8 & 9 \end{vmatrix}$.

4. 计算下列各行列式：

(1) $\begin{vmatrix} 4 & 1 & 2 & 4 \\ 1 & 2 & 0 & 2 \\ 10 & 5 & 2 & 0 \\ 0 & 1 & 1 & 7 \end{vmatrix}$；　(2) $\begin{vmatrix} 2 & 1 & 4 & 1 \\ 3 & -1 & 2 & 1 \\ 1 & 2 & 3 & 2 \\ 5 & 0 & 6 & 2 \end{vmatrix}$；

(3) $\begin{vmatrix} -ab & ac & ae \\ bd & -cd & de \\ bf & cf & -ef \end{vmatrix}$；　(4) $\begin{vmatrix} a & 1 & 0 & 0 \\ -1 & b & 1 & 0 \\ 0 & -1 & c & 1 \\ 0 & 0 & -1 & d \end{vmatrix}$.

5. 证明：

(1) $\begin{vmatrix} 1 & 1 & 1 \\ a & b & c \\ a^2 & b^2 & c^2 \end{vmatrix}=(a-b)(b-c)(c-a)$；

(2) $\begin{vmatrix} a^2 & ab & b^2 \\ 2a & a+b & 2b \\ 1 & 1 & 1 \end{vmatrix}=(a-b)^3$.

6. 设 4 阶行列式 $D=\begin{vmatrix} 1 & 0 & -3 & 7 \\ 0 & 1 & 2 & 1 \\ -3 & 4 & 0 & 3 \\ 1 & -2 & 2 & -1 \end{vmatrix}$，求：

(1) D 的代数余子式 A_{14}；

(2) $A_{11}-2A_{12}+2A_{13}-A_{14}$；

(3) $A_{11}+A_{21}+2A_{31}+2A_{41}$.

7. 行列式 $D=\begin{vmatrix} 2 & a & 5 \\ 1 & -4 & 3 \\ 3 & 2 & -1 \end{vmatrix}$ 的代数余子式 $A_{21}=5$，求 a.

8. 行列式 $D_4=\begin{vmatrix} a_1 & a_2 & a_3 & x \\ b_1 & b_2 & b_3 & x \\ c_1 & c_2 & c_3 & x \\ d_1 & d_2 & d_3 & x \end{vmatrix}$，求 $A_{11}+A_{21}+A_{31}+A_{41}$.

9. 计算 n 阶行列式

$$\begin{vmatrix} 1 & 2 & 2 & \cdots & 2 \\ 2 & 2 & 2 & \cdots & 2 \\ 2 & 2 & 3 & \cdots & 2 \\ \vdots & \vdots & \vdots & & \vdots \\ 2 & 2 & 2 & \cdots & n \end{vmatrix}.$$

10. 计算 n 阶行列式

$$D_n = \begin{vmatrix} 0 & \cdots & 0 & 1 & 0 \\ 0 & \cdots & 2 & 0 & 0 \\ \vdots & & \vdots & \vdots & \vdots \\ n-1 & \cdots & 0 & 0 & 0 \\ 0 & \cdots & 0 & 0 & n \end{vmatrix}.$$

B

11. 证明：

(1) $\begin{vmatrix} ax+by & ay+bz & az+bx \\ ay+bz & az+bx & ax+by \\ az+bx & ax+by & ay+bz \end{vmatrix} = (a^3+b^3) \begin{vmatrix} x & y & z \\ y & z & x \\ z & x & y \end{vmatrix}$；

(2) $\begin{vmatrix} a^2 & (a+1)^2 & (a+2)^2 & (a+3)^2 \\ b^2 & (b+1)^2 & (b+2)^2 & (b+3)^2 \\ c^2 & (c+1)^2 & (c+2)^2 & (c+3)^2 \\ d^2 & (d+1)^2 & (d+2)^2 & (d+3)^2 \end{vmatrix} = 0$；

(3) $\begin{vmatrix} 1 & 1 & 1 & 1 \\ a & b & c & d \\ a^2 & b^2 & c^2 & d^2 \\ a^4 & b^4 & c^4 & d^4 \end{vmatrix} = (a-b)(a-c)(a-d)(b-c)(b-d)(c-d)(a+b+c+d)$.

12. 一个 n 阶行列式 $D_n = |a_{ij}|$ 的元素满足

$$a_{ij} = -a_{ji} \quad (i,j=1,2,\cdots,n),$$

则称 D_n 为反对称行列式.证明:奇数阶反对称行列式为零.

13. 计算 n 阶行列式

$$D_n=\begin{vmatrix} a & 0 & 0 & \cdots & 0 & 1 \\ 0 & a & 0 & \cdots & 0 & 0 \\ 0 & 0 & a & \cdots & 0 & 0 \\ \vdots & \vdots & \vdots & & \vdots & \vdots \\ 0 & 0 & 0 & \cdots & a & 0 \\ 1 & 0 & 0 & \cdots & 0 & a \end{vmatrix}.$$

14. 证明：

$$D_n=\begin{vmatrix} x & -1 & 0 & \cdots & 0 & 0 \\ 0 & x & -1 & \cdots & 0 & 0 \\ \vdots & \vdots & \vdots & & \vdots & \vdots \\ 0 & 0 & 0 & \cdots & x & -1 \\ a_n & a_{n-1} & a_{n-2} & \cdots & a_2 & a_1+x \end{vmatrix}$$

$$=x^n+a_1x^{n-1}+a_2x^{n-2}+\cdots+a_{n-1}x+a_n \quad (n\geqslant 2).$$

15. 计算 n 阶行列式

$$D_n=\begin{vmatrix} 1+a_1 & 1 & 1 & \cdots & 1 \\ 1 & 1+a_2 & 1 & \cdots & 1 \\ 1 & 1 & 1+a_3 & \cdots & 1 \\ \vdots & \vdots & \vdots & & \vdots \\ 1 & 1 & 1 & \cdots & 1+a_n \end{vmatrix} \text{（其中 } a_1a_2\cdots a_n\neq 0\text{）}.$$

16. 证明平面上经过不同两点 $A(x_1,y_1)$，$B(x_2,y_2)$ 的直线方程可以表示为

$$\begin{vmatrix} 1 & 1 & 1 \\ x & x_1 & x_2 \\ y & y_1 & y_2 \end{vmatrix}=0.$$

17. 证明顶点为 $A(x_1,y_1)$，$B(x_2,y_2)$，$C(x_3,y_3)$ 的三角形的面积 $S=\frac{1}{2}|D|$，其中

$$D=\begin{vmatrix} 1 & x_1 & y_1 \\ 1 & x_2 & y_2 \\ 1 & x_3 & y_3 \end{vmatrix}.$$

习题一部分参考答案

A

1. (1)$\tau=3$;(2)$\tau=14$;(3)$\tau=5$;(4)$\tau=18$;

(5)$\tau=0+0+\cdots+(n-1)+(n-2)+\cdots+1=\dfrac{(n-1)n}{2}$;

(6)$\tau=0+0+\cdots+0+2+4+\cdots+(2n-2)=n(n-1)$.

2. (1)6,8;(2)$-a_{11}a_{23}a_{32}a_{44}$,$a_{11}a_{23}a_{34}a_{42}$; (3)+,+;

(4)$a_{13}a_{25}a_{31}a_{44}a_{52}$,$a_{13}a_{25}a_{32}a_{41}a_{54}$,$a_{13}a_{25}a_{34}a_{42}a_{51}$.

3. (1)-12;(2)0.

4. (1)0;(2)0;(3)$4abcdef$;(4)$abcd+ab+ad+cd+1$.

6. (1)$A_{14}=-\begin{vmatrix}0 & 1 & 2\\ -3 & 4 & 0\\ 1 & -2 & 2\end{vmatrix}=-12+8-6=-10$;

(2)$A_{11}-2A_{12}+2A_{13}-A_{14}$是$D$的第4行元素乘第1行的代数余子式之和,结果等于零,即$A_{11}-2A_{12}+2A_{13}-A_{14}=0$;

(3) $A_{11}+A_{21}+2A_{31}+2A_{41}=\begin{vmatrix}1 & 0 & -3 & 7\\ 1 & 1 & 2 & 1\\ 2 & 4 & 0 & 3\\ 2 & -2 & 2 & -1\end{vmatrix}=144$.

7. -5.

8. 0.

9. $\begin{vmatrix}1 & 2 & 2 & \cdots & 2\\ 2 & 2 & 2 & \cdots & 2\\ 2 & 2 & 3 & \cdots & 2\\ \vdots & \vdots & \vdots & & \vdots\\ 2 & 2 & 2 & \cdots & n\end{vmatrix}=\begin{vmatrix}-1 & 0 & 0 & \cdots & 0\\ 2 & 2 & 2 & \cdots & 2\\ 0 & 0 & 1 & \cdots & 2\\ \vdots & \vdots & \vdots & & \vdots\\ 0 & 0 & 0 & \cdots & n-2\end{vmatrix}=(-2)(n-2)!$.

10. D_n中不为零的项用一般形式表示为

$$a_{1,n-1}a_{2,n-2}\cdots a_{n-1,1}a_{nn}=n!.$$

该项列标排列的逆序数$\tau=\dfrac{(n-1)(n-2)}{2}$,故

$$D_n=(-1)^{\frac{(n-1)(n-2)}{2}}n!.$$

B

12. 由$a_{ij}=-a_{ji}$知$a_{ii}=-a_{ii}$,即

$$a_{ii}=0\quad(i=1,2,\cdots,n),$$

故行列式 D_n 可表示为

$$D_n=\begin{vmatrix} 0 & a_{12} & a_{13} & \cdots & a_{1n} \\ -a_{12} & 0 & a_{23} & \cdots & a_{2n} \\ -a_{13} & -a_{23} & 0 & \cdots & a_{3n} \\ \vdots & \vdots & \vdots & & \vdots \\ -a_{1n} & -a_{2n} & -a_{3n} & \cdots & 0 \end{vmatrix}.$$

由行列式的性质 $D=D^{\mathrm{T}}$，有

$$D_n=\begin{vmatrix} 0 & -a_{12} & -a_{13} & \cdots & -a_{1n} \\ a_{12} & 0 & -a_{23} & \cdots & -a_{2n} \\ a_{13} & a_{23} & 0 & \cdots & -a_{3n} \\ \vdots & \vdots & \vdots & & \vdots \\ a_{1n} & a_{2n} & a_{3n} & \cdots & 0 \end{vmatrix}$$

$$=(-1)^n\begin{vmatrix} 0 & a_{12} & a_{13} & \cdots & a_{1n} \\ -a_{12} & 0 & a_{23} & \cdots & a_{2n} \\ -a_{13} & -a_{23} & 0 & \cdots & a_{3n} \\ \vdots & \vdots & \vdots & & \vdots \\ -a_{1n} & -a_{2n} & -a_{3n} & \cdots & 0 \end{vmatrix}=(-1)^nD_n.$$

当 n 为奇数时，得 $D_n=-D_n$，因而得 $D_n=0$.

13. 将 D_n 按第 1 行展开得

$$D_n=a\begin{vmatrix} a & 0 & 0 & \cdots & 0 \\ 0 & a & 0 & \cdots & 0 \\ 0 & 0 & a & \cdots & 0 \\ \vdots & \vdots & \vdots & & \vdots \\ 0 & 0 & 0 & \cdots & a \end{vmatrix}+(-1)^{n+1}\begin{vmatrix} 0 & a & 0 & \cdots & 0 \\ 0 & 0 & a & \cdots & 0 \\ \vdots & \vdots & \vdots & & \vdots \\ 0 & 0 & 0 & \cdots & a \\ 1 & 0 & 0 & \cdots & 0 \end{vmatrix}$$

$$=a^n+(-1)^{n+1}(-1)^na^{n-2}=a^n-a^{n-2}.$$

14. 将 D_n 按第 1 列展开得

$$D_n=x\begin{vmatrix} x & -1 & 0 & \cdots & 0 & 0 \\ 0 & x & -1 & \cdots & 0 & 0 \\ \vdots & \vdots & \vdots & & \vdots & \vdots \\ 0 & 0 & 0 & \cdots & x & -1 \\ a_{n-1} & a_{n-2} & a_{n-3} & \cdots & a_2 & a_1+x \end{vmatrix}+(-1)^{n+1}a_n\begin{vmatrix} -1 & 0 & \cdots & 0 & 0 \\ x & -1 & \cdots & 0 & 0 \\ \vdots & \vdots & & \vdots & \vdots \\ 0 & 0 & \cdots & x & -1 \end{vmatrix}$$

$$=a_n+xD_{n-1}.$$

由此得递推公式

$$D_n = a_n + xD_{n-1},$$

利用此递推公式可得

$$\begin{aligned} D_n &= a_n + xD_{n-1} = a_n + x(a_{n-1} + xD_{n-2}) = a_n + a_{n-1}x + x^2 D_{n-2} \\ &= \cdots = a_n + a_{n-1}x + \cdots + a_1 x^{n-1} + x^n. \end{aligned}$$

15. $$D_n = \begin{vmatrix} 1 & 1 & 1 & \cdots & 1 \\ 0 & 1+a_1 & 1 & \cdots & 1 \\ 0 & 1 & 1+a_2 & \cdots & 1 \\ \vdots & \vdots & \vdots & & \vdots \\ 0 & 1 & 1 & \cdots & 1+a_n \end{vmatrix} = \begin{vmatrix} 1 & 1 & 1 & \cdots & 1 \\ -1 & a_1 & 0 & \cdots & 0 \\ -1 & 0 & a_2 & \cdots & 0 \\ \vdots & \vdots & \vdots & & \vdots \\ -1 & 0 & 0 & \cdots & a_n \end{vmatrix}$$

$$\xlongequal[i=1,2,\cdots,n]{a_i \neq 0} \begin{vmatrix} 1+\sum_{i=1}^{n} \frac{1}{a_i} & 1 & 1 & \cdots & 1 \\ 0 & a_1 & 0 & \cdots & 0 \\ 0 & 0 & a_2 & \cdots & 0 \\ \vdots & \vdots & \vdots & & \vdots \\ 0 & 0 & 0 & \cdots & a_n \end{vmatrix} = \left(1 + \sum_{i=1}^{n} \frac{1}{a_i}\right) a_1 a_2 \cdots a_n.$$

第 2 章　矩阵及其运算

矩阵的应用非常广泛，线性变换、线性方程组及二次型等许多知识都涉及矩阵的知识.在这一章里，我们将介绍矩阵的定义、矩阵的运算、逆矩阵、矩阵多项式及分块矩阵，最后还介绍了克莱姆法则.

2.1　矩阵的定义及其运算

在我国古代，矩阵的思想已经萌芽了.公元 1 世纪，中国的《九章算术》建立了矩阵最早的雏形，《九章算术》中的遍乘直除算法，用算筹将系数和常数项排列成一个长方阵，这个长方阵类似于现在的矩阵.

18 世纪中期，数学家们从对二次型的化简中，得到了许多与矩阵相关的概念与结论.瑞士数学家欧拉在将二次型化为标准形时，提出了特征方程的概念.法国数学家拉格朗日在讨论齐次多项式时引入了线性变换.德国数学家高斯研究了两个线性变换的复合以及互逆变换.数学家柯西研究了正定矩阵、相似矩阵以及相似变换等问题.

2.1.1　矩阵的定义

有 m 个方程 n 个未知数的线性方程组

$$\begin{cases} a_{11}x_1+a_{12}x_2+\cdots+a_{1n}x_n=b_1, \\ a_{21}x_1+a_{22}x_2+\cdots+a_{2n}x_n=b_2, \\ \qquad\qquad\qquad\vdots \\ a_{m1}x_1+a_{m2}x_2+\cdots+a_{mn}x_n=b_m, \end{cases} \tag{2.1}$$

方程组(2.1) 的系数及常数项可以排成 m 行 $n+1$ 列的一个数表

$$\begin{matrix} a_{11} & a_{12} & \cdots & a_{1n} & b_1 \\ a_{21} & a_{22} & \cdots & a_{2n} & b_2 \\ \vdots & \vdots & & \vdots & \vdots \\ a_{m1} & a_{m2} & \cdots & a_{mn} & b_m \end{matrix},$$

这个数表完全确定了这个线性方程组，于是对方程组的研究就可以转化成对这个数表的研究.因此，我们定义矩阵如下.

定义 1　设 $m\times n$ 个数 $a_{ij}(i=1,2,\cdots,m;j=1,2,\cdots,n)$，将它们排成 m 行 n 列的一个数表

$$\begin{matrix} a_{11} & a_{12} & \cdots & a_{1n} \\ a_{21} & a_{22} & \cdots & a_{2n} \\ \vdots & \vdots & & \vdots \\ a_{m1} & a_{m2} & \cdots & a_{mn} \end{matrix},$$

用括号将其括起来,称为 $m\times n$ 阶矩阵,并且用大写黑体字母表示,即

$$\boldsymbol{A}=\begin{pmatrix} a_{11} & a_{12} & \cdots & a_{1n} \\ a_{21} & a_{22} & \cdots & a_{2n} \\ \vdots & \vdots & & \vdots \\ a_{m1} & a_{m2} & \cdots & a_{mn} \end{pmatrix}, \tag{2.2}$$

简记为 $\boldsymbol{A}=(a_{ij})_{m\times n}$ 或 $\boldsymbol{A}_{m\times n}$.其中 a_{ij} 称为矩阵 $\boldsymbol{A}$ 的 (i,j) 元,它位于矩阵 $\boldsymbol{A}$ 的第 i 行第 j 列.

下面介绍一些特殊的矩阵.

(1) 如果矩阵只有一行,这样的矩阵称为行矩阵,也称行向量,记为

$$\boldsymbol{A}=(a_1 \quad a_2 \quad \cdots \quad a_n) \quad 或 \quad \boldsymbol{A}=(a_1,a_2,\cdots,a_n).$$

(2) 如果矩阵只有一列,这样的矩阵称为列矩阵,也称列向量,记为

$$\boldsymbol{A}=\begin{pmatrix} a_1 \\ a_2 \\ \vdots \\ a_m \end{pmatrix}.$$

(3) 如果矩阵所有的元素都为零,这样的矩阵称为零矩阵,记为 $\boldsymbol{O}$.

(4) 如果矩阵的行数与列数相同,都为 n,这样的矩阵称为 n 阶方阵,记为

$$\boldsymbol{A}_n=\begin{pmatrix} a_{11} & a_{12} & \cdots & a_{1n} \\ a_{21} & a_{22} & \cdots & a_{2n} \\ \vdots & \vdots & & \vdots \\ a_{n1} & a_{n2} & \cdots & a_{nn} \end{pmatrix}.$$

(5) 对于 n 阶方阵,如果不在主对角线上的元素全部为零,这样的矩阵称为对角矩阵(简称对角阵),记为

$$\boldsymbol{\Lambda}=\begin{pmatrix} \lambda_1 & 0 & \cdots & 0 \\ 0 & \lambda_2 & \cdots & 0 \\ \vdots & \vdots & & \vdots \\ 0 & 0 & \cdots & \lambda_n \end{pmatrix},$$

对角矩阵也可表示为

$$\boldsymbol{\Lambda}=\mathrm{diag}(\lambda_1 \quad \lambda_2 \quad \cdots \quad \lambda_n).$$

特别说明:从左上角到右下角的直线,称为主对角线;从右上角到左下角的直线,称为

副对角线.

(6) 对于 n 阶方阵,如果主对角线上的元素全部为1,其余的元素全部为0,这样的矩阵称为 n 阶单位矩阵,记为

$$\boldsymbol{E}=\begin{pmatrix}1&0&\cdots&0\\0&1&\cdots&0\\\vdots&\vdots&&\vdots\\0&0&\cdots&1\end{pmatrix}.$$

定义 2 如果两个矩阵的行数与列数分别相等,则称它们为同型矩阵.

定义 3 如果矩阵 $\boldsymbol{A}$ 与矩阵 $\boldsymbol{B}$ 为同型矩阵,并且对应的元素相等,则称矩阵 $\boldsymbol{A}$ 与矩阵 $\boldsymbol{B}$ 相等,记作

$$\boldsymbol{A}=\boldsymbol{B}.$$

思考:如何确定一个矩阵? 两个零矩阵一定相等吗?

2.1.2 矩阵的运算

1. 矩阵的线性运算

定义 4 如果矩阵 $\boldsymbol{A}$ 与矩阵 $\boldsymbol{B}$ 都为 $m\times n$ 阶矩阵,则矩阵 $\boldsymbol{A}$ 与矩阵 $\boldsymbol{B}$ 的和记为 $\boldsymbol{A}+\boldsymbol{B}$,并且规定

$$\boldsymbol{A}+\boldsymbol{B}=(a_{ij}+b_{ij})_{m\times n}=\begin{pmatrix}a_{11}+b_{11}&a_{12}+b_{12}&\cdots&a_{1n}+b_{1n}\\a_{21}+b_{21}&a_{22}+b_{22}&\cdots&a_{2n}+b_{2n}\\\vdots&\vdots&&\vdots\\a_{m1}+b_{m1}&a_{m2}+b_{m2}&\cdots&a_{mn}+b_{mn}\end{pmatrix}.$$

矩阵的加法满足下面的运算规律.

(1) 交换律:$\boldsymbol{A}+\boldsymbol{B}=\boldsymbol{B}+\boldsymbol{A}$.

(2) 结合律:$(\boldsymbol{A}+\boldsymbol{B})+\boldsymbol{C}=\boldsymbol{A}+(\boldsymbol{B}+\boldsymbol{C})$.

注意:$\boldsymbol{A},\boldsymbol{B},\boldsymbol{C}$ 必须为同型矩阵.

如果 $\boldsymbol{A}=(a_{ij})_{m\times n}$,则其负矩阵记为 $-\boldsymbol{A}$,并且规定

$$-\boldsymbol{A}=(-a_{ij})_{m\times n},$$

因此,矩阵的减法规定为

$$\boldsymbol{A}-\boldsymbol{B}=\boldsymbol{A}+(-\boldsymbol{B})=(a_{ij}-b_{ij})_{m\times n}=\begin{pmatrix}a_{11}-b_{11}&a_{12}-b_{12}&\cdots&a_{1n}-b_{1n}\\a_{21}-b_{21}&a_{22}-b_{22}&\cdots&a_{2n}-b_{2n}\\\vdots&\vdots&&\vdots\\a_{m1}-b_{m1}&a_{m2}-b_{m2}&\cdots&a_{mn}-b_{mn}\end{pmatrix}.$$

定义 5 数 k 与矩阵 $\boldsymbol{A}$ 的乘积记为 $k\boldsymbol{A}$,并且规定

$$kA=(k\ a_{ij})_{m\times n}=\begin{pmatrix} ka_{11} & ka_{12} & \cdots & ka_{1n} \\ ka_{21} & ka_{22} & \cdots & ka_{2n} \\ \vdots & \vdots & & \vdots \\ ka_{m1} & ka_{m2} & \cdots & ka_{mn} \end{pmatrix}.$$

矩阵的数乘满足下面的运算规律:

(1) $(kl)\boldsymbol{A}=k(l\boldsymbol{A})$;

(2) $(k+l)\boldsymbol{A}=k\boldsymbol{A}+l\boldsymbol{A}$;

(3) $k(\boldsymbol{A}+\boldsymbol{B})=k\boldsymbol{A}+k\boldsymbol{B}$,

其中,$\boldsymbol{A}$,$\boldsymbol{B}$ 为同型矩阵,k,l 为常数.

矩阵的加法运算与数乘运算统称为矩阵的线性运算.

2. 矩阵与矩阵的乘法

设 $\boldsymbol{A}=(a_{i1}\quad a_{i2}\quad \cdots \quad a_{is})$ 为行向量,$\boldsymbol{B}=\begin{pmatrix} b_{1j} \\ b_{2j} \\ \vdots \\ b_{sj} \end{pmatrix}$ 为列向量,则规定

$$\boldsymbol{AB}=(a_{i1}\quad a_{i2}\quad \cdots \quad a_{is})\begin{pmatrix} b_{1j} \\ b_{2j} \\ \vdots \\ b_{sj} \end{pmatrix}=a_{i1}b_{1j}+a_{i2}b_{2j}+\cdots+a_{is}b_{sj}.$$

定义 6 设 $\boldsymbol{A}=(a_{ij})_{m\times s}$,$\boldsymbol{B}=(b_{ij})_{s\times n}$,则矩阵 $\boldsymbol{A}$ 与矩阵 $\boldsymbol{B}$ 的乘积记为 $\boldsymbol{C}=\boldsymbol{AB}$,并且规定

$$\boldsymbol{C}=\boldsymbol{AB}=(c_{ij})_{m\times n},$$

其中

$$c_{ij}=(a_{i1}a_{i2}\cdots a_{is})\begin{pmatrix} b_{1j} \\ b_{2j} \\ \vdots \\ b_{sj} \end{pmatrix}=a_{i1}b_{1j}+a_{i2}b_{2j}+\cdots+a_{is}b_{sj}\ (i=1,2,\cdots,m;j=1,2,\cdots,n).$$

说明:(1) 矩阵 $\boldsymbol{A}$ 与矩阵 $\boldsymbol{B}$ 相乘的结果是一个矩阵;

(2) 矩阵 $\boldsymbol{A}$ 的列数与矩阵 $\boldsymbol{B}$ 的行数相等,矩阵 $\boldsymbol{AB}$ 才有意义;

(3) 矩阵 $\boldsymbol{AB}$ 的行数为矩阵 $\boldsymbol{A}$ 的行数,矩阵 $\boldsymbol{AB}$ 的列数为矩阵 $\boldsymbol{B}$ 的列数;

(4) 矩阵 $\boldsymbol{AB}$ 常称为矩阵 $\boldsymbol{A}$ 左乘矩阵 $\boldsymbol{B}$ 或矩阵 $\boldsymbol{B}$ 右乘矩阵 $\boldsymbol{A}$.

例 1　设 $\boldsymbol{A}=(a_1\quad a_2\quad\cdots\quad a_n)$，$\boldsymbol{B}=\begin{pmatrix}b_1\\b_2\\\vdots\\b_n\end{pmatrix}$，求 $\boldsymbol{AB}$ 和 $\boldsymbol{BA}$.

解

$$\boldsymbol{AB}=(a_1\quad a_2\quad\cdots\quad a_n)\begin{pmatrix}b_1\\b_2\\\vdots\\b_n\end{pmatrix}=(a_1b_1+a_2b_2+\cdots+a_nb_n).$$

$$\boldsymbol{BA}=\begin{pmatrix}b_1\\b_2\\\vdots\\b_n\end{pmatrix}(a_1\quad a_2\quad\cdots\quad a_n)=\begin{pmatrix}b_1a_1&b_1a_2&\cdots&b_1a_n\\b_2a_1&b_2a_2&\cdots&b_2a_n\\\vdots&\vdots&&\vdots\\b_na_1&b_na_2&\cdots&b_na_n\end{pmatrix}.$$

例 2　设 $\boldsymbol{A}=\begin{pmatrix}1&0\\2&-1\\2&3\end{pmatrix}$，$\boldsymbol{B}=\begin{pmatrix}1&1&0&3\\0&1&-2&2\end{pmatrix}$，求 $\boldsymbol{AB}$.

解　由题得

$$\boldsymbol{AB}=\begin{pmatrix}1\times1+0\times0&1\times1+0\times1&1\times0+0\times(-2)&1\times3+0\times2\\2\times1+(-1)\times0&2\times1+(-1)\times1&2\times0+(-1)\times(-2)&2\times3+(-1)\times2\\2\times1+3\times0&2\times1+3\times1&2\times0+3\times(-2)&2\times3+3\times2\end{pmatrix}$$

$$=\begin{pmatrix}1&1&0&3\\2&1&2&4\\2&5&-6&12\end{pmatrix}.$$

例 3　设 $\boldsymbol{A}=\begin{pmatrix}1&2\\1&2\end{pmatrix}$，$\boldsymbol{B}=\begin{pmatrix}1&-1\\-1&1\end{pmatrix}$，求 $\boldsymbol{AB}$ 和 $\boldsymbol{BA}$.

解　由题得

$$\boldsymbol{AB}=\begin{pmatrix}1&2\\1&2\end{pmatrix}\times\begin{pmatrix}1&-1\\-1&1\end{pmatrix}=\begin{pmatrix}1\times1+2\times(-1)&1\times(-1)+2\times1\\1\times1+2\times(-1)&1\times(-1)+2\times1\end{pmatrix}=\begin{pmatrix}-1&1\\-1&1\end{pmatrix},$$

$$\boldsymbol{BA}=\begin{pmatrix}1&-1\\-1&1\end{pmatrix}\times\begin{pmatrix}1&2\\1&2\end{pmatrix}=\begin{pmatrix}1\times1+(-1)\times1&1\times2+(-1)\times2\\(-1)\times1+1\times1&(-1)\times2+1\times2\end{pmatrix}=\begin{pmatrix}0&0\\0&0\end{pmatrix}.$$

思考:如果 $\boldsymbol{A}$ 能与 $\boldsymbol{B}$ 相乘，那么 $\boldsymbol{B}$ 与 $\boldsymbol{A}$ 一定能相乘吗？假使 $\boldsymbol{AB}$ 与 $\boldsymbol{BA}$ 都存在，那么 $\boldsymbol{AB}=\boldsymbol{BA}$ 吗？如果 $\boldsymbol{BA}=\boldsymbol{O}$，能够推出 $\boldsymbol{A}=\boldsymbol{O}$ 或者 $\boldsymbol{B}=\boldsymbol{O}$ 吗？

如果 $\boldsymbol{A}$ 与 $\boldsymbol{B}$ 为同阶方阵，且 $\boldsymbol{AB}=\boldsymbol{BA}$，则称 $\boldsymbol{A}$ 与 $\boldsymbol{B}$ 是可交换的.

很容易验证，对于同阶方阵 $\boldsymbol{A}$ 与单位矩阵 $\boldsymbol{E}$，有

$$\boldsymbol{AE}=\boldsymbol{EA}=\boldsymbol{A},$$

因此单位矩阵 $\boldsymbol{E}$ 与任何同阶方阵 $\boldsymbol{A}$ 都是可交换的.

矩阵与矩阵的乘法满足下面的运算规律:

(1) $(\boldsymbol{A}_{m\times s}\boldsymbol{B}_{s\times n})\boldsymbol{C}_{n\times l}=\boldsymbol{A}_{m\times s}(\boldsymbol{B}_{s\times n}\boldsymbol{C}_{n\times l})$;

(2) $\boldsymbol{A}_{m\times s}(\boldsymbol{B}_{s\times n}+\boldsymbol{C}_{s\times n})=\boldsymbol{A}_{m\times s}\boldsymbol{B}_{s\times n}+\boldsymbol{A}_{m\times s}\boldsymbol{C}_{s\times n}$,

$(\boldsymbol{A}_{m\times s}+\boldsymbol{B}_{m\times s})\boldsymbol{C}_{s\times n}=\boldsymbol{A}_{m\times s}\boldsymbol{C}_{s\times n}+\boldsymbol{B}_{m\times s}\boldsymbol{C}_{s\times n}$;

(3) $k(\boldsymbol{A}_{m\times s}\boldsymbol{B}_{s\times n})=(k\boldsymbol{A}_{m\times s})\boldsymbol{B}_{s\times n}=\boldsymbol{A}_{m\times s}(k\boldsymbol{B}_{s\times n})$;

(4) $\boldsymbol{E}_m\boldsymbol{A}_{m\times n}=\boldsymbol{A}_{m\times n}$, $\boldsymbol{A}_{m\times n}\boldsymbol{E}_n=\boldsymbol{A}_{m\times n}$.

注意,矩阵的乘法不满足交换律(见例 3).

3. 方阵的幂

定义 7 设 $\boldsymbol{A}$ 为 n 阶方阵,k 为正整数,则定义

$$\boldsymbol{A}^1=\boldsymbol{A},\boldsymbol{A}^2=\boldsymbol{A}^1\boldsymbol{A}^1,\cdots,\boldsymbol{A}^k=\boldsymbol{A}^{k-1}\boldsymbol{A},$$

$\boldsymbol{A}^k$ 称为 $\boldsymbol{A}$ 的 k 次幂.

方阵的幂满足下面的运算规律:

(1) $\boldsymbol{A}^k\boldsymbol{A}^l=\boldsymbol{A}^{k+l}$;

(2) $(\boldsymbol{A}^k)^l=\boldsymbol{A}^{kl}$.

但是,一般来说,

$$(\boldsymbol{AB})^k\neq\boldsymbol{A}^k\boldsymbol{B}^k,$$

$$(\boldsymbol{A}+\boldsymbol{B})^2\neq\boldsymbol{A}^2+2\boldsymbol{AB}+\boldsymbol{B}^2,$$

$$(\boldsymbol{A}-\boldsymbol{B})(\boldsymbol{A}+\boldsymbol{B})\neq\boldsymbol{A}^2-\boldsymbol{B}^2.$$

思考:上面 3 个式子什么情况下才成立?

例 4 设 $\boldsymbol{A}=\begin{pmatrix}1&0&1\\0&2&0\\0&0&1\end{pmatrix}$,求 $\boldsymbol{A}^k(k=2,3,\cdots)$.

解

$$\boldsymbol{A}^2=\boldsymbol{AA}=\begin{pmatrix}1&0&1\\0&2&0\\0&0&1\end{pmatrix}\begin{pmatrix}1&0&1\\0&2&0\\0&0&1\end{pmatrix}=\begin{pmatrix}1&0&2\\0&2^2&0\\0&0&1\end{pmatrix},$$

$$\boldsymbol{A}^3=\boldsymbol{A}^2\boldsymbol{A}=\begin{pmatrix}1&0&2\\0&2^2&0\\0&0&1\end{pmatrix}\begin{pmatrix}1&0&1\\0&2&0\\0&0&1\end{pmatrix}=\begin{pmatrix}1&0&3\\0&2^3&0\\0&0&1\end{pmatrix}.$$

于是很容易通过数学归纳法得到

$$\boldsymbol{A}^k=\begin{pmatrix}1&0&k\\0&2^k&0\\0&0&1\end{pmatrix}.$$

4. 矩阵的转置

定义 8　设

$$A=\begin{pmatrix} a_{11} & a_{12} & \cdots & a_{1n} \\ a_{21} & a_{22} & \cdots & a_{2n} \\ \vdots & \vdots & & \vdots \\ a_{m1} & a_{m2} & \cdots & a_{mn} \end{pmatrix},$$

则将 A 的行换成同序数的列,得到新的矩阵就称为 A 的转置矩阵,记为 A^{T},即

$$A^{\mathrm{T}}=\begin{pmatrix} a_{11} & a_{21} & \cdots & a_{m1} \\ a_{12} & a_{22} & \cdots & a_{m2} \\ \vdots & \vdots & & \vdots \\ a_{1n} & a_{2n} & \cdots & a_{mn} \end{pmatrix}.$$

矩阵的转置满足下列运算规律:

(1) $(A^{\mathrm{T}})^{\mathrm{T}}=A$;

(2) $(kA)^{\mathrm{T}}=kA^{\mathrm{T}}$;

(3) $(A+B)^{\mathrm{T}}=A^{\mathrm{T}}+B^{\mathrm{T}}$;

(4) $(AB)^{\mathrm{T}}=B^{\mathrm{T}}A^{\mathrm{T}}$.

这里只证明运算规律(4).设 $A=(a_{ij})_{m\times s}$,$B=(b_{ij})_{s\times n}$,则

$$C=AB=(c_{ij})_{m\times n},$$

其中

$$c_{ij}=a_{i1}b_{1j}+a_{i2}b_{2j}+\cdots+a_{is}b_{sj}$$
$$(i=1,2,\cdots,m;j=1,2,\cdots,n).$$

因此,$(AB)^{\mathrm{T}}$ 第 i 行第 j 列的元素为

$$c_{ji}=a_{j1}b_{1i}+a_{j2}b_{2i}+\cdots+a_{js}b_{si}.$$

设 $B^{\mathrm{T}}A^{\mathrm{T}}=D=(d_{ij})_{m\times n}$,而

$$d_{ij}=(b_{1i}\quad b_{2i}\quad \cdots \quad b_{si})\begin{pmatrix} a_{j1} \\ a_{j2} \\ \vdots \\ a_{js} \end{pmatrix}=a_{j1}b_{1i}+a_{j2}b_{2i}+\cdots+a_{js}b_{si},$$

$$(i=1,2,\cdots,m;j=1,2,\cdots,n),$$

故

$$(AB)^{\mathrm{T}}=B^{\mathrm{T}}A^{\mathrm{T}}.$$

例 5　已知 $A=\begin{pmatrix} 1 & 3 & 0 \\ 1 & -2 & 3 \\ 0 & 1 & 1 \end{pmatrix}$,$B=\begin{pmatrix} 1 \\ 0 \\ 1 \end{pmatrix}$,求 $(AB)^{\mathrm{T}}$.

解 由题得

$$AB=\begin{pmatrix}1&3&0\\1&-2&3\\0&1&1\end{pmatrix}\begin{pmatrix}1\\0\\1\end{pmatrix}=\begin{pmatrix}1\\4\\1\end{pmatrix},$$

于是

$$(AB)^{\mathrm{T}}=(1\quad 4\quad 1).$$

若 n 阶方阵 A 满足 $A^{\mathrm{T}}=A$，则矩阵 A 称为对称矩阵，简称为对称阵.

显然，对称阵 $A=(a_{ij})_{n\times n}$ 的元素满足 $a_{ij}=a_{ji}$.

例 6 设 A 是 $m\times n$ 矩阵，证明 $A^{\mathrm{T}}A$ 是 n 阶对称阵，AA^{T} 是 m 阶对称阵.

证明 因 $(A^{\mathrm{T}}A)^{\mathrm{T}}=A^{\mathrm{T}}(A^{\mathrm{T}})^{\mathrm{T}}=A^{\mathrm{T}}A$，故 $A^{\mathrm{T}}A$ 是 n 阶对称阵.

同理可证 AA^{T} 是 m 阶对称阵.

5. 方阵的行列式

定义 9 设 n 阶方阵 A 的各元素的位置不变，由这些元素构成的行列式称为方阵 A 的行列式，记作 $|A|$，或者 $\det A$.

方阵的行列式满足下面的运算规律（设 A 为 n 阶方阵）：

(1) $|A^{\mathrm{T}}|=|A|$；

(2) $|kA|=k^n|A|$；

(3) $|AB|=|A||B|$；

(4) $|A^k|=|A|^k$.

应该注意，矩阵是数表，而行列式是数值，两者是不同的概念.一般情况下，$AB\neq BA$，但是 $|AB|=|A||B|$.

在这里，只证明运算规律(3).设 $A=(a_{ij})_{n\times n}$，$B=(b_{ij})_{n\times n}$，令

$$|D|=\begin{vmatrix}a_{11}&\cdots&a_{1n}&0&&\\\vdots&&\vdots&&\ddots&\\a_{n1}&\cdots&a_{nn}&&&0\\-1&&&b_{11}&\cdots&b_{1n}\\&\ddots&&\vdots&&\vdots\\&&-1&b_{n1}&\cdots&b_{nn}\end{vmatrix}=\begin{vmatrix}A&O\\-E&B\end{vmatrix}=|A||B|.$$

另外，由行列式性质得

$$|D|\xlongequal[j=1,2,\cdots,n]{c_{n+j}+\sum_{i=1}^{n}c_ib_{ij}}\begin{vmatrix}A&AB\\-E&O\end{vmatrix},$$

然后，将 $|D|$ 的第 1 行与第 $n+1$ 行交换，第 2 行与第 $n+2$ 行交换.以此类推，第 n 行与第 $n+n$ 行交换，得到

$$|D|=(-1)^n\begin{vmatrix}-E & O\\ A & AB\end{vmatrix}=(-1)^n|-E||AB|=(-1)^n(-1)^n|AB|=|AB|.$$

于是

$$|AB|=|A||B|.$$

2.1.3　矩阵与线性变换的关系

定义 10　设 m 个变量 $y_1,y_2,\cdots,y_m$ 与 n 个变量 $x_1,x_2,\cdots,x_n$ 之间存在如下关系：

$$\begin{cases}y_1=a_{11}x_1+a_{12}x_2+\cdots+a_{1n}x_n,\\ y_2=a_{21}x_1+a_{22}x_2+\cdots+a_{2n}x_n,\\ \quad\vdots\\ y_m=a_{m1}x_1+a_{m2}x_2+\cdots+a_{mn}x_n.\end{cases}\tag{2.3}$$

则称式(2.3)为从 $x_1,x_2,\cdots,x_n$ 到 $y_1,y_2,\cdots,y_m$ 的一个线性变换.其中矩阵

$$A=\begin{pmatrix}a_{11} & a_{12} & \cdots & a_{1n}\\ a_{21} & a_{22} & \cdots & a_{2n}\\ \vdots & \vdots & & \vdots\\ a_{m1} & a_{m2} & \cdots & a_{mn}\end{pmatrix}$$

叫作该线性变换的系数矩阵.

如果令 $x=\begin{pmatrix}x_1\\ x_2\\ \vdots\\ x_n\end{pmatrix}$，$y=\begin{pmatrix}y_1\\ y_2\\ \vdots\\ y_m\end{pmatrix}$，则上述线性变换就可以表示成

$$y=Ax\tag{2.4}$$

由式(2.4)可以看出，系数矩阵与线性变换是一一对应的关系.给定一个线性变换，就唯一确定了一个系数矩阵；反过来，给定一个矩阵，也唯一确定了一个线性变换.

例如，对于线性变换

$$\begin{cases}y_1=x_1+x_2+x_3,\\ y_2=x_1-x_2-3x_3,\\ y_3=3x_1+2x_2-x_3,\end{cases}$$

其所对应的系数矩阵为

$$A=\begin{pmatrix}1 & 1 & 1\\ 1 & -1 & -3\\ 3 & 2 & -1\end{pmatrix}.$$

反过来，如果给定一个矩阵

$$A=\begin{pmatrix}2 & 3\\ 1 & -1\end{pmatrix},$$

其所对应的线性变换为

$$\begin{cases}y_1=2x_1+3x_2,\\ y_2=x_1-x_2.\end{cases}$$

如果存在线性变换

$$\begin{cases}y_1=a_{11}x_1+a_{12}x_2+\cdots+a_{1n}x_n,\\ y_2=a_{21}x_1+a_{22}x_2+\cdots+a_{2n}x_n,\\ \quad\vdots\\ y_m=a_{m1}x_1+a_{m2}x_2+\cdots+a_{mn}x_n,\end{cases}$$

即

$$\boldsymbol{y}=\boldsymbol{A}\boldsymbol{x},$$

以及线性变换

$$\begin{cases}z_1=b_{11}y_1+b_{12}y_2+\cdots+b_{1m}y_m,\\ z_2=b_{21}y_1+b_{22}y_2+\cdots+b_{2m}y_m,\\ \quad\vdots\\ z_l=b_{l1}y_1+b_{l2}y_2+\cdots+b_{lm}y_m,\end{cases}$$

即

$$\boldsymbol{z}=\boldsymbol{B}\boldsymbol{y},$$

则从 $x_1,x_2,\cdots,x_n$ 到 $z_1,z_2,\cdots,z_l$ 的线性变换就可以表示成

$$\boldsymbol{z}=\boldsymbol{B}\boldsymbol{y}=(\boldsymbol{B}\boldsymbol{A})\boldsymbol{x}.$$

2.1.4 线性方程组的表示

对于 m 个方程 n 个未知数的线性方程组

$$\begin{cases}a_{11}x_1+a_{12}x_2+\cdots+a_{1n}x_n=b_1,\\ a_{21}x_1+a_{22}x_2+\cdots+a_{2n}x_n=b_2,\\ \qquad\qquad\qquad\qquad\vdots\\ a_{m1}x_1+a_{m2}x_2+\cdots+a_{mn}x_n=b_m,\end{cases}$$

令

$$\boldsymbol{A}=\begin{pmatrix}a_{11} & a_{12} & \cdots & a_{1n}\\ a_{21} & a_{22} & \cdots & a_{2n}\\ \vdots & \vdots & & \vdots\\ a_{m1} & a_{m2} & \cdots & a_{mn}\end{pmatrix},\quad \boldsymbol{x}=\begin{pmatrix}x_1\\ x_2\\ \vdots\\ x_n\end{pmatrix},\quad \boldsymbol{b}=\begin{pmatrix}b_1\\ b_2\\ \vdots\\ b_m\end{pmatrix},$$

则线性方程组可以表示成

$$\boldsymbol{A}\boldsymbol{x}=\boldsymbol{b}.$$

我们把 $\widetilde{\boldsymbol{B}}=(\boldsymbol{A},\boldsymbol{b})=\begin{pmatrix} a_{11} & a_{12} & \cdots & a_{1n} & b_1 \\ a_{21} & a_{22} & \cdots & a_{2n} & b_2 \\ \vdots & \vdots & & \vdots & \vdots \\ a_{m1} & a_{m2} & \cdots & a_{mn} & b_m \end{pmatrix}$ 称为方程组的增广矩阵.

例如,对于方程组

$$\begin{cases} x_1-2x_2-x_3=0, \\ x_1+x_2-3x_3=1, \\ 3x_1+2x_2-x_3=2, \end{cases}$$

则方程组的系数矩阵与增广矩阵就可表示为

$$\boldsymbol{A}=\begin{pmatrix} 1 & -2 & -1 \\ 1 & 1 & -3 \\ 3 & 2 & -1 \end{pmatrix},$$

$$\widetilde{\boldsymbol{B}}=(\boldsymbol{A},\boldsymbol{b})=\begin{pmatrix} 1 & -2 & -1 & 0 \\ 1 & 1 & -3 & 1 \\ 3 & 2 & -1 & 2 \end{pmatrix}.$$

2.2　逆　矩　阵

2.2.1　逆矩阵的定义及性质

定义 11　对于方阵 $\boldsymbol{A}$ 与 $\boldsymbol{B}$,如果满足

$$\boldsymbol{AB}=\boldsymbol{BA}=\boldsymbol{E},$$

则称 $\boldsymbol{A}$ 可逆,并且称 $\boldsymbol{B}$ 为 $\boldsymbol{A}$ 的逆矩阵,记作 $\boldsymbol{A}^{-1}=\boldsymbol{B}$.

如果 $\boldsymbol{B}$ 为 $\boldsymbol{A}$ 的逆矩阵,则 $\boldsymbol{A}$ 也为 $\boldsymbol{B}$ 的逆矩阵,并且 $\boldsymbol{B}^{-1}=\boldsymbol{A}$.

定理 1　如果方阵 $\boldsymbol{A}$ 可逆,则方阵 $\boldsymbol{A}$ 的逆矩阵必唯一.

证明　假设 $\boldsymbol{B}$ 与 $\boldsymbol{C}$ 都为 $\boldsymbol{A}$ 的逆矩阵,则

$$\boldsymbol{C}=\boldsymbol{CE}=\boldsymbol{C}(\boldsymbol{AB})=(\boldsymbol{CA})\boldsymbol{B}=\boldsymbol{EB}=\boldsymbol{B},$$

因此方阵 $\boldsymbol{A}$ 的逆矩阵是唯一的.

规定,$\boldsymbol{A}^0=\boldsymbol{E}$,$\boldsymbol{A}^{-k}=(\boldsymbol{A}^{-1})^k\ (k\in \boldsymbol{Z}^+)$ 称为 $\boldsymbol{A}$ 的负幂.

定义 12　设 $\boldsymbol{A}$ 为 n 阶方阵,记

$$A^* = \begin{pmatrix} A_{11} & A_{21} & \cdots & A_{n1} \\ A_{12} & A_{22} & \cdots & A_{n2} \\ \vdots & \vdots & & \vdots \\ A_{1n} & A_{2n} & \cdots & A_{nn} \end{pmatrix},$$

其中 A_{ij} 为 $\boldsymbol{A}$ 的元素 a_{ij} 的代数余子式,$\boldsymbol{A}^*$ 称为 $\boldsymbol{A}$ 的伴随矩阵.

定理 2 设 $\boldsymbol{A}^*$ 为 $\boldsymbol{A}$ 的伴随矩阵,则

$$\boldsymbol{AA}^* = \boldsymbol{A}^*\boldsymbol{A} = |\boldsymbol{A}|\boldsymbol{E}.$$

证明 由于

$$a_{i1}A_{j1} + a_{i2}A_{j2} + \cdots + a_{in}A_{jn} = \begin{cases} |\boldsymbol{A}|, & i = j, \\ 0, & i \neq j, \end{cases}$$

因此

$$\boldsymbol{AA}^* = \begin{pmatrix} a_{11} & a_{12} & \cdots & a_{1n} \\ a_{21} & a_{22} & \cdots & a_{2n} \\ \vdots & \vdots & & \vdots \\ a_{n1} & a_{n2} & \cdots & a_{nn} \end{pmatrix} \begin{pmatrix} A_{11} & A_{21} & \cdots & A_{n1} \\ A_{12} & A_{22} & \cdots & A_{n2} \\ \vdots & \vdots & & \vdots \\ A_{1n} & A_{2n} & \cdots & A_{nn} \end{pmatrix}$$

$$= \begin{pmatrix} |\boldsymbol{A}| & 0 & \cdots & 0 \\ 0 & |\boldsymbol{A}| & \cdots & 0 \\ \vdots & \vdots & & \vdots \\ 0 & 0 & \cdots & |\boldsymbol{A}| \end{pmatrix} = |\boldsymbol{A}|\boldsymbol{E}.$$

同理,

$$\boldsymbol{A}^*\boldsymbol{A} = |\boldsymbol{A}|\boldsymbol{E}.$$

于是,

$$\boldsymbol{AA}^* = \boldsymbol{A}^*\boldsymbol{A} = |\boldsymbol{A}|\boldsymbol{E}.$$

定理 3 矩阵 $\boldsymbol{A}$ 可逆的充要条件是 $|\boldsymbol{A}| \neq 0$,并且

$$\boldsymbol{A}^{-1} = \frac{1}{|\boldsymbol{A}|}\boldsymbol{A}^*,$$

其中,$\boldsymbol{A}^*$ 为 $\boldsymbol{A}$ 的伴随矩阵.

证明 根据定理 2,有

$$\boldsymbol{AA}^* = \boldsymbol{A}^*\boldsymbol{A} = |\boldsymbol{A}|\boldsymbol{E},$$

又因为 $|\boldsymbol{A}| \neq 0$,则

$$\boldsymbol{A}\,\frac{1}{|\boldsymbol{A}|}\boldsymbol{A}^* = \frac{1}{|\boldsymbol{A}|}\boldsymbol{A}^*\boldsymbol{A} = \boldsymbol{E}.$$

因此,根据逆矩阵的定义知 $\boldsymbol{A}$ 可逆,并且

$$A^{-1}=\frac{1}{|A|}A^*.$$

说明:如果$|A|=0$,则A称为奇异矩阵;如果$|A|\neq 0$,则A称为非奇异矩阵.

根据矩阵可逆的定义,矩阵A可逆的条件是

$$AB=BA=E,$$

这需要验证两个等式成立,但实际上有下面的定理.

定理4 对于方阵A、B,如果$AB=E$,则A可逆,并且B就为A的逆矩阵,即$A^{-1}=B$.同理,如果$BA=E$,则A可逆,并且B就为A的逆矩阵,即$A^{-1}=B$.

证明 因为$AB=E$,则$|AB|=|E|=1$,于是得到$|A||B|=1$,因此$|A|\neq 0$,所以A可逆.

又

$$A^{-1}=A^{-1}E=A^{-1}AB=EB=B,$$

故

$$A^{-1}=B.$$

性质1 如果A可逆,则A^{-1}也可逆,并且有$(A^{-1})^{-1}=A$.

性质2 如果A可逆,数$\lambda\neq 0$,则λA也可逆,并且有$(\lambda A)^{-1}=\frac{1}{\lambda}A^{-1}$.

性质3 如果A与B可逆,则AB也可逆,并且有$(AB)^{-1}=B^{-1}A^{-1}$.

证明 因为

$$(AB)(B^{-1}A^{-1})=ABB^{-1}A^{-1}=AEA^{-1}=AA^{-1}=E,$$

于是根据定理4知AB可逆,并且有$(AB)^{-1}=B^{-1}A^{-1}$.

性质4 如果A可逆,则A^{T}也可逆,并且$(A^{\mathrm{T}})^{-1}=(A^{-1})^{\mathrm{T}}$.

证明 因为

$$A^{\mathrm{T}}(A^{-1})^{\mathrm{T}}=(A^{-1}A)^{\mathrm{T}}=(E)^{\mathrm{T}}=E,$$

于是根据定理4知A^{T}可逆,并且

$$(A^{\mathrm{T}})^{-1}=(A^{-1})^{\mathrm{T}}.$$

性质5 如果A可逆,则$|A^{-1}|=\frac{1}{|A|}$.

证明 因为A可逆,所以A^{-1}存在,并且$|A|\neq 0$,又$AA^{-1}=E$,则$|AA^{-1}|=1$,于是$|A||A^{-1}|=1$,因此

$$|A^{-1}|=\frac{1}{|A|}.$$

性质6 如果A与B为同阶可逆阵,则

$$A^*=|A|A^{-1},\quad B^*=|B|B^{-1},\quad (AB)^*=B^*A^*.$$

证明 $(\boldsymbol{AB})^*=|\boldsymbol{AB}|(\boldsymbol{AB})^{-1}=|\boldsymbol{A}||\boldsymbol{B}|\boldsymbol{B}^{-1}\boldsymbol{A}^{-1}=(|\boldsymbol{B}|\boldsymbol{B}^{-1})(|\boldsymbol{A}|\boldsymbol{A}^{-1})=\boldsymbol{B}^*\boldsymbol{A}^*$.

例 7 设 $\boldsymbol{A}=\begin{pmatrix}a & b\\ c & d\end{pmatrix}$,且 $|\boldsymbol{A}|=ad-bc\neq 0$,求 $\boldsymbol{A}^{-1}$.

解 由 $|\boldsymbol{A}|=ad-bc\neq 0$ 知 $\boldsymbol{A}$ 可逆,又

$$A_{11}=d,\quad A_{12}=-c,\quad A_{21}=-b,\quad A_{22}=a,$$

所以

$$\boldsymbol{A}^{-1}=\frac{1}{|\boldsymbol{A}|}\boldsymbol{A}^*=\frac{1}{ad-bc}\begin{pmatrix}d & -b\\ -c & a\end{pmatrix}.$$

例 8 设 $\boldsymbol{A}=\begin{pmatrix}1 & 2 & 1\\ 1 & -1 & 3\\ 1 & -1 & 2\end{pmatrix}$,求 $\boldsymbol{A}^{-1}$.

解 由 $|\boldsymbol{A}|=3\neq 0$ 知 $\boldsymbol{A}$ 可逆,又

$$\boldsymbol{A}^*=\begin{pmatrix}1 & -5 & 7\\ 1 & 1 & -2\\ 0 & 3 & -3\end{pmatrix},$$

所以

$$\boldsymbol{A}^{-1}=\frac{1}{|\boldsymbol{A}|}\boldsymbol{A}^*=\frac{1}{3}\begin{pmatrix}1 & -5 & 7\\ 1 & 1 & -2\\ 0 & 3 & -3\end{pmatrix}.$$

例 9 设 $\boldsymbol{A}$ 满足 $\boldsymbol{A}^2-\boldsymbol{A}-3\boldsymbol{E}=\boldsymbol{O}$,求 $(\boldsymbol{A}+\boldsymbol{E})^{-1}$.

解 由 $\boldsymbol{A}^2-\boldsymbol{A}-3\boldsymbol{E}=\boldsymbol{O}$ 得 $\boldsymbol{A}^2-\boldsymbol{A}-2\boldsymbol{E}=\boldsymbol{E}$,所以

$$(\boldsymbol{A}+\boldsymbol{E})(\boldsymbol{A}-2\boldsymbol{E})=\boldsymbol{E},$$

则

$$(\boldsymbol{A}+\boldsymbol{E})^{-1}=\boldsymbol{A}-2\boldsymbol{E}.$$

2.2.2 用逆矩阵求线性方程组的解及逆变换

对于 n 个方程 n 个未知数的线性方程组

$$\begin{cases}a_{11}x_1+a_{12}x_2+\cdots+a_{1n}x_n=b_1,\\ a_{21}x_1+a_{22}x_2+\cdots+a_{2n}x_n=b_2,\\ \qquad\qquad\vdots\\ a_{n1}x_1+a_{n2}x_2+\cdots+a_{nn}x_n=b_n,\end{cases}\tag{2.5}$$

即

$$\boldsymbol{Ax}=\boldsymbol{b},$$

其中

$$A=\begin{pmatrix}a_{11}&a_{12}&\cdots&a_{1n}\\a_{21}&a_{22}&\cdots&a_{2n}\\\vdots&\vdots&&\vdots\\a_{n1}&a_{n2}&\cdots&a_{nn}\end{pmatrix},\quad x=\begin{pmatrix}x_1\\x_2\\\vdots\\x_n\end{pmatrix},\quad b=\begin{pmatrix}b_1\\b_2\\\vdots\\b_n\end{pmatrix}.$$

如果$|A|\neq 0$,则A可逆,于是在$Ax=b$两边左乘A^{-1},则

$$A^{-1}Ax=A^{-1}b,$$

即

$$x=A^{-1}b.$$

设n个变量$y_1,y_2,\cdots,y_n$与n个变量$x_1,x_2,\cdots,x_n$之间存在线性关系

$$\begin{cases}y_1=a_{11}x_1+a_{12}x_2+\cdots+a_{1n}x_n,\\y_2=a_{21}x_1+a_{22}x_2+\cdots+a_{2n}x_n,\\\quad\vdots\\y_n=a_{n1}x_1+a_{n2}x_2+\cdots+a_{nn}x_n,\end{cases}$$

即

$$y=Ax,\quad A=\begin{pmatrix}a_{11}&a_{12}&\cdots&a_{1n}\\a_{21}&a_{22}&\cdots&a_{2n}\\\vdots&\vdots&&\vdots\\a_{n1}&a_{n2}&\cdots&a_{nn}\end{pmatrix}.$$

如果系数矩阵的行列式不等于零,即$|A|\neq 0$,则存在从$y_1,y_2,\cdots,y_n$到$x_1,x_2,\cdots,x_n$的逆变换:

$$x=A^{-1}y.$$

例 10 解线性方程组

$$\begin{cases}x_1+x_3=0,\\2x_1+x_2=1,\\-3x_1+2x_2-5x_3=1.\end{cases}$$

解 原方程组可以表示成$Ax=b$,其中

$$A=\begin{pmatrix}1&0&1\\2&1&0\\-3&2&-5\end{pmatrix},\quad b=\begin{pmatrix}0\\1\\1\end{pmatrix},$$

又$|A|=2\neq 0$,所以A可逆,且

$$A^{-1}=\frac{1}{2}\begin{pmatrix}-5&2&-1\\10&-2&2\\7&-2&1\end{pmatrix}.$$

因此,原方程组的解为

$$x=A^{-1}b=\frac{1}{2}\begin{pmatrix}-5&2&-1\\10&-2&2\\7&-2&1\end{pmatrix}\begin{pmatrix}0\\1\\1\end{pmatrix}=\begin{pmatrix}\frac{1}{2}\\0\\-\frac{1}{2}\end{pmatrix}.$$

例 11 设从 x_1,x_2,x_3 到 y_1,y_2,y_3 的线性变换为

$$\begin{cases}y_1=x_1+x_2+x_3,\\y_2=2x_1+2x_2+x_3,\\y_3=3x_1+2x_2+x_3,\end{cases}$$

求从 y_1,y_2,y_3 到 x_1,x_2,x_3 的线性变换.

解 线性变换可以表示为

$$y=Ax,$$

其中

$$A=\begin{pmatrix}1&1&1\\2&2&1\\3&2&1\end{pmatrix}.$$

又 $|A|\neq 0$,所以 A 可逆,且

$$A^{-1}=\begin{pmatrix}0&-1&1\\-1&2&-1\\2&-1&0\end{pmatrix}.$$

所以从 y_1,y_2,y_3 到 x_1,x_2,x_3 的线性变换为

$$x=A^{-1}y,$$

即

$$\begin{cases}x_1=-y_2+y_3,\\x_2=-y_1+2y_2-y_3,\\x_3=2y_1-y_2.\end{cases}$$

2.2.3 矩阵方程

假设存在矩阵方程

$$AXB=C, \tag{2.6}$$

其中 A,B,C 为已知矩阵,X 为未知矩阵,并且 A,B 可逆.

用 A^{-1},B^{-1} 分别去左乘和右乘式(2.6),则有

$$X=A^{-1}CB^{-1},$$

于是就求出了未知矩阵 X.

例 12 解矩阵方程

$$\begin{pmatrix}1 & 2\\0 & 1\end{pmatrix}\boldsymbol{X}\begin{pmatrix}2 & 1\\3 & 2\end{pmatrix}=\begin{pmatrix}1 & 0\\2 & -1\end{pmatrix}.$$

解 令 $\boldsymbol{A}=\begin{pmatrix}1 & 2\\0 & 1\end{pmatrix}$，$\boldsymbol{B}=\begin{pmatrix}2 & 1\\3 & 2\end{pmatrix}$，$\boldsymbol{C}=\begin{pmatrix}1 & 0\\2 & -1\end{pmatrix}$，而 $|\boldsymbol{A}|=1$，$|\boldsymbol{B}|=1$，故 $\boldsymbol{A}$，$\boldsymbol{B}$ 可逆.又

$$\boldsymbol{A}^{-1}=\begin{pmatrix}1 & -2\\0 & 1\end{pmatrix},\quad \boldsymbol{B}^{-1}=\begin{pmatrix}2 & -1\\-3 & 2\end{pmatrix},$$

因此

$$\boldsymbol{X}=\boldsymbol{A}^{-1}\boldsymbol{C}\boldsymbol{B}^{-1}=\begin{pmatrix}1 & -2\\0 & 1\end{pmatrix}\begin{pmatrix}1 & 0\\2 & -1\end{pmatrix}\begin{pmatrix}2 & -1\\-3 & 2\end{pmatrix}=\begin{pmatrix}-12 & 7\\7 & -4\end{pmatrix}.$$

2.3 矩阵多项式与分块矩阵

2.3.1 矩阵多项式

定义 13 设 $\boldsymbol{A}$ 为 n 阶方阵，$a_0,a_1,a_2,\cdots,a_m$ 为常数，则称

$$f(\boldsymbol{A})=a_0\boldsymbol{E}+a_1\boldsymbol{A}+a_2\boldsymbol{A}^2+\cdots+a_m\boldsymbol{A}^m$$

为矩阵 $\boldsymbol{A}$ 的 m 次多项式.

由 2.1 节的知识，$\boldsymbol{A}^m\boldsymbol{A}^n=\boldsymbol{A}^n\boldsymbol{A}^m=\boldsymbol{A}^{m+n}$，因此，假设 $f(\boldsymbol{A})$，$g(\boldsymbol{A})$ 都为 $\boldsymbol{A}$ 的多项式，则有

$$f(\boldsymbol{A})g(\boldsymbol{A})=g(\boldsymbol{A})f(\boldsymbol{A}),$$

也就是说，$\boldsymbol{A}$ 的多项式之间可以交换.

下面介绍在方阵满足一定条件时如何求其多项式.

设 $\boldsymbol{AP}=\boldsymbol{P\Lambda}$，其中 $\boldsymbol{P}$ 为可逆矩阵，而 $\boldsymbol{\Lambda}$ 为对角矩阵，则有

$$\boldsymbol{A}=\boldsymbol{P\Lambda P}^{-1}.$$

于是

$$\boldsymbol{A}^2=\boldsymbol{P\Lambda P}^{-1}\boldsymbol{P\Lambda P}^{-1}=\boldsymbol{P\Lambda}^2\boldsymbol{P}^{-1},$$

依此类推得

$$\boldsymbol{A}^m=\boldsymbol{P\Lambda}^m\boldsymbol{P}^{-1}.$$

令

$$\boldsymbol{\Lambda}=\begin{pmatrix}\lambda_1 & & & \\ & \lambda_2 & & \\ & & \ddots & \\ & & & \lambda_n\end{pmatrix},$$

则

$$\boldsymbol{\Lambda}^m=\begin{pmatrix}\lambda_1^m&&&\\&\lambda_2^m&&\\&&\ddots&\\&&&\lambda_n^m\end{pmatrix},$$

于是得到

$$\begin{aligned}f(\boldsymbol{A})&=a_0\boldsymbol{E}+a_1\boldsymbol{A}+a_2\boldsymbol{A}^2+\cdots+a_m\boldsymbol{A}^m\\&=a_0\boldsymbol{PEP}^{-1}+a_1\boldsymbol{P\Lambda P}^{-1}+a_2\boldsymbol{P\Lambda}^2\boldsymbol{P}^{-1}+\cdots+a_m\boldsymbol{P\Lambda}^m\boldsymbol{P}^{-1}\\&=\boldsymbol{P}(a_0\boldsymbol{E}+a_1\boldsymbol{\Lambda}+a_2\boldsymbol{\Lambda}^2+\cdots+a_m\boldsymbol{\Lambda}^m)\boldsymbol{P}^{-1}\\&=\boldsymbol{P}f(\boldsymbol{\Lambda})\boldsymbol{P}^{-1}.\end{aligned}$$

而

$$\begin{aligned}f(\boldsymbol{\Lambda})&=a_0\boldsymbol{E}+a_1\boldsymbol{\Lambda}+a_2\boldsymbol{\Lambda}^2+\cdots+a_m\boldsymbol{\Lambda}^m\\&=a_0\begin{pmatrix}1&&&\\&1&&\\&&\ddots&\\&&&1\end{pmatrix}+a_1\begin{pmatrix}\lambda_1&&&\\&\lambda_2&&\\&&\ddots&\\&&&\lambda_n\end{pmatrix}+\cdots+a_m\begin{pmatrix}\lambda_1^m&&&\\&\lambda_2^m&&\\&&\ddots&\\&&&\lambda_n^m\end{pmatrix}\\&=\begin{pmatrix}a_0&&&\\&a_0&&\\&&\ddots&\\&&&a_0\end{pmatrix}+\begin{pmatrix}a_1\lambda_1&&&\\&a_1\lambda_2&&\\&&\ddots&\\&&&a_1\lambda_n\end{pmatrix}+\cdots+\begin{pmatrix}a_m\lambda_1^m&&&\\&a_m\lambda_2^m&&\\&&\ddots&\\&&&a_m\lambda_n^m\end{pmatrix}\\&=\begin{pmatrix}f(\lambda_1)&&&\\&f(\lambda_2)&&\\&&\ddots&\\&&&f(\lambda_n)\end{pmatrix},\end{aligned}$$

因此

$$f(\boldsymbol{A})=\boldsymbol{P}f(\boldsymbol{\Lambda})\boldsymbol{P}^{-1}=\boldsymbol{P}\begin{pmatrix}f(\lambda_1)&&&\\&f(\lambda_2)&&\\&&\ddots&\\&&&f(\lambda_n)\end{pmatrix}\boldsymbol{P}^{-1}.$$

例 13 设 $\boldsymbol{P}=\begin{pmatrix}3&1&1\\2&1&0\\1&0&0\end{pmatrix}$，$\boldsymbol{\Lambda}=\begin{pmatrix}1&&\\&-1&\\&&2\end{pmatrix}$，且 $\boldsymbol{AP}=\boldsymbol{P\Lambda}$.求：

(1) $\boldsymbol{A}^m$;(2) $f(\boldsymbol{A})=\boldsymbol{A}^3+2\boldsymbol{A}^2-\boldsymbol{E}$.

解 (1) 由题得 $\boldsymbol{A}=\boldsymbol{P\Lambda P}^{-1}$,于是

$$\boldsymbol{A}^2=\boldsymbol{P\Lambda P}^{-1}\boldsymbol{P\Lambda P}^{-1}=\boldsymbol{P\Lambda}^2\boldsymbol{P}^{-1},\quad \boldsymbol{A}^m=\boldsymbol{P\Lambda}^m\boldsymbol{P}^{-1}.$$

又

$$\boldsymbol{P}^{-1}=\begin{pmatrix}0&0&1\\0&1&-2\\1&-1&-1\end{pmatrix},\quad \boldsymbol{\Lambda}^m=\begin{pmatrix}1&&\\&(-1)^m&\\&&2^m\end{pmatrix},$$

故

$$\boldsymbol{A}^m=\begin{pmatrix}3&1&1\\2&1&0\\1&0&0\end{pmatrix}\begin{pmatrix}1&&\\&(-1)^m&\\&&2^m\end{pmatrix}\begin{pmatrix}0&0&1\\0&1&-2\\1&-1&-1\end{pmatrix}$$

$$=\begin{pmatrix}2^m&(-1)^m-2^m&3-2\times(-1)^m-2^m\\0&(-1)^m&2-2\times(-1)^m\\0&0&1\end{pmatrix}.$$

(2) $$f(\boldsymbol{A})=\boldsymbol{P}f(\boldsymbol{\Lambda})\boldsymbol{P}^{-1}=\boldsymbol{P}\begin{pmatrix}f(\lambda_1)&&&\\&f(\lambda_2)&&\\&&\ddots&\\&&&f(\lambda_n)\end{pmatrix}\boldsymbol{P}^{-1},$$

而

$$f(\lambda)=\lambda^3+2\lambda^2-1,$$
$$f(1)=2,\quad f(-1)=0,\quad f(2)=15,$$

则

$$f(\boldsymbol{A})=\begin{pmatrix}3&1&1\\2&1&0\\1&0&0\end{pmatrix}\begin{pmatrix}2&&\\&0&\\&&15\end{pmatrix}\begin{pmatrix}0&0&1\\0&1&-2\\1&-1&-1\end{pmatrix}=\begin{pmatrix}15&-15&-9\\0&0&4\\0&0&2\end{pmatrix}.$$

2.3.2 分块矩阵

用若干条横线和纵线将矩阵 $\boldsymbol{A}$ 分成很多小的矩阵,这些小的矩阵称为 $\boldsymbol{A}$ 的子矩阵,以这些小的子矩阵为元素的形式上的矩阵称为分块矩阵.对于阶数比较高的矩阵,常常采用这种分块法,目的就是将高阶矩阵转化成低阶矩阵.

例如

$$A=\begin{pmatrix} a_{11} & a_{12} & a_{13} \\ a_{21} & a_{22} & a_{23} \\ a_{31} & a_{32} & a_{33} \\ a_{41} & a_{42} & a_{43} \end{pmatrix},$$

对于 A 可以采用很多分法，下面我们将介绍几种分法：

$$A=\left(\begin{array}{c:c:c} a_{11} & a_{12} & a_{13} \\ a_{21} & a_{22} & a_{23} \\ a_{31} & a_{32} & a_{33} \\ a_{41} & a_{42} & a_{43} \end{array}\right),\quad A=\left(\begin{array}{ccc} a_{11} & a_{12} & a_{13} \\ \hdashline a_{21} & a_{22} & a_{23} \\ \hdashline a_{31} & a_{32} & a_{33} \\ \hdashline a_{41} & a_{42} & a_{43} \end{array}\right),\quad A=\left(\begin{array}{cc:c} a_{11} & a_{12} & a_{13} \\ \hdashline a_{21} & a_{22} & a_{23} \\ a_{31} & a_{32} & a_{33} \\ \hdashline a_{41} & a_{42} & a_{43} \end{array}\right).$$

对于最后一种分法，可以记为

$$A=\begin{pmatrix} A_{11} & A_{12} \\ A_{21} & A_{22} \\ A_{31} & A_{32} \end{pmatrix},$$

其中

$$A_{11}=(a_{11}\quad a_{12}),\quad A_{12}=(a_{13}),\quad A_{21}=\begin{pmatrix} a_{21} & a_{22} \\ a_{31} & a_{32} \end{pmatrix},$$

$$A_{22}=\begin{pmatrix} a_{23} \\ a_{33} \end{pmatrix},\quad A_{31}=(a_{41}\quad a_{42}),\quad A_{32}=(a_{43}).$$

注意，对于同一个矩阵，有不同的分法，要根据实际情况进行分块. 同行上的子块有相同的“行数”，同列上的子块有相同的“列数”.

对矩阵进行分块，有 2 种特别的分法比较重要，一种是按行分块，另一种是按列分块.

例如

$$A=\begin{pmatrix} a_{11} & a_{12} & \cdots & a_{1n} \\ a_{21} & a_{22} & \cdots & a_{2n} \\ \vdots & \vdots & & \vdots \\ a_{m1} & a_{m2} & \cdots & a_{mn} \end{pmatrix},$$

如果记

$\boldsymbol{\alpha}_1^{\mathrm{T}}=(a_{11}\quad a_{12}\quad \cdots\quad a_{1n})$，$\boldsymbol{\alpha}_2^{\mathrm{T}}=(a_{21}\quad a_{22}\quad \cdots\quad a_{2n})$，…，$\boldsymbol{\alpha}_m^{\mathrm{T}}=(a_{m1}\quad a_{m2}\quad \cdots\quad a_{mn})$，

则矩阵 A 就可以表示成

$$A=\begin{pmatrix} \boldsymbol{\alpha}_1^{\mathrm{T}} \\ \boldsymbol{\alpha}_2^{\mathrm{T}} \\ \vdots \\ \boldsymbol{\alpha}_m^{\mathrm{T}} \end{pmatrix}.$$

同样,如果记

$$\boldsymbol{\beta}_1=\begin{pmatrix}a_{11}\\a_{21}\\\vdots\\a_{m1}\end{pmatrix},\boldsymbol{\beta}_2=\begin{pmatrix}a_{12}\\a_{22}\\\vdots\\a_{m2}\end{pmatrix},\cdots,\boldsymbol{\beta}_n=\begin{pmatrix}a_{1n}\\a_{2n}\\\vdots\\a_{mn}\end{pmatrix},$$

则矩阵 $\boldsymbol{A}$ 就可以表示成

$$\boldsymbol{A}=(\boldsymbol{\beta}_1\quad\boldsymbol{\beta}_2\quad\cdots\quad\boldsymbol{\beta}_n).$$

特别说明:今后用小写的黑体字母表示列向量,而行向量用列向量的转置来表示.

下面将介绍分块矩阵的运算法则.

(1) 设

$$\boldsymbol{A}_{m\times n}=\begin{pmatrix}\boldsymbol{A}_{11}&\cdots&\boldsymbol{A}_{1r}\\\vdots&&\vdots\\\boldsymbol{A}_{s1}&\cdots&\boldsymbol{A}_{sr}\end{pmatrix},\quad\boldsymbol{B}_{m\times n}=\begin{pmatrix}\boldsymbol{B}_{11}&\cdots&\boldsymbol{B}_{1r}\\\vdots&&\vdots\\\boldsymbol{B}_{s1}&\cdots&\boldsymbol{B}_{sr}\end{pmatrix},$$

则

$$\boldsymbol{A}+\boldsymbol{B}=\begin{pmatrix}\boldsymbol{A}_{11}+\boldsymbol{B}_{11}&\cdots&\boldsymbol{A}_{1r}+\boldsymbol{B}_{1r}\\\vdots&&\vdots\\\boldsymbol{A}_{s1}+\boldsymbol{B}_{s1}&\cdots&\boldsymbol{A}_{sr}+\boldsymbol{B}_{sr}\end{pmatrix}.$$

注意:$\boldsymbol{A}$ 与 $\boldsymbol{B}$ 必须同型,并且分法要相同.

(2) 设

$$\boldsymbol{A}_{m\times n}=\begin{pmatrix}\boldsymbol{A}_{11}&\cdots&\boldsymbol{A}_{1r}\\\vdots&&\vdots\\\boldsymbol{A}_{s1}&\cdots&\boldsymbol{A}_{sr}\end{pmatrix},$$

则

$$k\boldsymbol{A}_{m\times n}=\begin{pmatrix}k\boldsymbol{A}_{11}&\cdots&k\boldsymbol{A}_{1r}\\\vdots&&\vdots\\k\boldsymbol{A}_{s1}&\cdots&k\boldsymbol{A}_{sr}\end{pmatrix}.$$

(3) 设

$$\boldsymbol{A}_{m\times l}=\begin{pmatrix}\boldsymbol{A}_{11}&\cdots&\boldsymbol{A}_{1t}\\\vdots&&\vdots\\\boldsymbol{A}_{s1}&\cdots&\boldsymbol{A}_{st}\end{pmatrix},\quad\boldsymbol{B}_{l\times n}=\begin{pmatrix}\boldsymbol{B}_{11}&\cdots&\boldsymbol{B}_{1r}\\\vdots&&\vdots\\\boldsymbol{B}_{t1}&\cdots&\boldsymbol{B}_{tr}\end{pmatrix},$$

则

$$\boldsymbol{AB}=\begin{pmatrix}\boldsymbol{C}_{11}&\cdots&\boldsymbol{C}_{1r}\\\vdots&&\vdots\\\boldsymbol{C}_{s1}&\cdots&\boldsymbol{C}_{sr}\end{pmatrix},$$

其中

$$\boldsymbol{C}_{ij}=(\boldsymbol{A}_{i1}\quad\cdots\quad\boldsymbol{A}_{it})\begin{pmatrix}\boldsymbol{B}_{1j}\\\vdots\\\boldsymbol{B}_{tj}\end{pmatrix}=\boldsymbol{A}_{i1}\boldsymbol{B}_{1j}+\cdots+\boldsymbol{A}_{it}\boldsymbol{B}_{tj}.$$

注意:$\boldsymbol{A}$ 的列划分方式与 $\boldsymbol{B}$ 的行划分方式相同.

(4) 设

$$\boldsymbol{A}_{m\times n}=\begin{pmatrix}\boldsymbol{A}_{11}&\cdots&\boldsymbol{A}_{1r}\\\vdots&&\vdots\\\boldsymbol{A}_{s1}&\cdots&\boldsymbol{A}_{sr}\end{pmatrix},$$

则

$$\boldsymbol{A}^{\mathrm{T}}=\begin{pmatrix}\boldsymbol{A}_{11}^{\mathrm{T}}&\cdots&\boldsymbol{A}_{s1}^{\mathrm{T}}\\\vdots&&\vdots\\\boldsymbol{A}_{1r}^{\mathrm{T}}&\cdots&\boldsymbol{A}_{sr}^{\mathrm{T}}\end{pmatrix}.$$

注意:要先“大转”再“小转”.

(5) 设 $\boldsymbol{A}_1,\boldsymbol{A}_2,\cdots,\boldsymbol{A}_s$ 都是方阵,记

$$\boldsymbol{A}=\mathrm{diag}(\boldsymbol{A}_1,\boldsymbol{A}_2,\cdots,\boldsymbol{A}_s)=\begin{pmatrix}\boldsymbol{A}_1&&&\\&\boldsymbol{A}_2&&\\&&\ddots&\\&&&\boldsymbol{A}_s\end{pmatrix},$$

并称 $\boldsymbol{A}$ 为分块对角矩阵.

分块对角矩阵具有以下性质:

(ⅰ) $|\boldsymbol{A}|=|\boldsymbol{A}_1||\boldsymbol{A}_2|\cdots|\boldsymbol{A}_s|$;

(ⅱ) 如果 $|\boldsymbol{A}_i|\neq 0\ (i=1,2,\cdots,s)$,则 $|\boldsymbol{A}|\neq 0$,且

$$\boldsymbol{A}^{-1}=\begin{pmatrix}\boldsymbol{A}_1^{-1}&&&\\&\boldsymbol{A}_2^{-1}&&\\&&\ddots&\\&&&\boldsymbol{A}_s^{-1}\end{pmatrix}.$$

例 14 设 $\boldsymbol{A}=\begin{pmatrix}2&0&0\\0&1&2\\0&1&1\end{pmatrix}$,求 $|\boldsymbol{A}|$ 及 $\boldsymbol{A}^{-1}$.

解 将 $\boldsymbol{A}$ 进行分块,则

$$\boldsymbol{A}=\begin{pmatrix}\boldsymbol{A}_1&\boldsymbol{O}\\\boldsymbol{O}&\boldsymbol{A}_2\end{pmatrix},$$

其中

$$\boldsymbol{A}_1=(2),\quad \boldsymbol{A}_2=\begin{pmatrix}1&2\\1&1\end{pmatrix},$$

且

$$|\boldsymbol{A}_1|=2,\quad |\boldsymbol{A}_2|=-1,\quad \boldsymbol{A}_1^{-1}=\begin{pmatrix}\frac{1}{2}\end{pmatrix},\quad \boldsymbol{A}_2^{-1}=\begin{pmatrix}-1&2\\1&-1\end{pmatrix}.$$

因此，

$$|\boldsymbol{A}|=|\boldsymbol{A}_1||\boldsymbol{A}_2|=-2,\quad \boldsymbol{A}^{-1}=\begin{pmatrix}\boldsymbol{A}_1^{-1}&\boldsymbol{O}\\\boldsymbol{O}&\boldsymbol{A}_2^{-1}\end{pmatrix}=\begin{pmatrix}\frac{1}{2}&0&0\\0&-1&2\\0&1&-1\end{pmatrix}.$$

例 15 设 $\boldsymbol{A}_{m\times m}$ 与 $\boldsymbol{B}_{n\times n}$ 都可逆，且 $\boldsymbol{M}=\begin{pmatrix}\boldsymbol{A}&\boldsymbol{O}\\\boldsymbol{C}&\boldsymbol{B}\end{pmatrix}$，求 $\boldsymbol{M}^{-1}$.

解 由 $|\boldsymbol{M}|=|\boldsymbol{A}||\boldsymbol{B}|\neq 0$，得 $\boldsymbol{M}$ 可逆. 于是设

$$\boldsymbol{M}^{-1}=\begin{pmatrix}\boldsymbol{X}_1&\boldsymbol{X}_2\\\boldsymbol{X}_3&\boldsymbol{X}_4\end{pmatrix},$$

由 $\boldsymbol{M}\boldsymbol{M}^{-1}=\boldsymbol{E}$ 得

$$\begin{pmatrix}\boldsymbol{A}&\boldsymbol{O}\\\boldsymbol{C}&\boldsymbol{B}\end{pmatrix}\begin{pmatrix}\boldsymbol{X}_1&\boldsymbol{X}_2\\\boldsymbol{X}_3&\boldsymbol{X}_4\end{pmatrix}=\begin{pmatrix}\boldsymbol{E}_m&\boldsymbol{O}\\\boldsymbol{O}&\boldsymbol{E}_n\end{pmatrix},$$

则

$$\begin{cases}\boldsymbol{A}\boldsymbol{X}_1=\boldsymbol{E}_m,\\\boldsymbol{A}\boldsymbol{X}_2=\boldsymbol{O},\\\boldsymbol{C}\boldsymbol{X}_1+\boldsymbol{B}\boldsymbol{X}_3=\boldsymbol{O},\\\boldsymbol{C}\boldsymbol{X}_2+\boldsymbol{B}\boldsymbol{X}_4=\boldsymbol{E}_n,\end{cases}$$

即

$$\boldsymbol{X}_1=\boldsymbol{A}^{-1},\quad \boldsymbol{X}_2=\boldsymbol{O},\quad \boldsymbol{X}_3=-\boldsymbol{B}^{-1}\boldsymbol{C}\boldsymbol{A}^{-1},\quad \boldsymbol{X}_4=\boldsymbol{B}^{-1}.$$

因此

$$\boldsymbol{M}^{-1}=\begin{pmatrix}\boldsymbol{A}^{-1}&\boldsymbol{O}\\-\boldsymbol{B}^{-1}\boldsymbol{C}\boldsymbol{A}^{-1}&\boldsymbol{B}^{-1}\end{pmatrix}.$$

思考：如何求 $\begin{pmatrix}1&2&0&0\\1&1&0&0\\3&-1&2&0\\2&1&1&1\end{pmatrix}$ 的逆矩阵呢？

2.4 克莱姆法则

对于 m 个方程 n 个未知数的线性方程组

$$\begin{cases} a_{11}x_1+a_{12}x_2+\cdots+a_{1n}x_n=b_1, \\ a_{21}x_1+a_{22}x_2+\cdots+a_{2n}x_n=b_2, \\ \qquad\qquad\qquad\qquad\qquad\qquad\vdots \\ a_{m1}x_1+a_{m2}x_2+\cdots+a_{mn}x_n=b_m, \end{cases} \tag{2.7}$$

如果 $b_1,b_2,\cdots,b_m$ 不全为 0,则式(2.7)称为非齐次线性方程组,否则称为齐次线性方程组.在这一节,我们主要讨论 n 个方程 n 个未知数的情形.

定理 5 n 个方程 n 个未知数的线性方程组

$$\begin{cases} a_{11}x_1+a_{12}x_2+\cdots+a_{1n}x_n=b_1, \\ a_{21}x_1+a_{22}x_2+\cdots+a_{2n}x_n=b_2, \\ \qquad\qquad\qquad\qquad\qquad\qquad\vdots \\ a_{n1}x_1+a_{n2}x_2+\cdots+a_{nn}x_n=b_n, \end{cases}$$

简记为

$$\boldsymbol{A}\boldsymbol{x}=\boldsymbol{b}.$$

如果系数矩阵 $\boldsymbol{A}$ 的行列式

$$|\boldsymbol{A}|=\begin{vmatrix} a_{11} & a_{12} & \cdots & a_{1n} \\ a_{21} & a_{22} & \cdots & a_{2n} \\ \vdots & \vdots & & \vdots \\ a_{n1} & a_{n2} & \cdots & a_{nn} \end{vmatrix}\neq 0,$$

则方程组有唯一的解

$$x_1=\frac{|\boldsymbol{A}_1|}{|\boldsymbol{A}|},x_2=\frac{|\boldsymbol{A}_2|}{|\boldsymbol{A}|},\cdots,x_n=\frac{|\boldsymbol{A}_n|}{|\boldsymbol{A}|},$$

其中

$$|\boldsymbol{A}_1|=\begin{vmatrix} b_1 & a_{12} & \cdots & a_{1n} \\ b_2 & a_{22} & \cdots & a_{2n} \\ \vdots & \vdots & & \vdots \\ b_n & a_{n2} & \cdots & a_{nn} \end{vmatrix},|\boldsymbol{A}_2|=\begin{vmatrix} a_{11} & b_1 & \cdots & a_{1n} \\ a_{21} & b_2 & \cdots & a_{2n} \\ \vdots & \vdots & & \vdots \\ a_{n1} & b_n & \cdots & a_{nn} \end{vmatrix},\cdots,|\boldsymbol{A}_n|=\begin{vmatrix} a_{11} & a_{12} & \cdots & b_1 \\ a_{21} & a_{22} & \cdots & b_2 \\ \vdots & \vdots & & \vdots \\ a_{n1} & a_{n2} & \cdots & b_n \end{vmatrix}.$$

证明 由 $\boldsymbol{A}\boldsymbol{x}=\boldsymbol{b}$,而 $|\boldsymbol{A}|\neq 0$,因此 $\boldsymbol{A}$ 可逆,从而

$$
\begin{aligned}
\boldsymbol{x} &= \boldsymbol{A}^{-1}\boldsymbol{b} = \frac{1}{|\boldsymbol{A}|}\boldsymbol{A}^{*}\boldsymbol{b} \\
&= \frac{1}{|\boldsymbol{A}|}\begin{pmatrix} A_{11} & A_{21} & \cdots & A_{n1} \\ A_{12} & A_{22} & \cdots & A_{n2} \\ \vdots & \vdots & & \vdots \\ A_{1n} & A_{2n} & \cdots & A_{nn} \end{pmatrix}\begin{pmatrix} b_1 \\ b_2 \\ \vdots \\ b_n \end{pmatrix} = \frac{1}{|\boldsymbol{A}|}\begin{pmatrix} b_1A_{11}+b_2A_{21}+\cdots+b_nA_{n1} \\ b_1A_{12}+b_2A_{22}+\cdots+b_nA_{n2} \\ \vdots \\ b_1A_{1n}+b_2A_{2n}+\cdots+b_nA_{nn} \end{pmatrix} \\
&= \frac{1}{|\boldsymbol{A}|}\begin{pmatrix} |\boldsymbol{A}_1| \\ |\boldsymbol{A}_2| \\ \vdots \\ |\boldsymbol{A}_n| \end{pmatrix},
\end{aligned}
$$

即

$$
x_1 = \frac{|\boldsymbol{A}_1|}{|\boldsymbol{A}|}, x_2 = \frac{|\boldsymbol{A}_2|}{|\boldsymbol{A}|}, \cdots, x_n = \frac{|\boldsymbol{A}_n|}{|\boldsymbol{A}|}.
$$

定理 5 也称为克莱姆法则，它是求解线性方程组的一种方法，但是具有一定的局限性，并且计算量较大.在后面的章节里，我们将介绍求解线性方程组的一般方法.

例 16　解线性方程组

$$
\begin{cases} x_1 + x_2 - x_3 = 1, \\ x_1 + 2x_2 + 2x_3 = 2, \\ x_1 + x_2 = 1. \end{cases}
$$

解　由题得

$$
|\boldsymbol{A}| = \begin{vmatrix} 1 & 1 & -1 \\ 1 & 2 & 2 \\ 1 & 1 & 0 \end{vmatrix} = 1, \quad |\boldsymbol{A}_1| = \begin{vmatrix} 1 & 1 & -1 \\ 2 & 2 & 2 \\ 1 & 1 & 0 \end{vmatrix} = 0,
$$

$$
|\boldsymbol{A}_2| = \begin{vmatrix} 1 & 1 & -1 \\ 1 & 2 & 2 \\ 1 & 1 & 0 \end{vmatrix} = 1, \quad |\boldsymbol{A}_3| = \begin{vmatrix} 1 & 1 & 1 \\ 1 & 2 & 2 \\ 1 & 1 & 1 \end{vmatrix} = 0.
$$

由克莱姆法则，方程组的解为

$$
x_1 = \frac{|\boldsymbol{A}_1|}{|\boldsymbol{A}|} = 0, \quad x_2 = \frac{|\boldsymbol{A}_2|}{|\boldsymbol{A}|} = 1, \quad x_3 = \frac{|\boldsymbol{A}_3|}{|\boldsymbol{A}|} = 0.
$$

根据克莱姆法则，对于 n 个方程 n 个未知数的非齐次线性方程组

$$
\begin{cases} a_{11}x_1 + a_{12}x_2 + \cdots + a_{1n}x_n = b_1, \\ a_{21}x_1 + a_{22}x_2 + \cdots + a_{2n}x_n = b_2, \\ \qquad\qquad\vdots \\ a_{n1}x_1 + a_{n2}x_2 + \cdots + a_{nn}x_n = b_n, \end{cases}
$$

如果系数行列式$|\boldsymbol{A}|\neq 0$,则该方程组有唯一的解.因此,要使非齐次线性方程组无解或者有无穷组解,则该方程组的系数行列式$|\boldsymbol{A}|=0$.

对于n个方程n个未知数的齐次线性方程组

$$\begin{cases}a_{11}x_1+a_{12}x_2+\cdots+a_{1n}x_n=0,\\a_{21}x_1+a_{22}x_2+\cdots+a_{2n}x_n=0,\\\qquad\qquad\qquad\vdots\\a_{n1}x_1+a_{n2}x_2+\cdots+a_{nn}x_n=0,\end{cases}\tag{2.8}$$

把$x_1=0,x_2=0,\cdots,x_n=0$代入方程组(2.8),方程组成立,因此是方程组(2.8)的解,称之为零解.如果系数行列式$|\boldsymbol{A}|\neq 0$,根据克莱姆法则,则齐次线性方程组(2.8)只有零解.要使齐次线性方程组(2.8)有非零解,则系数行列式$|\boldsymbol{A}|=0$.

例 17 当k取何值时,下列齐次线性方程组有非零解?

$$\begin{cases}kx_1+x_2-x_3=0,\\x_1+kx_2+x_3=0,\\x_1+x_2-3x_3=0.\end{cases}$$

解 方程组的系数行列式为

$$|\boldsymbol{A}|=\begin{vmatrix}k&1&-1\\1&k&1\\1&1&-3\end{vmatrix}=-3k^2+3,$$

要使齐次线性方程组有非零解,则$|\boldsymbol{A}|=0$,即

$$-3k^2+3=0,$$

则

$$k=\pm 1.$$

线性代数是数学中非常重要的一个分支.线性代数中研究最多的是矩阵,随着科学技术的不断发展,矩阵的应用越来越广泛.在本章的最后,通过两个模型,简单介绍一下矩阵的一些应用.

模型 1 某城市的失业与就业情况调查发现,每年有20%的失业人口找到工作,有10%的就业人口失去工作,假设该城市的人口保持不变,最终该城市的就业人口与失业人口的分布是否会趋于“稳定状态”?

该城市的总人口为m,用x_i表示该城市第i年的就业人口,用y_i表示该城市第i年的失业人口,则一年后就有

$$x_1=0.9x_0+0.2y_0,$$
$$y_1=0.1x_0+0.8y_0.$$

写成矩阵的形式

$$\begin{pmatrix} x_1 \\ y_1 \end{pmatrix} = \begin{pmatrix} 0.9 & 0.2 \\ 0.1 & 0.8 \end{pmatrix} \begin{pmatrix} x_0 \\ y_0 \end{pmatrix},$$

n 年以后

$$\begin{pmatrix} x_n \\ y_n \end{pmatrix} = \begin{pmatrix} 0.9 & 0.2 \\ 0.1 & 0.8 \end{pmatrix}^n \begin{pmatrix} x_0 \\ y_0 \end{pmatrix},$$

由数学软件很容易求出

$$\begin{pmatrix} x_n \\ y_n \end{pmatrix} = \begin{pmatrix} \frac{2}{3}m + \frac{1}{3}(x_0 - 2y_0)(0.7)^n \\ \frac{1}{3}m - \frac{1}{3}(x_0 - 2y_0)(0.7)^n \end{pmatrix},$$

求极限得

$$\lim_{n\to\infty} x_n = \frac{2}{3}m,$$

$$\lim_{n\to\infty} y_n = \frac{1}{3}m.$$

也就是说,人口分布会趋于一种“稳定状态”.

模型 2 一个城市有三家重要的企业:一家煤矿厂、一家发电厂和一家地方铁路企业.开采一元钱的煤,煤矿厂必须支付 0.25 元的电费和 0.25 元的运输费;而生产一元钱的电力,发电厂需支付 0.65 元的煤作燃料,自己亦需支付 0.05 元的电费来驱动辅助设备及支付 0.05 元的运输费;而提供一元钱的运输费,铁路企业需支付 0.55 元的煤作燃料,0.1 元的电费驱动它的辅助设备.某周内,煤矿厂从外面接到 50000 元煤的订货,发电厂从外面接到 25000 元电力的订货,外界对地方铁路没有需求.问这三家企业在那一周内生产总值多少时才能精确地满足它们本身的要求和外界的要求?

对于一周的周期,用 x_1 表示煤矿的总产值,x_2 表示电厂的总产值,x_3 表示铁路的总产值,根据题意有

$$\begin{cases} x_1 - (0 \cdot x_1 + 0.65x_2 + 0.55x_3) = 50000, \\ x_2 - (0.25x_1 + 0.05x_2 + 0.10x_3) = 25000, \\ x_3 - (0.25x_1 + 0.05x_2 + 0 \cdot x_3) = 0. \end{cases}$$

写成矩阵的形式

$$\begin{pmatrix} x_1 \\ x_2 \\ x_3 \end{pmatrix} - \begin{pmatrix} 0 & 0.65 & 0.55 \\ 0.25 & 0.05 & 0.10 \\ 0.25 & 0.05 & 0 \end{pmatrix} \begin{pmatrix} x_1 \\ x_2 \\ x_3 \end{pmatrix} = \begin{pmatrix} 50000 \\ 25000 \\ 0 \end{pmatrix},$$

记

$$\boldsymbol{x}=\begin{pmatrix}x_1\\x_2\\x_3\end{pmatrix},\quad \boldsymbol{C}=\begin{pmatrix}0&0.65&0.55\\0.25&0.05&0.10\\0.25&0.05&0\end{pmatrix},\quad \boldsymbol{d}=\begin{pmatrix}50000\\25000\\0\end{pmatrix},$$

则上式可以表示为

$$\boldsymbol{x}-\boldsymbol{C}\boldsymbol{x}=\boldsymbol{d}$$

于是

$$\boldsymbol{x}=(\boldsymbol{E}-\boldsymbol{C})^{-1}\boldsymbol{d}$$

解得

$$\boldsymbol{x}=\begin{pmatrix}102087\\56163\\28330\end{pmatrix}.$$

小　　结

本章介绍了矩阵的概念与运算,它是线性代数中最重要也是最基础的内容.矩阵的运算包括线性运算(加法运算与数乘运算)、矩阵与矩阵的乘法、矩阵的幂、矩阵的转置及方阵的行列式.应该注意,矩阵与行列式的区别,矩阵表示的是一个数表,而行列式表示的是一个数值.

逆矩阵是本章中最重要的内容之一,介绍了逆矩阵的定义、求逆矩阵的方法及矩阵可逆的充分必要条件,还介绍了逆矩阵的性质.求逆矩阵是一个较为烦琐的过程,在后面的章节中我们还将介绍更好的方法.

矩阵多项式与高等数学里讲的代数多项式是不同的,在求矩阵多项式的时候,不能先求矩阵的幂,再把每一项相加,这样比较复杂.对于一些阶数比较大的矩阵,我们可以考虑将矩阵分块,这样可以简化计算.对于同一个矩阵,可以采用不同的分法.

克莱姆法则是求方程组的解的一种方法,但是它具有一定的局限性,它只适用于方程的个数与未知数的个数相同的情形,并且如果未知数的个数比较多,则在求行列式的时候就比较复杂.在后面的章节里我们将介绍求解方程组的一般方法.

习　题　二

A

1. 计算:

(1) $\begin{pmatrix}2&1\\-3&-2\end{pmatrix}\begin{pmatrix}3&-1\\-4&5\end{pmatrix}$;　　(2) $\begin{pmatrix}4&3\\2&5\end{pmatrix}\begin{pmatrix}3&-2&4\\5&1&-3\end{pmatrix}$;

(3) $\begin{pmatrix}1 & 0 & 1\\2 & 1 & -3\end{pmatrix}\begin{pmatrix}6 & 2 & 1\\0 & 4 & 0\\3 & -6 & 4\end{pmatrix}$.

2. 设 $\boldsymbol{A}=\begin{pmatrix}0 & 0 & 1\\0 & 1 & 0\\1 & 0 & 0\end{pmatrix}$，$\boldsymbol{B}=\begin{pmatrix}1 & 2\\2 & 3\\1 & -1\end{pmatrix}$，$\boldsymbol{C}=\begin{pmatrix}3 & 1 & 0\\1 & 2 & 1\end{pmatrix}$，求：

(1) $2\boldsymbol{A}+\boldsymbol{BC}$；(2)$\boldsymbol{C}^{\mathrm{T}}\boldsymbol{B}^{\mathrm{T}}$；(3)$\boldsymbol{A}-4\boldsymbol{BC}$；(4) $(\boldsymbol{A}-4\boldsymbol{BC})^{\mathrm{T}}$.

3. 设 $\boldsymbol{A}=\begin{pmatrix}1 & \lambda\\0 & 1\end{pmatrix}$，求 $\boldsymbol{A}^k$.

4. 设 $\boldsymbol{A}$，$\boldsymbol{B}$ 都为 n 阶对称阵，试证 $\boldsymbol{AB}+\boldsymbol{BA}$ 也为 n 阶对称阵.

5. 设 $\boldsymbol{A}=(a_1\quad a_2\quad\cdots\quad a_n)^{\mathrm{T}}$，且 $\boldsymbol{A}^{\mathrm{T}}\boldsymbol{A}=1$，$\boldsymbol{E}$ 为单位矩阵，$\boldsymbol{B}=\boldsymbol{E}-2\boldsymbol{AA}^{\mathrm{T}}$，试证 $\boldsymbol{B}$ 为对称阵，且 $\boldsymbol{BB}^{\mathrm{T}}=\boldsymbol{E}$.

6. 求下列矩阵的逆矩阵：

(1) $\begin{pmatrix}1 & 2\\3 & 1\end{pmatrix}$；　　(2) $\begin{pmatrix}1 & -1 & -1\\2 & -1 & -3\\3 & 2 & -5\end{pmatrix}$.

7. 解下列矩阵方程：

(1) $\begin{pmatrix}1 & -1\\0 & 1\end{pmatrix}\boldsymbol{X}=\begin{pmatrix}1 & 4\\-1 & 2\end{pmatrix}$；

(2) $\begin{pmatrix}1 & 2 & -1\\3 & 4 & -2\\5 & -4 & 1\end{pmatrix}\boldsymbol{X}\begin{pmatrix}1 & 0 & 0\\0 & 0 & 1\\0 & 1 & 0\end{pmatrix}=\begin{pmatrix}0 & 1 & 0\\1 & 0 & 0\\0 & 0 & 1\end{pmatrix}$.

8. 利用逆矩阵求方程组的解：

$$\begin{cases}x_1+2x_2+x_3=2,\\2x_1-x_2+2x_3=1,\\x_1+x_2=0.\end{cases}$$

9. 已知从 x_1,x_2,x_3 到 y_1,y_2,y_3 的线性变换为

$$\begin{cases}y_1=2x_1+x_2+x_3,\\y_2=-x_1+x_2+x_3,\\y_3=x_1-x_2+2x_3,\end{cases}$$

求从 y_1,y_2,y_3 到 x_1,x_2,x_3 的线性变换.

10. 已知矩阵 $\boldsymbol{X}$ 满足关系式 $\boldsymbol{XA}=\boldsymbol{B}^{\mathrm{T}}+3\boldsymbol{X}$，其中

$$\boldsymbol{A}=\begin{pmatrix}4 & -3\\2 & 1\end{pmatrix},\quad \boldsymbol{B}=\begin{pmatrix}2 & 3 & 0\\0 & -1 & 4\end{pmatrix},$$

求 $\boldsymbol{X}$.

11. 设 $\boldsymbol{A}$ 为三阶方阵,且 $|\boldsymbol{A}|=2$,求 $|3\boldsymbol{A}^{*}-2\boldsymbol{A}^{-1}|$ 的值.

12. 已知三阶矩阵 $\boldsymbol{B}$ 满足关系式 $\boldsymbol{AB}=\boldsymbol{A}+2\boldsymbol{B}$,其中

$$\boldsymbol{A}=\begin{pmatrix}4&2&3\\1&1&0\\-1&2&3\end{pmatrix},$$

求 $\boldsymbol{B}$.

13. 设方阵 $\boldsymbol{A}$ 满足 $\boldsymbol{A}^2-\boldsymbol{A}-2\boldsymbol{E}=\boldsymbol{0}$,证明 $\boldsymbol{A}$ 及 $\boldsymbol{A}+2\boldsymbol{E}$ 都可逆,并求 $\boldsymbol{A}^{-1}$ 及 $(\boldsymbol{A}+2\boldsymbol{E})^{-1}$.

14. 设 $\boldsymbol{AP}=\boldsymbol{P\Lambda}$,其中 $\boldsymbol{P}=\begin{pmatrix}1&1&0\\1&0&2\\1&1&1\end{pmatrix}$,$\boldsymbol{\Lambda}=\begin{pmatrix}1&&\\&1&\\&&2\end{pmatrix}$,求 $\varphi(\boldsymbol{A})=\boldsymbol{A}^4(5\boldsymbol{E}-6\boldsymbol{A}+\boldsymbol{A}^2)$.

15. 已知 $\boldsymbol{A}=\begin{pmatrix}1&0\\3&-1\end{pmatrix}$,证明:

(1) $\boldsymbol{A}^2=\boldsymbol{E}$;

(2) 利用分块矩阵证明 $\boldsymbol{M}^2=\boldsymbol{E}$,其中

$$\boldsymbol{M}=\begin{pmatrix}1&0&0&0\\3&-1&0&0\\1&0&-1&0\\0&1&-3&1\end{pmatrix}.$$

16. 设 $\boldsymbol{A}=\begin{pmatrix}3&0&0\\0&1&-2\\0&4&2\end{pmatrix}$,求 $|\boldsymbol{A}|$ 及 $\boldsymbol{A}^{-1}$.

B

17. 已知 $\boldsymbol{A},\boldsymbol{B}$ 为四阶方阵,$|\boldsymbol{A}|=-2$,$|\boldsymbol{B}|=-2$,则 $|\boldsymbol{A}^{*}(2\boldsymbol{B})^{-1}|=$________.

18. 设 $\boldsymbol{A}$ 是 n 阶矩阵,满足 $\boldsymbol{AA}^{\mathrm{T}}=\boldsymbol{E}$($\boldsymbol{E}$ 是 n 阶单位矩阵),$|\boldsymbol{A}|<0$,则 $|\boldsymbol{A}+\boldsymbol{E}|=$________.

19. 设矩阵 $\boldsymbol{A}=\begin{pmatrix}2&1&0\\1&2&0\\0&0&1\end{pmatrix}$,矩阵 $\boldsymbol{B}$ 满足 $\boldsymbol{ABA}^{*}=2\boldsymbol{BA}^{*}+\boldsymbol{E}$,其中 $\boldsymbol{E}$ 是单位矩阵,则 $|\boldsymbol{B}|=$________.

20. 设 $\boldsymbol{A}=(1,2)$,$\boldsymbol{B}=(2,1)$,又 $\boldsymbol{C}=\boldsymbol{A}^{\mathrm{T}}\boldsymbol{B}$,则 $\boldsymbol{C}^{99}=$________.

21. 设 n 阶矩阵 $\boldsymbol{A},\boldsymbol{B}$ 满足 $\boldsymbol{A}+2\boldsymbol{B}=\boldsymbol{AB}$,证 $\boldsymbol{AB}=\boldsymbol{BA}$.

22. 已知三阶实方阵 $\boldsymbol{A}_{3\times3}=(a_{ij})_{3\times3}$ 满足条件:

(1) $a_{ij}=A_{ij}\,(i=1,2,3;j=1,2,3)$,其中 A_{ij} 为元素 a_{ij} 的代数余子式;

(2)$a_{11} \neq 0$,

求$|\boldsymbol{A}|$.

23. 已知$\boldsymbol{A}=(a_{ij})_{n\times n}$,$\boldsymbol{B}=(b_{ij})_{n\times n}$,且$\boldsymbol{A}$,$\boldsymbol{B}$均可逆,又$2b_{ij}=a_{ij}-\sum_{k=1}^{n}b_{ik}a_{kj}(i,j=1,2,\cdots,n)$,

证明$\boldsymbol{B}=\boldsymbol{E}-2(2\boldsymbol{E}+\boldsymbol{A})^{-1}$.

24. 已知$\boldsymbol{A}^3=\boldsymbol{E}$,$\boldsymbol{B}=\boldsymbol{E}-2\boldsymbol{A}-\boldsymbol{A}^2$,证明$\boldsymbol{B}$可逆,并求出其逆矩阵.

25. $\boldsymbol{A}=\begin{pmatrix}1&0&1\\0&2&0\\1&0&1\end{pmatrix}$,而$n\geqslant 2$为正整数,求$\boldsymbol{A}^n-2\boldsymbol{A}^{n-1}$.

26. 设$\boldsymbol{A}$的伴随矩阵$\boldsymbol{A}^*=\begin{pmatrix}1&0&0&0\\0&1&0&0\\1&0&1&0\\0&-3&0&8\end{pmatrix}$,且$\boldsymbol{ABA}^{-1}=\boldsymbol{BA}^{-1}+3\boldsymbol{E}$,求$\boldsymbol{B}$.

习题二部分参考答案

A

1. (1)$\begin{pmatrix}2&3\\-1&-7\end{pmatrix}$;(2)$\begin{pmatrix}27&-5&7\\31&1&-7\end{pmatrix}$;(3)$\begin{pmatrix}9&-4&5\\3&26&-10\end{pmatrix}$.

2. (1)$\begin{pmatrix}5&5&4\\9&10&3\\4&-1&-1\end{pmatrix}$;(2)$\begin{pmatrix}5&9&2\\5&8&-1\\2&3&-1\end{pmatrix}$;(3)$\begin{pmatrix}-20&-20&-7\\-36&-31&-12\\-7&4&4\end{pmatrix}$;

(4)$\begin{pmatrix}-20&-36&-7\\-20&-31&4\\-7&-12&4\end{pmatrix}$.

3. $\boldsymbol{A}^k=\begin{pmatrix}1&k\lambda\\0&1\end{pmatrix}$.

6. (1)$\begin{pmatrix}1&2\\3&1\end{pmatrix}^{-1}=\begin{pmatrix}-\frac{1}{5}&\frac{2}{5}\\\frac{3}{5}&-\frac{1}{5}\end{pmatrix}$;

(2) $\begin{pmatrix}1 & -1 & -1\\ 2 & -1 & -3\\ 3 & 2 & -5\end{pmatrix}^{-1}=\begin{pmatrix}\frac{11}{3} & -\frac{7}{3} & \frac{2}{3}\\ \frac{1}{3} & -\frac{2}{3} & \frac{1}{3}\\ \frac{7}{3} & -\frac{5}{3} & \frac{1}{3}\end{pmatrix}$.

7. (1) $\boldsymbol{X}=\begin{pmatrix}0 & 6\\ -1 & 2\end{pmatrix}$； (2) $\boldsymbol{X}=\begin{pmatrix}1 & 0 & -2\\ 3 & -\frac{1}{2} & -\frac{13}{2}\\ 7 & -1 & -16\end{pmatrix}$.

8. $x_1=-\frac{3}{5},x_2=\frac{3}{5},x_3=\frac{7}{5}$.

9. $\begin{cases}x_1=\frac{1}{3}y_1-\frac{1}{3}y_2,\\ x_2=\frac{1}{3}y_1+\frac{1}{3}y_2-\frac{1}{3}y_3,\\ x_3=\frac{1}{3}y_2+\frac{1}{3}y_3.\end{cases}$

10. $\boldsymbol{X}=\begin{pmatrix}-1 & \frac{3}{2}\\ -1 & 2\\ -2 & 1\end{pmatrix}$.

11. 32.

12. $\boldsymbol{B}=\begin{pmatrix}3 & -8 & -6\\ 2 & -9 & -6\\ -2 & 12 & 9\end{pmatrix}$.

13. $\boldsymbol{A}^{-1}=\frac{1}{2}(\boldsymbol{A}-\boldsymbol{E}),(\boldsymbol{A}+2\boldsymbol{E})^{-1}=-\frac{1}{4}(\boldsymbol{A}-3\boldsymbol{E})$.

14. $\varphi(\boldsymbol{A})=\boldsymbol{A}^4(5\boldsymbol{E}-6\boldsymbol{A}+\boldsymbol{A}^2)=\begin{pmatrix}0 & 0 & 0\\ 96 & 0 & -96\\ 48 & 0 & -48\end{pmatrix}$.

16. $|\boldsymbol{A}|=30, \boldsymbol{A}^{-1}=\begin{pmatrix} \frac{1}{3} & 0 & 0 \\ 0 & \frac{1}{5} & \frac{1}{5} \\ 0 & -\frac{2}{5} & \frac{1}{10} \end{pmatrix}$.

B

17. $\frac{1}{4}$.

18. 0.

19. $\frac{1}{9}$.

20. $4^{98}\begin{pmatrix} 2 & 1 \\ 4 & 2 \end{pmatrix}$.

22. 1.

24. $\boldsymbol{B}^{-1}=-\frac{1}{14}(5\boldsymbol{A}^2+3\boldsymbol{A}-\boldsymbol{E})$.

26. $\begin{pmatrix} 6 & 0 & 0 & 0 \\ 0 & 6 & 0 & 0 \\ 6 & 0 & 6 & 0 \\ 0 & 3 & 0 & -1 \end{pmatrix}$.

第 3 章 矩阵的初等变换与线性方程组

求解线性方程组是线性代数的主要内容和主线，在实际生活和生产实践中有广泛的应用.本章分四节讲解以下内容：首先由解线性方程组的过程引入矩阵的初等行变换，进而引入矩阵的初等变换；接着引入初等矩阵，讨论矩阵初等变换与初等矩阵的关系；建立矩阵秩的概念，并利用矩阵初等变换研究矩阵秩的特性；最后重点讲解用矩阵的初等行变换求解线性方程组的具体方法、步骤，并利用矩阵的秩讨论线性方程组无解、有唯一解及有无穷多解的充分必要条件.

3.1 矩阵的初等变换

在第 2 章中我们介绍了用克莱姆法则求解线性方程组的过程，给出了线性方程组有解的判别方法及求解的一般规则；然而这一方法只针对方程组中方程的个数与未知数的个数相等且系数行列式的值不等于零的情形，且高阶行列式的计算比较烦琐.从本节开始，我们引入矩阵的一种非常重要的变换，即矩阵的初等变换，它在求解线性方程组、求矩阵的逆、求矩阵的秩及矩阵的理论研究中都具有十分重要的作用.

3.1.1 矩阵的初等变换的定义

我们知道，一个线性方程组经过 3 种变换（（ⅰ）变换方程组中方程的顺序，（ⅱ）用一个非零数乘某个或某些个方程，（ⅲ）某个方程乘以一个数后加到另一个方程上），变为另一个方程组，变换前后的这两个线性方程组具有同样的解，称之为同解方程组，中学学习的解线性方程组的高斯消元法正是利用上述 3 种变换.下面通过一个实例来引入矩阵的初等变换的定义.

引例 求解线性方程组

$$\begin{cases}3x+6y-9z+7w=9, & [1]\\ x+y-2z+w=4, & [2]\\ 2x+4y-6z+4w=8, & [3]\\ 8x-12y+4z-4w=8. & [4]\end{cases} \tag{3.1}$$

解 对方程组做如下变换：

$$(3.1)\xrightarrow[{[3]\div 2,[4]\div 4}]{[1]\leftrightarrow[2]}\begin{cases} x+y-2z+w=4, & [1]\\ 3x+6y-9z+7w=9, & [2]\\ x+2y-3z+2w=4, & [3]\\ 2x-3y+z-w=2, & [4]\end{cases}\tag{F1}$$

$$\xrightarrow[{[3]-[1],[4]-2[1]}]{[2]-3[1]}\begin{cases} x+y-2z+w=4, & [1]\\ 3y-3z+4w=-3, & [2]\\ y-z+w=0, & [3]\\ -5y+5z-3w=-6, & [4]\end{cases}\tag{F2}$$

$$\xrightarrow{[3]\leftrightarrow[2]}\begin{cases} x+y-2z+w=4, & [1]\\ y-z+w=0, & [2]\\ 3y-3z+4w=-3, & [3]\\ -5y+5z-3w=-6, & [4]\end{cases}\tag{F3}$$

$$\xrightarrow[{[4]+5[2]}]{[3]-3[2]}\begin{cases} x+y-2z+w=4, & [1]\\ y-z+w=0, & [2]\\ w=-3, & [3]\\ 2w=-6, & [4]\end{cases}\tag{F4}$$

$$\xrightarrow{[4]-2[3]}\begin{cases} x+y-2z+w=4, & [1]\\ y-z+w=0, & [2]\\ w=-3, & [3]\\ 0=0. & [4]\end{cases}\tag{F5}$$

这一系列的变换过程充分体现了高斯消元法的思想.方程组(3.1)到方程组(F1)是为消去方程[2]、[3]、[4]中的x作准备(第一个方程中x的系数为1有利于计算),方程组(F1)到方程组(F2)消去了方程组中方程[2]、[3]、[4]中的x;方程组(F2)到方程组(F3)是为消去方程[3]、[4]中的y作准备(第二个方程中y的系数为1有利于计算),方程组(F3)到方程组(F4)消去方程组中方程[3]、[4]中的y,巧合的是把z也消去了;方程组(F4)到方程组(F5)是消去方程组中方程[4]中的w,巧合的是把常数也消去了,得到恒等式$0=0$(否则,若在此时常数项不能消去,会得到一个矛盾方程,说明方程组无解).到此高斯消元过程结束.

显然,方程组(3.1)与方程组(F5)是同解方程组,而方程组(F5)是有4个未知数3个有效方程的方程组,应该有一个自由未知数(可以任意取值的未知数).由于方程组(F5)呈阶梯形,把每个台阶的第一个未知数(即x、y、w)作为非自由未知数,剩下的(即z)为自由未知数,然后由最后一个方程进行回代,便可以得到方程组的解,即

$$\begin{cases} x=z+4,\\ y=z+3,\\ w=-3,\end{cases}$$

其中 z 可以取任意值,令 $z=c(c\in\mathbf{R})$,方程组的解可以表示为

$$\begin{pmatrix}x\\y\\z\\w\end{pmatrix}=\begin{pmatrix}c+4\\c+3\\c\\-3\end{pmatrix}\quad 或\quad \begin{pmatrix}x\\y\\z\\w\end{pmatrix}=c\begin{pmatrix}1\\1\\1\\0\end{pmatrix}+\begin{pmatrix}4\\3\\0\\-3\end{pmatrix}. \tag{3.2}$$

分析上述高斯消元的过程,我们始终把方程组作为一个整体进行变形,得到与其同解的方程组.变换过程中用到 3 种变换:(ⅰ)交换方程组中某些方程的顺序;(ⅱ)用一个非零数乘某个或某些个方程;(ⅲ)某个方程乘以一个数 k 后加到另一个方程上.这 3 种变换是可逆的,具体情形如下:

若方程组$(A)\xrightarrow{[i]\leftrightarrow[j]}$方程组$(B)$,则方程组$(B)\xrightarrow{[i]\leftrightarrow[j]}$方程组$(A)$;

若方程组$(A)\xrightarrow{[i]\times k}$方程组$(B)$,则方程组$(B)\xrightarrow{[i]\times\frac{1}{k}}$方程组$(A)(k\neq 0)$;

若方程组$(A)\xrightarrow{[i]+k[j]}$方程组$(B)$,则方程组$(B)\xrightarrow{[i]+(-1)k[j]}$方程组$(A)$.

正是由于变换的可逆性,变换前后的方程组是同解的.因此,最后得到的式(3.2)就是原方程组的全部解.

进一步分析发现,上述变换中只对方程组中各方程的相同未知数的系数之间及常数项之间进行运算,不同未知数的系数之间并没有参与运算.因此,把方程组(3.1)的增广矩阵记为

$$\boldsymbol{B}=(\boldsymbol{A},\boldsymbol{b})=\begin{pmatrix}3&6&-9&7&9\\1&1&-2&1&4\\2&4&-6&4&8\\8&-12&4&-4&8\end{pmatrix},$$

上述方程组的变换过程完全可以转换为对矩阵 $\boldsymbol{B}$ 的行的变换,从而得到矩阵的 3 种初等行变换.

定义 1 把下面 3 种对矩阵行的变换叫做矩阵的初等行变换:

(ⅰ)对调矩阵的两行(对调 i,j 两行记为 $r_i\leftrightarrow r_j$);

(ⅱ)用数 $k(k\neq 0)$ 乘以矩阵某一行的所有元素(第 i 行乘以 k 记为 $r_i\times k$);

(ⅲ)把矩阵某行所有元素乘以一个数 k 后加到另一行对应的元素上去(第 j 行乘以 k 加到第 i 行记为 r_i+kr_j).

类似地,把定义 1 中的"行"改为"列"便得到矩阵初等列变换的定义.对应的记号把"r"换为"c".

矩阵的初等行变换与初等列变换合称为矩阵的初等变换.

明显地,矩阵的 3 种初等变换都是可逆的,且其逆变换也是同一种类型的初等变换.

具体情形为：变换 $r_i \leftrightarrow r_j$ 的逆变换为其本身；变换 $r_i \times k(k \neq 0)$ 的逆变换为 $r_i \times \frac{1}{k}$；变换 $r_i + kr_j$ 的逆变换为 $r_i + (-k)r_j$.类似地，可写出初等列变换的逆变换.

下面给出矩阵等价的定义.

定义 2 若矩阵 $\boldsymbol{A}$ 经过有限次初等行变换变为矩阵 $\boldsymbol{B}$，则称矩阵 $\boldsymbol{A}$ 与矩阵 $\boldsymbol{B}$ 行等价，记为 $\boldsymbol{A} \overset{r}{\sim} \boldsymbol{B}$.若矩阵 $\boldsymbol{A}$ 经过有限次初等列变换变为矩阵 $\boldsymbol{B}$，则称矩阵 $\boldsymbol{A}$ 与矩阵 $\boldsymbol{B}$ 列等价，记为 $\boldsymbol{A} \overset{c}{\sim} \boldsymbol{B}$.若矩阵 $\boldsymbol{A}$ 经过有限次初等变换变为矩阵 $\boldsymbol{B}$，则称矩阵 $\boldsymbol{A}$ 与矩阵 $\boldsymbol{B}$ 等价，记为 $\boldsymbol{A} \sim \boldsymbol{B}$.

由矩阵的初等变换的可逆性可以知道，矩阵之间的等价关系具有下列性质：

(ⅰ) 反身性 $\boldsymbol{A} \sim \boldsymbol{A}$；

(ⅱ) 对称性 若 $\boldsymbol{A} \sim \boldsymbol{B}$，则 $\boldsymbol{B} \sim \boldsymbol{A}$；

(ⅲ) 传递性 若 $\boldsymbol{A} \sim \boldsymbol{B}$，$\boldsymbol{B} \sim \boldsymbol{C}$，则 $\boldsymbol{A} \sim \boldsymbol{C}$.

由于增广矩阵与线性方程组的一一对应关系，矩阵的初等行变换过程对应方程组的同解变换过程.

明显地，若线性方程组 $\boldsymbol{Ax} = \boldsymbol{b}$ 的增广矩阵 $\boldsymbol{B} = (\boldsymbol{A}, \boldsymbol{b}) \overset{r}{\sim} (\boldsymbol{D}, \boldsymbol{d})$，则方程组 $\boldsymbol{Ax} = \boldsymbol{b}$ 与 $\boldsymbol{Dx} = \boldsymbol{d}$ 同解.这正是高斯消元法的矩阵表示，也是我们以后解线性方程组的常用方法.

下面用矩阵的初等行变换的方法来反映线性方程组(3.1)的求解过程：

$$\boldsymbol{B} = (\boldsymbol{A}, \boldsymbol{b}) = \begin{pmatrix} 3 & 6 & -9 & 7 & 9 \\ 1 & 1 & -2 & 1 & 4 \\ 2 & 4 & -6 & 4 & 8 \\ 8 & -12 & 4 & -4 & 8 \end{pmatrix}$$

$$\xrightarrow[r_3 \div 2, r_4 \div 4]{r_1 \leftrightarrow r_2} \begin{pmatrix} 1 & 1 & -2 & 1 & 4 \\ 3 & 6 & -9 & 7 & 9 \\ 1 & 2 & -3 & 2 & 4 \\ 2 & -3 & 1 & -1 & 2 \end{pmatrix} = \boldsymbol{F}_1$$

$$\xrightarrow[r_3 - r_1, r_4 - 2r_1]{r_2 - 3r_1} \begin{pmatrix} 1 & 1 & -2 & 1 & 4 \\ 0 & 3 & -3 & 4 & -3 \\ 0 & 1 & -1 & 1 & 0 \\ 0 & -5 & 5 & -3 & -6 \end{pmatrix} = \boldsymbol{F}_2$$

$$\xrightarrow{r_3 \leftrightarrow r_2} \begin{pmatrix} 1 & 1 & -2 & 1 & 4 \\ 0 & 1 & -1 & 1 & 0 \\ 0 & 3 & -3 & 4 & -3 \\ 0 & -5 & 5 & -3 & -6 \end{pmatrix} = \boldsymbol{F}_3$$

$$\xrightarrow[r_4+5r_2]{r_3-3r_2}\begin{pmatrix}1 & 1 & -2 & 1 & 4\\0 & 1 & -1 & 1 & 0\\0 & 0 & 0 & 1 & -3\\0 & 0 & 0 & 2 & -6\end{pmatrix}=\boldsymbol{F}_4$$

$$\xrightarrow{r_4-2r_3}\begin{pmatrix}1 & 1 & -2 & 1 & 4\\0 & 1 & -1 & 1 & 0\\0 & 0 & 0 & 1 & -3\\0 & 0 & 0 & 0 & 0\end{pmatrix}=\boldsymbol{F}_5$$

$$\xrightarrow[r_1-r_2-r_3]{r_2-r_3}\begin{pmatrix}1 & 0 & -1 & 0 & 4\\0 & 1 & -1 & 0 & 3\\0 & 0 & 0 & 1 & -3\\0 & 0 & 0 & 0 & 0\end{pmatrix}=\boldsymbol{F}_6.$$

$\boldsymbol{F}_6$ 对应的方程组为

$$\begin{cases}x-z=4,\\y-z=3,\\w=-3.\end{cases}$$

令 $z=c$(z 为自由未知数),得到

$$\begin{pmatrix}x\\y\\z\\w\end{pmatrix}=\begin{pmatrix}c+4\\c+3\\c\\-3\end{pmatrix}=c\begin{pmatrix}1\\1\\1\\0\end{pmatrix}+\begin{pmatrix}4\\3\\0\\-3\end{pmatrix}\quad(c\in\mathbf{R}).$$

3.1.2 矩阵的行阶梯形、行最简形与矩阵的标准形

在上述对线性方程组的增广矩阵 $\boldsymbol{B}$ 进行初等行变换过程中,到 $\boldsymbol{F}_5$ 高斯消元结束,$\boldsymbol{F}_6$ 是 $\boldsymbol{F}_5$ 的进一步化简.$\boldsymbol{F}_5$ 和 $\boldsymbol{F}_6$ 具有一个特点:可画一条阶梯线,线下方的元素全为零;每个台阶只有一行,台阶数就是非零行的行数;阶梯线的竖线后面的第一个元素非零(称非零行的第一个非零元素).这样的矩阵称为行阶梯形矩阵.

另外,行阶梯形矩阵 $\boldsymbol{F}_6$ 还具有特点:非零行的第一个非零元素为 1,且该列的其他元素都为零.把这样的矩阵称为行最简形矩阵.

类似地,可以给出矩阵的列阶梯形和列最简形的叙述.由于求解线性方程组用到的是初等行变换,所以对矩阵的列阶梯形和列最简形不重点要求.

注:任何矩阵总可以经过有限次初等行变换化为行阶梯形矩阵和行最简形矩阵,并且

每个矩阵的行最简形矩阵是唯一的.

利用矩阵的初等行变换,把一个矩阵化为行阶梯形矩阵和行最简形矩阵是一种非常重要的运算,也是解线性方程组的主要方法之一.

对行最简形矩阵可以再施行初等列变换,变为形状更简单的形式.例如对上述的$\boldsymbol{F}_6$有

$$\boldsymbol{F}_6=\begin{pmatrix}1&0&-1&0&4\\0&1&-1&0&3\\0&0&0&1&-3\\0&0&0&0&0\end{pmatrix}\overset{c_3\leftrightarrow c_4}{\sim}\begin{pmatrix}1&0&0&-1&4\\0&1&0&-1&3\\0&0&1&0&-3\\0&0&0&0&0\end{pmatrix}$$

$$\xrightarrow[c_5-4c_1,c_5-3c_2,c_5+3c_3]{c_4+c_1,c_4+c_2}\begin{pmatrix}1&0&0&0&0\\0&1&0&0&0\\0&0&1&0&0\\0&0&0&0&0\end{pmatrix}=\boldsymbol{F}.$$

矩阵$\boldsymbol{F}$具有特点:左上角是一个单位矩阵,其余元素全为零.称$\boldsymbol{F}$为矩阵$\boldsymbol{B}$的标准形.

对于任何矩阵$\boldsymbol{A}_{m\times n}$,总可以经过有限次初等变换把它化为标准形

$$\boldsymbol{F}=\begin{pmatrix}\boldsymbol{E}_r&\boldsymbol{O}\\\boldsymbol{O}&\boldsymbol{O}\end{pmatrix}_{m\times n},$$

其中数r是$\boldsymbol{A}_{m\times n}$的行阶梯形中非零行的行数,是完全确定的,以后还会知道r有其他的意义.

特别地,若$\boldsymbol{A}\sim\boldsymbol{B}$,则$\boldsymbol{A}$与$\boldsymbol{B}$有一样的标准形,且它们都与标准形等价.

例1　设$\boldsymbol{A}=\begin{pmatrix}2&2&3\\1&-1&0\\-1&2&1\end{pmatrix}$,将矩阵$(\boldsymbol{A},\boldsymbol{E})$化为行最简形.

解　$$(\boldsymbol{A},\boldsymbol{E})=\begin{pmatrix}2&2&3&1&0&0\\1&-1&0&0&1&0\\-1&2&1&0&0&1\end{pmatrix}\overset{r_1\leftrightarrow r_2}{\sim}\begin{pmatrix}1&-1&0&0&1&0\\2&2&3&1&0&0\\-1&2&1&0&0&1\end{pmatrix}$$

$$\underset{r_3+r_1}{\overset{r_2-2r_1}{\sim}}\begin{pmatrix}1&-1&0&0&1&0\\0&4&3&1&-2&0\\0&1&1&0&1&1\end{pmatrix}\underset{r_3-4r_2}{\overset{r_3\leftrightarrow r_2}{\sim}}\begin{pmatrix}1&-1&0&0&1&0\\0&1&1&0&1&1\\0&0&-1&1&-6&-4\end{pmatrix}$$

$$\underset{r_2+r_3}{\overset{r_1+r_2}{\sim}}\begin{pmatrix}1&0&1&0&2&1\\0&1&0&1&-5&-3\\0&0&-1&1&-6&-4\end{pmatrix}\underset{-1\times r_3}{\overset{r_1+r_3}{\sim}}\begin{pmatrix}1&0&0&1&-4&-3\\0&1&0&1&-5&-3\\0&0&1&-1&6&4\end{pmatrix},$$

即为$(\boldsymbol{A},\boldsymbol{E})$的行最简形.

例1告诉我们,对方阵$\boldsymbol{A}$,若$(\boldsymbol{A},\boldsymbol{E})$的行最简形为$(\boldsymbol{E},\boldsymbol{X})$,则$\boldsymbol{A}$的行最简形为$\boldsymbol{E}$,即

$A\overset{r}{\sim}E$，并可以验证 $AX=E$，从而 $A^{-1}=X$.这也是求方阵逆的一种有效方法.

例 2 设 $A=\begin{pmatrix}1&-1&2&1\\1&1&-1&0\\2&0&1&1\end{pmatrix}$，求 A 的标准形.

解 对 A 先进行初等行变换再进行初等列变换，有

$$A=\begin{pmatrix}1&-1&2&1\\1&1&-1&0\\2&0&1&1\end{pmatrix}\underset{r_3-2r_1}{\overset{r_2-r_1}{\sim}}\begin{pmatrix}1&-1&2&1\\0&2&-3&-1\\0&2&-3&-1\end{pmatrix}$$

$$\overset{r_3-r_2}{\sim}\begin{pmatrix}1&-1&2&1\\0&2&-3&-1\\0&0&0&0\end{pmatrix}\overset{r_2\times\frac{1}{2}}{\sim}\begin{pmatrix}1&-1&2&1\\0&1&-\frac{3}{2}&-\frac{1}{2}\\0&0&0&0\end{pmatrix}$$

$$\overset{r_1+r_2}{\sim}\begin{pmatrix}1&0&\frac{1}{2}&\frac{1}{2}\\0&1&-\frac{3}{2}&-\frac{1}{2}\\0&0&0&0\end{pmatrix}\underset{c_4-\frac{1}{2}c_1,c_4+\frac{1}{2}c_2}{\overset{c_3-\frac{1}{2}c_1,c_3+\frac{3}{2}c_2}{\sim}}\begin{pmatrix}1&0&0&0\\0&1&0&0\\0&0&0&0\end{pmatrix},$$

故 A 的标准形为 $\begin{pmatrix}1&0&0&0\\0&1&0&0\\0&0&0&0\end{pmatrix}$.

3.2 初 等 矩 阵

在 3.1 节中介绍了矩阵的 3 种初等变换，与之对应的是本节要介绍的 3 种初等矩阵.矩阵的初等变换不仅在求解线性方程组中非常有用，与之对应的初等矩阵在矩阵的理论证明中也十分有用，有必要对初等矩阵及其性质进行介绍.

3.2.1 初等矩阵

定义 3 由单位矩阵 E 经过一次初等变换得到的矩阵叫做初等矩阵.

下面介绍 3 种初等变换对应的三种初等矩阵.

1. 对调单位矩阵的两行或两列

把单位矩阵 E 中的第 i 行与第 j 行对调(或第 i 列与第 j 列对调)，得到第 1 种初等矩阵，记为 $E(i,j)$，即

$$\boldsymbol{E}(i,j)=\begin{pmatrix}1&&&&&&&&&&\\&\ddots&&&&&&&&&\\&&1&&&&&&&&\\&&&0&&\cdots&&1&&&\\&&&&1&&&&&&\\&&&\vdots&&\ddots&&\vdots&&&\\&&&&&&1&&&&\\&&&1&&\cdots&&0&&&\\&&&&&&&&1&&\\&&&&&&&&&\ddots&\\&&&&&&&&&&1\end{pmatrix}\begin{matrix}\\ \\ \\ \to 第\ i\ 行\\ \\ \\ \\ \to 第\ j\ 行\\ \\ \\ \\ \end{matrix}.$$

2. 用数 $k(k\neq 0)$ 乘以单位矩阵的某行或某列

用数 $k(k\neq 0)$ 乘以单位矩阵 $\boldsymbol{E}$ 的第 i 行(或第 i 列)，得到第 2 种初等矩阵，记为 $\boldsymbol{E}(i(k))$，即

$$\boldsymbol{E}(i(k))=\begin{pmatrix}1&&&&&&\\&\ddots&&&&&\\&&1&&&&\\&&&k&&&\\&&&&1&&\\&&&&&\ddots&\\&&&&&&1\end{pmatrix}\begin{matrix}\\ \\ \\ \to 第\ i\ 行.\\ \\ \\ \\ \end{matrix}$$

3. 用数 k 乘以单位矩阵的某行(或某列)加到另一行(或另一列)上去

用数 k 乘以单位矩阵 $\boldsymbol{E}$ 的第 j 行加到第 i 行上去，得到第 3 种初等矩阵，记为 $\boldsymbol{E}(ij(k))$，即

$$\boldsymbol{E}(ij(k))=\begin{pmatrix}1&&&&&&\\&\ddots&&&&&\\&&1&\cdots&k&&\\&&&\ddots&\vdots&&\\&&&&1&&\\&&&&&\ddots&\\&&&&&&1\end{pmatrix}\begin{matrix}\\ \\ \to 第\ i\ 行\\ \\ \to 第\ j\ 行\\ \\ \\ \end{matrix}.$$

易得，用数 k 乘以单位矩阵 $\boldsymbol{E}$ 的第 j 列加到第 i 列上去，得到的初等矩阵为 $\boldsymbol{E}(ji(k))$.

3.2.2 初等矩阵的基本性质

容易验证

$$E(i,j)^{\mathrm{T}}=E(i,j),\quad E(i(k))^{\mathrm{T}}=E(i(k)),\quad E(ij(k))^{\mathrm{T}}=E(ji(k)),$$

且值得注意的是,若 $\boldsymbol{A}=(a_{ij})_{m\times n}$,用 m 阶初等矩阵 $\boldsymbol{E}_m(i,j)$ 左乘矩阵 $\boldsymbol{A}$ 得到

$$\boldsymbol{E}_m(i,j)\boldsymbol{A}=\begin{pmatrix} a_{11} & a_{12} & \cdots & a_{1n} \\ \vdots & \vdots & & \vdots \\ a_{j1} & a_{j2} & \cdots & a_{jn} \\ \vdots & \vdots & & \vdots \\ a_{i1} & a_{i2} & \cdots & a_{in} \\ \vdots & \vdots & & \vdots \\ a_{m1} & a_{m2} & \cdots & a_{mn} \end{pmatrix}\begin{matrix} \\ \\ \rightarrow \text{第 } i \text{ 行} \\ \\ \rightarrow \text{第 } j \text{ 行} \\ \\ \\ \end{matrix}.$$

其结果等价于对矩阵 $\boldsymbol{A}$ 施行一次初等行变换,即把矩阵 $\boldsymbol{A}$ 的第 i 行与第 j 行进行对调.类似可以验证,用 n 阶初等矩阵 $\boldsymbol{E}_n(i,j)$ 右乘矩阵 $\boldsymbol{A}$,其结果等价于对矩阵 $\boldsymbol{A}$ 施行一次初等列变换,即把矩阵 $\boldsymbol{A}$ 的第 i 列与第 j 列进行对调.

类似可以验证,用 m 阶初等矩阵 $\boldsymbol{E}_m(i(k))$ 左乘矩阵 $\boldsymbol{A}=(a_{ij})_{m\times n}$,其结果等价于用数 $k(k\neq 0)$ 乘以矩阵 $\boldsymbol{A}$ 的第 i 行;用 n 阶初等矩阵 $\boldsymbol{E}_n(i(k))$ 右乘矩阵 $\boldsymbol{A}$,其结果等价于用数 $k(k\neq 0)$ 乘以矩阵 $\boldsymbol{A}$ 的第 i 列;用 m 阶初等矩阵 $\boldsymbol{E}_m(ij(k))$ 左乘矩阵 $\boldsymbol{A}=(a_{ij})_{m\times n}$,其结果等价于用数 $k(k\neq 0)$ 乘以矩阵 $\boldsymbol{A}$ 的第 j 行加到矩阵 $\boldsymbol{A}$ 的第 i 行上去;用 n 阶初等矩阵 $\boldsymbol{E}_n(ij(k))$ 右乘矩阵 $\boldsymbol{A}$,其结果等价于用数 k 乘以矩阵 $\boldsymbol{A}$ 的第 i 列加到矩阵 $\boldsymbol{A}$ 的第 j 列上去.

把上述结果综合在一起,得到以下定理.

定理 1 设 $\boldsymbol{A}$ 是一个 $m\times n$ 矩阵,对 $\boldsymbol{A}$ 施行一次初等行变换,其结果等价于在 $\boldsymbol{A}$ 的左边乘以相应的 m 阶初等矩阵;对 $\boldsymbol{A}$ 施行一次初等列变换,其结果等价于在 $\boldsymbol{A}$ 的右边乘以相应的 n 阶初等矩阵.反之亦然.

例 3 设 $\boldsymbol{A}$ 为 3 阶方阵,将 $\boldsymbol{A}$ 的第 1 列与第 2 列交换得到 $\boldsymbol{B}$,再将 $\boldsymbol{B}$ 的第 2 列加到第 3 列上去得到 $\boldsymbol{C}$.求满足 $\boldsymbol{AQ}=\boldsymbol{C}$ 的可逆矩阵 $\boldsymbol{Q}$.

解 由定理 1 及题意可知

$$\boldsymbol{A}\begin{pmatrix} 0 & 1 & 0 \\ 1 & 0 & 0 \\ 0 & 0 & 1 \end{pmatrix}=\boldsymbol{B},\quad \boldsymbol{B}\begin{pmatrix} 1 & 0 & 0 \\ 0 & 1 & 1 \\ 0 & 0 & 1 \end{pmatrix}=\boldsymbol{C},$$

所以

$$\boldsymbol{A}\begin{pmatrix} 0 & 1 & 0 \\ 1 & 0 & 0 \\ 0 & 0 & 1 \end{pmatrix}\begin{pmatrix} 1 & 0 & 0 \\ 0 & 1 & 1 \\ 0 & 0 & 1 \end{pmatrix}=\boldsymbol{C},$$

因此

$$Q=\begin{pmatrix}0&1&0\\1&0&0\\0&0&1\end{pmatrix}\begin{pmatrix}1&0&0\\0&1&1\\0&0&1\end{pmatrix}=\begin{pmatrix}0&1&1\\1&0&0\\0&0&1\end{pmatrix}.$$

另外，由于矩阵的初等变换可逆，而初等变换对应初等矩阵，且初等变换的逆变换仍然是初等变换，容易验证初等矩阵可逆，且初等矩阵的逆矩阵是对应初等变换的逆变换所对应的初等矩阵，即

$$\boldsymbol{E}(i,j)^{-1}=\boldsymbol{E}(i,j),\quad \boldsymbol{E}(i(k))^{-1}=\boldsymbol{E}\left(i\left(\frac{1}{k}\right)\right)(k\neq 0),\quad \boldsymbol{E}(ij(k))^{-1}=\boldsymbol{E}(ij(-k)).$$

初等矩阵是可逆矩阵，那么方阵可逆与初等矩阵的关系如何呢？

定理 2 方阵 $\boldsymbol{A}$ 可逆的充分必要条件是存在有限个初等矩阵 $\boldsymbol{P}_1,\boldsymbol{P}_2,\cdots,\boldsymbol{P}_s$，使得 $\boldsymbol{A}=\boldsymbol{P}_1\boldsymbol{P}_2\cdots\boldsymbol{P}_s$.

证明 由于可逆矩阵的乘积仍然是可逆矩阵，所以定理 2 的充分性显然，下面证必要性.

设 n 阶矩阵 $\boldsymbol{A}$ 可逆，$\boldsymbol{A}$ 的标准形为 $\boldsymbol{F}$. 由于 $\boldsymbol{A}\sim\boldsymbol{F}$，所以 $\boldsymbol{F}$ 经过有限次初等变换可以化为 $\boldsymbol{A}$，即存在有限个初等矩阵 $\boldsymbol{P}_1,\boldsymbol{P}_2,\cdots,\boldsymbol{P}_s$ 使得

$$\boldsymbol{A}=\boldsymbol{P}_1\boldsymbol{P}_2\cdots\boldsymbol{P}_t\boldsymbol{F}\boldsymbol{P}_{t+1}\cdots\boldsymbol{P}_s,$$

因为 $\boldsymbol{A}$ 可逆，$\boldsymbol{P}_1,\boldsymbol{P}_2,\cdots,\boldsymbol{P}_s$ 可逆，故 $\boldsymbol{F}$ 可逆. 假如

$$\boldsymbol{F}=\begin{pmatrix}\boldsymbol{E}_r&\boldsymbol{O}\\\boldsymbol{O}&\boldsymbol{O}\end{pmatrix}_{n\times n},$$

则 $r=n$，否则 $|\boldsymbol{F}|=0$，与 $\boldsymbol{F}$ 可逆矛盾，即 $\boldsymbol{F}=\boldsymbol{E}$. 从而

$$\boldsymbol{A}=\boldsymbol{P}_1\boldsymbol{P}_2\cdots\boldsymbol{P}_t\boldsymbol{F}\boldsymbol{P}_{t+1}\cdots\boldsymbol{P}_s=\boldsymbol{P}_1\boldsymbol{P}_2\cdots\boldsymbol{P}_t\boldsymbol{E}\boldsymbol{P}_{t+1}\cdots\boldsymbol{P}_s=\boldsymbol{P}_1\boldsymbol{P}_2\cdots\boldsymbol{P}_s.$$

从上述证明可以得到，可逆矩阵的标准形为单位矩阵. 把定理 2 的结果改写成

$$\boldsymbol{A}=\boldsymbol{P}_1\boldsymbol{P}_2\cdots\boldsymbol{P}_s\boldsymbol{E}\quad\text{或}\quad\boldsymbol{A}=\boldsymbol{E}\boldsymbol{P}_1\boldsymbol{P}_2\cdots\boldsymbol{P}_s,$$

再结合定理 1 可以得到以下推论.

推论 1 方阵 $\boldsymbol{A}$ 可逆的充分必要条件是 $\boldsymbol{A}\overset{r}{\sim}\boldsymbol{E}$ 或 $\boldsymbol{A}\overset{c}{\sim}\boldsymbol{E}$.

推论 2 $m\times n$ 矩阵 $\boldsymbol{A}$ 与 $\boldsymbol{B}$ 等价当且仅当存在 m 阶可逆矩阵 $\boldsymbol{P}$ 与 n 阶可逆矩阵 $\boldsymbol{Q}$ 使得 $\boldsymbol{B}=\boldsymbol{PAQ}$.

证明 由于 $\boldsymbol{A}$ 与 $\boldsymbol{B}$ 等价当且仅当 $\boldsymbol{A}$ 经过有限次初等变换可以化为 $\boldsymbol{B}$，所以由定理 1 可知，存在有限个 m 阶初等矩阵 $\boldsymbol{P}_1,\boldsymbol{P}_2,\cdots,\boldsymbol{P}_s$ 与有限个 n 阶初等矩阵 $\boldsymbol{Q}_1,\boldsymbol{Q}_2,\cdots,\boldsymbol{Q}_l$ 使得

$$\boldsymbol{B}=\boldsymbol{P}_s\cdots\boldsymbol{P}_2\boldsymbol{P}_1\boldsymbol{A}\boldsymbol{Q}_1\boldsymbol{Q}_2\cdots\boldsymbol{Q}_l,$$

记 $\boldsymbol{P}_s\cdots\boldsymbol{P}_2\boldsymbol{P}_1=\boldsymbol{P}$，$\boldsymbol{Q}_1\boldsymbol{Q}_2\cdots\boldsymbol{Q}_l=\boldsymbol{Q}$，由定理 2 知 $\boldsymbol{P}$、$\boldsymbol{Q}$ 可逆，且 $\boldsymbol{B}=\boldsymbol{PAQ}$.

推论 3 对于方阵 $\boldsymbol{A}$，若 $(\boldsymbol{A},\boldsymbol{E})\overset{r}{\sim}(\boldsymbol{E},\boldsymbol{X})$，则 $\boldsymbol{A}$ 可逆，且 $\boldsymbol{A}^{-1}=\boldsymbol{X}$.

证明 因为$(\boldsymbol{A},\boldsymbol{E})\overset{r}{\sim}(\boldsymbol{E},\boldsymbol{X})$，由定理 1 可知，存在初等矩阵$\boldsymbol{P}_1,\boldsymbol{P}_2,\cdots,\boldsymbol{P}_s$，使得

$$\boldsymbol{P}_s\cdots\boldsymbol{P}_2\boldsymbol{P}_1\boldsymbol{A}=\boldsymbol{E},\quad \boldsymbol{P}_s\cdots\boldsymbol{P}_2\boldsymbol{P}_1\boldsymbol{E}=\boldsymbol{X}.$$

由于$\boldsymbol{P}_1,\boldsymbol{P}_2,\cdots,\boldsymbol{P}_s$可逆，所以$\boldsymbol{A}$可逆.在$\boldsymbol{P}_s\cdots\boldsymbol{P}_2\boldsymbol{P}_1\boldsymbol{A}=\boldsymbol{E}$两边右乘$\boldsymbol{A}^{-1}$得到

$$\boldsymbol{P}_s\cdots\boldsymbol{P}_2\boldsymbol{P}_1\boldsymbol{A}\boldsymbol{A}^{-1}=\boldsymbol{E}\boldsymbol{A}^{-1}=\boldsymbol{A}^{-1},$$

即

$$\boldsymbol{A}^{-1}=\boldsymbol{P}_s\cdots\boldsymbol{P}_2\boldsymbol{P}_1\boldsymbol{E}=\boldsymbol{X}.$$

由推论 3 可知，例 1 中$\boldsymbol{A}$可逆，且

$$\boldsymbol{A}^{-1}=\begin{pmatrix}1&-4&-3\\1&-5&-3\\-1&6&4\end{pmatrix}.$$

推论 4 对于n阶矩阵$\boldsymbol{A}$与$n\times l$矩阵$\boldsymbol{B}$，若$(\boldsymbol{A},\boldsymbol{B})\overset{r}{\sim}(\boldsymbol{E},\boldsymbol{X})$，则$\boldsymbol{A}$可逆，且$\boldsymbol{A}^{-1}\boldsymbol{B}=\boldsymbol{X}$.特别地，对于$n$个未知数$n$个方程的线性方程组$\boldsymbol{A}\boldsymbol{x}=\boldsymbol{b}$，如果增广矩阵$\boldsymbol{B}=(\boldsymbol{A},\boldsymbol{b})\overset{r}{\sim}(\boldsymbol{E},\boldsymbol{x})$，则$\boldsymbol{A}$可逆，且$\boldsymbol{x}=\boldsymbol{A}^{-1}\boldsymbol{b}$为方程组的唯一解.

推论 4 的证明与推论 3 的证明方法类似，请读者自己完成.

例 4 设$\boldsymbol{A}=\begin{pmatrix}1&2&3\\2&1&2\\1&3&4\end{pmatrix}$，用初等变换法判断$\boldsymbol{A}$是否可逆？若可逆，求$\boldsymbol{A}^{-1}$.

解 因

$$(\boldsymbol{A},\boldsymbol{E})=\begin{pmatrix}1&2&3&1&0&0\\2&1&2&0&1&0\\1&3&4&0&0&1\end{pmatrix}\xrightarrow[r_3-r_1]{r_2-2r_1}\begin{pmatrix}1&2&3&1&0&0\\0&-3&-4&-2&1&0\\0&1&1&-1&0&1\end{pmatrix}$$

$$\xrightarrow{r_2\leftrightarrow r_3}\begin{pmatrix}1&2&3&1&0&0\\0&1&1&-1&0&1\\0&-3&-4&-2&1&0\end{pmatrix}\xrightarrow[r_1-2r_2]{r_3+3r_2}\begin{pmatrix}1&0&1&3&0&-2\\0&1&1&-1&0&1\\0&0&-1&-5&1&3\end{pmatrix}$$

$$\xrightarrow[r_2+r_3]{r_1+r_3}\begin{pmatrix}1&0&0&-2&1&1\\0&1&0&-6&1&4\\0&0&-1&-5&1&3\end{pmatrix}\xrightarrow{-1\times r_3}\begin{pmatrix}1&0&0&-2&1&1\\0&1&0&-6&1&4\\0&0&1&5&-1&-3\end{pmatrix},$$

所以$\boldsymbol{A}$可逆，且$\boldsymbol{A}^{-1}=\begin{pmatrix}-2&1&1\\-6&1&4\\5&-1&-3\end{pmatrix}$.

例 5 设$\boldsymbol{A}=\begin{pmatrix}2&1&-3\\1&2&-2\\-1&3&2\end{pmatrix}$，$\boldsymbol{B}=\begin{pmatrix}1&-1\\2&0\\-2&5\end{pmatrix}$，求解矩阵方程$\boldsymbol{A}\boldsymbol{X}=\boldsymbol{B}$.

解 由于

$$(\boldsymbol{A},\boldsymbol{B})=\begin{pmatrix}2&1&-3&1&-1\\1&2&-2&2&0\\-1&3&2&-2&5\end{pmatrix}\xrightarrow[r_3+r_1]{r_2\leftrightarrow r_1 \atop r_2-2r_1}\begin{pmatrix}1&2&-2&2&0\\0&-3&1&-3&-1\\0&5&0&0&5\end{pmatrix}$$

$$\xrightarrow[r_3+3r_2]{r_3\times\frac{1}{5},r_3\leftrightarrow r_2}\begin{pmatrix}1&2&-2&2&0\\0&1&0&0&1\\0&0&1&-3&2\end{pmatrix}\xrightarrow[r_1+2r_3]{r_1-2r_2}\begin{pmatrix}1&0&0&-4&2\\0&1&0&0&1\\0&0&1&-3&2\end{pmatrix},$$

所以 $\boldsymbol{A}$ 可逆，由推论 4 可知 $\boldsymbol{X}=\boldsymbol{A}^{-1}\boldsymbol{B}=\begin{pmatrix}-4&2\\0&1\\-3&2\end{pmatrix}$.

推论 3 与推论 4 介绍了用矩阵的初等行变换求解矩阵方程 $\boldsymbol{AX}=\boldsymbol{B}$ 的方法，若是求解矩阵方程 $\boldsymbol{YA}=\boldsymbol{C}$，则可以用矩阵的初等列变换.若

$$\begin{pmatrix}\boldsymbol{A}\\\boldsymbol{C}\end{pmatrix}\overset{c}{\sim}\begin{pmatrix}\boldsymbol{E}\\\boldsymbol{Y}\end{pmatrix},$$

则 $\boldsymbol{A}$ 可逆，且 $\boldsymbol{Y}=\boldsymbol{CA}^{-1}$.

若习惯用矩阵的初等行变换，只需要两边转置即可，即

$$\boldsymbol{YA}=\boldsymbol{C}\Leftrightarrow\boldsymbol{A}^{\mathrm{T}}\boldsymbol{Y}^{\mathrm{T}}=\boldsymbol{C}^{\mathrm{T}},$$

由推论 4，若 $(\boldsymbol{A}^{\mathrm{T}},\boldsymbol{C}^{\mathrm{T}})\overset{r}{\sim}(\boldsymbol{E},\boldsymbol{Y}^{\mathrm{T}})$，则 $\boldsymbol{Y}^{\mathrm{T}}=(\boldsymbol{A}^{\mathrm{T}})^{-1}\boldsymbol{C}^{\mathrm{T}}=(\boldsymbol{CA}^{-1})^{\mathrm{T}}$，即 $\boldsymbol{Y}=\boldsymbol{CA}^{-1}$.

例 6 设 $\boldsymbol{A}=\begin{pmatrix}1&0&1\\0&1&1\\1&1&0\end{pmatrix}$，$\boldsymbol{B}=\begin{pmatrix}1&2&3\\2&2&0\end{pmatrix}$，信息 $\boldsymbol{X}$ 通过 $\boldsymbol{A}$ 加密得到 $\boldsymbol{B}$，解密信息 $\boldsymbol{X}$.

解 解密信息 $\boldsymbol{X}$ 就是解矩阵方程 $\boldsymbol{XA}=\boldsymbol{B}$.由于

$$\begin{pmatrix}\boldsymbol{A}\\\boldsymbol{B}\end{pmatrix}=\begin{pmatrix}1&0&1\\0&1&1\\1&1&0\\1&2&3\\2&2&0\end{pmatrix}\xrightarrow[c_3\div(-2)]{c_3-c_1,c_3-c_2}\begin{pmatrix}1&0&0\\0&1&0\\1&1&1\\1&2&0\\2&2&2\end{pmatrix}\xrightarrow[c_1-c_3]{c_2-c_3}\begin{pmatrix}1&0&0\\0&1&0\\0&0&1\\1&2&0\\0&0&2\end{pmatrix},$$

所以 $\boldsymbol{A}$ 可逆，且解密信息得 $\boldsymbol{X}=\boldsymbol{BA}^{-1}=\begin{pmatrix}1&2&0\\0&0&2\end{pmatrix}$.

3.3 矩阵的秩

矩阵的秩是一个非常重要的概念，它自身的理论及它的应用都非常广泛.在 3.1 节我

们引入了矩阵的标准形的概念,即任意一个 $m\times n$ 矩阵 $\boldsymbol{A}$,它经过有限次初等变换后化为标准形

$$\boldsymbol{F}=\begin{pmatrix}\boldsymbol{E}_r & \boldsymbol{O}\\ \boldsymbol{O} & \boldsymbol{O}\end{pmatrix}_{m\times n},$$

其标准形的左上角单位矩阵的阶数 r 决定了标准形的形式,这个数 r 也就是矩阵 $\boldsymbol{A}$ 的行阶梯形矩阵中非零行的行数,我们也把这个数称为矩阵 $\boldsymbol{A}$ 的秩.由于这个数的唯一性我们没有证明,且对于阶数较高的矩阵,得到其标准形的过程也较为复杂,为了更加完整地体现线性代数的各个方面知识,下面将用另一种方法给出矩阵秩的定义.

3.3.1 矩阵的秩

定义 4 在 $m\times n$ 矩阵 $\boldsymbol{A}$ 中,任取 k 行 k 列($k\leqslant\min\{m,n\}$),位于这些行与列的交叉处的 k^2 个元素,按照它们在矩阵 $\boldsymbol{A}$ 中所处的行与列的位置次序构成一个 k 阶行列式,称之为矩阵 $\boldsymbol{A}$ 的一个 k 阶子式.

由排列组合知识可以知道,$m\times n$ 矩阵 $\boldsymbol{A}$ 的 k 阶子式共有 $\mathrm{C}_m^k\mathrm{C}_n^k$ 个.

定义 5 若在矩阵 $\boldsymbol{A}$ 中有一个不等于 0 的 r 阶子式 D_r,且所有 $r+1$ 阶子式(若存在)全部为 0,则称 D_r 为矩阵 $\boldsymbol{A}$ 的一个最高阶非零子式,数 r 称为矩阵 $\boldsymbol{A}$ 的秩,矩阵 $\boldsymbol{A}$ 的秩记为 $R(\boldsymbol{A})$.

规定:零矩阵的秩等于 0.

注意以下几点.

① 在定义 5 中,若矩阵 $\boldsymbol{A}$ 的所有 $r+1$ 阶子式全部为 0,那么由行列式的性质可知,矩阵 $\boldsymbol{A}$ 的所有高于 $r+1$ 阶的子式也必定为 0,因此 r 阶非零子式便是矩阵 $\boldsymbol{A}$ 的最高阶非零子式,从而矩阵 $\boldsymbol{A}$ 的秩就是矩阵 $\boldsymbol{A}$ 中最高阶非零子式的阶数.

② 若矩阵 $\boldsymbol{A}$ 中存在某个 r 阶子式不为 0,则 $R(\boldsymbol{A})\geqslant r$;若所有 t 阶子式全为 0,则 $R(\boldsymbol{A})<t$.

③ 对任意 $m\times n$ 矩阵 $\boldsymbol{A}$,$0\leqslant R(\boldsymbol{A})\leqslant\min\{m,n\}$.

④ 对 n 阶方阵 $\boldsymbol{A}$,若 $|\boldsymbol{A}|\neq 0$,则 $R(\boldsymbol{A})=n$,此时方阵 $\boldsymbol{A}$ 可逆,所以可逆矩阵又叫满秩矩阵;若 $|\boldsymbol{A}|=0$,则 $R(\boldsymbol{A})<n$,此时 $\boldsymbol{A}$ 不可逆,因此不可逆矩阵又称为降秩矩阵(或奇异矩阵).

例 7 求下列矩阵的秩:

(1) $\boldsymbol{A}=\begin{pmatrix}1 & 2 & 3\\ 2 & 3 & 4\\ 4 & 6 & 8\end{pmatrix}$;　　(2) $\boldsymbol{B}=\begin{pmatrix}3 & 4 & 0 & 0 & 1\\ 0 & 2 & 1 & 2 & 0\\ 0 & 0 & 0 & 4 & 3\\ 0 & 0 & 0 & 0 & 0\end{pmatrix}$.

解　(1) $\boldsymbol{A}$ 为方阵，在矩阵 $\boldsymbol{A}$ 中，容易看出有一个2阶子式 $\begin{vmatrix} 1 & 2 \\ 2 & 3 \end{vmatrix} = -1 \neq 0$，而 $\boldsymbol{A}$ 中第2行与第3行对应元素成比例，所以 $|\boldsymbol{A}|=0$，因此 $R(\boldsymbol{A})=2$.

(2) $\boldsymbol{B}$ 是一个行阶梯形矩阵，非零行的行数为3，因此 $\boldsymbol{B}$ 的所有4阶子式全为0；而以3个非零行的第一个非零元素为对角线的3阶子式

$$\begin{vmatrix} 3 & 4 & 0 \\ 0 & 2 & 2 \\ 0 & 0 & 4 \end{vmatrix}$$

是一个上三角行列式，其值为对角线上元素的乘积 $3\times2\times4=24$，因此 $R(\boldsymbol{B})=3$，即行阶梯形矩阵的秩等于非零行的行数.

3.3.2　矩阵的秩与矩阵的初等变换

对于一般矩阵，当矩阵的行数与列数较多时，用定义求矩阵的秩是一件烦琐的事情.从例7可以看出，当矩阵是行阶梯形矩阵时，它的秩就等于非零行的行数，一看便知.因此，我们自然联想到用矩阵的初等行变换把一般矩阵化为行阶梯形矩阵.但进行初等变换后，矩阵的秩是否会发生变化呢？这是我们首先要解决的问题.

定理3　若矩阵 $\boldsymbol{A}$ 与 $\boldsymbol{B}$ 等价，则 $R(\boldsymbol{A})=R(\boldsymbol{B})$，反之不成立.

证明　由矩阵等价的定义，只需证明矩阵 $\boldsymbol{A}$ 经过一次初等变换后变为 $\boldsymbol{B}$ 有 $R(\boldsymbol{A})=R(\boldsymbol{B})$ 即可.又由矩阵的初等行变换与初等列变换的关系以及矩阵与其转置矩阵的秩的关系可知，只需要证明矩阵 $\boldsymbol{A}$ 经过一次初等行变换后变为 $\boldsymbol{B}$ 有 $R(\boldsymbol{A})=R(\boldsymbol{B})$ 即可.

设 $R(\boldsymbol{A})=r$，不妨设 $\boldsymbol{A}$ 存在 $r+1$ 阶子式(若 $\boldsymbol{A}$ 不存在 $r+1$ 阶子式，由行列式的性质容易知道，$\boldsymbol{A}$ 的 r 阶子式与 $\boldsymbol{B}$ 的对应位置的 r 阶子式同时为零或不为零，结论自然成立)，则 $\boldsymbol{A}$ 的所有 $r+1$ 阶子式 D 全为零.由矩阵初等行变换的定义与性质，分下面3个方面进行论证.

(1) 当 $\boldsymbol{A} \xrightarrow{r_i \leftrightarrow r_j} \boldsymbol{B}$ 或 $\boldsymbol{A} \xrightarrow[k\neq0]{r_i\times k} \boldsymbol{B}$ 时，任取 $\boldsymbol{B}$ 的 $r+1$ 阶子式 D'，在 $\boldsymbol{A}$ 中找到与 $\boldsymbol{B}$ 中子式 D' 位置相对应的子式 D，由行列式的性质知 $D'=\pm D$ 或 $D'=kD$，从而 $D'=0$，这说明 $\boldsymbol{B}$ 中所有 $r+1$ 阶子式 D' 全为零，所以 $R(\boldsymbol{B})\leqslant r=R(\boldsymbol{A})$.

(2) 当 $\boldsymbol{A} \xrightarrow{r_i+kr_j} \boldsymbol{B}$ 时，由于对于 $\boldsymbol{A} \xrightarrow{r_i \leftrightarrow r_j} \boldsymbol{B}$，有 $R(\boldsymbol{B})\leqslant R(\boldsymbol{A})$，所以为了叙述方便，只需证明当 $\boldsymbol{A} \xrightarrow{r_1+kr_2} \boldsymbol{B}$ 时，有 $R(\boldsymbol{B})\leqslant R(\boldsymbol{A})$ 即可.任取 $\boldsymbol{B}$ 中 $r+1$ 阶子式 D_1，下面证明 $D_1=0$.分3种情形：

① 当 D_1 不包含矩阵 $\boldsymbol{B}$ 的第一行时，则 D_1 也是 $\boldsymbol{A}$ 中 $r+1$ 阶子式，从而 $D_1=0$；

② 当 D_1 包含矩阵 $\boldsymbol{B}$ 的第一行且包含第二行时，由行列式的性质知，D_1 与 $\boldsymbol{A}$ 中对应位置的 $r+1$ 阶子式相等，从而 $D_1=0$；

③ 当 D_1 包含矩阵 $\boldsymbol{B}$ 的第一行但不包含第二行时，由行列式的性质知，D_1 可化为两个行列式之和，即

$$D_1=\begin{vmatrix} r_1+kr_2 \\ r_t \\ \vdots \\ r_s \end{vmatrix}=\begin{vmatrix} r_1 \\ r_t \\ \vdots \\ r_s \end{vmatrix}+k\begin{vmatrix} r_2 \\ r_t \\ \vdots \\ r_s \end{vmatrix}=D_2+kD_3,$$

由于 D_2,D_3 也是 $\boldsymbol{A}$ 中对应位置的 $r+1$ 阶子式，所以 $D_2=D_3=0$，故 $D_1=0$.

从而有 $R(\boldsymbol{B})\leqslant R(\boldsymbol{A})$.

(3) 由矩阵的初等变换的可逆性可知，$\boldsymbol{B}$ 也可以经过一次初等变换变为 $\boldsymbol{A}$，所以 $R(\boldsymbol{B})\geqslant R(\boldsymbol{A})$.

因此 $R(\boldsymbol{A})=R(\boldsymbol{B})$.

根据定理 3 和例 7 的结论可知，为求矩阵的秩，只需对矩阵进行初等行变换，把它化为行阶梯形矩阵，行阶梯形矩阵中非零行的行数即为该矩阵的秩，这是求矩阵秩的非常有效的方法.

例 8 已知 $\boldsymbol{A}=\begin{pmatrix} 2 & 1 & 8 & 3 & 7 \\ 2 & -3 & 0 & 7 & -5 \\ 3 & -2 & 5 & 8 & 0 \\ 1 & 0 & 3 & 2 & 0 \end{pmatrix}$，求矩阵 $\boldsymbol{A}$ 的秩，并求其一个最高阶非零子式.

解 先求矩阵 $\boldsymbol{A}$ 的秩.对矩阵 $\boldsymbol{A}$ 进行初等行变换，化为行阶梯形矩阵，有

$$\boldsymbol{A}=\begin{pmatrix} 2 & 1 & 8 & 3 & 7 \\ 2 & -3 & 0 & 7 & -5 \\ 3 & -2 & 5 & 8 & 0 \\ 1 & 0 & 3 & 2 & 0 \end{pmatrix}\xrightarrow{r_1\leftrightarrow r_4}\begin{pmatrix} 1 & 0 & 3 & 2 & 0 \\ 2 & -3 & 0 & 7 & -5 \\ 3 & -2 & 5 & 8 & 0 \\ 2 & 1 & 8 & 3 & 7 \end{pmatrix}$$

$$\xrightarrow[r_4-2r_1]{r_2-2r_1,r_3-3r_1}\begin{pmatrix} 1 & 0 & 3 & 2 & 0 \\ 0 & -3 & -6 & 3 & -5 \\ 0 & -2 & -4 & 2 & 0 \\ 0 & 1 & 2 & -1 & 7 \end{pmatrix}\xrightarrow[r_3+2r_2,r_4+3r_2]{r_2\leftrightarrow r_4}\begin{pmatrix} 1 & 0 & 3 & 2 & 0 \\ 0 & 1 & 2 & -1 & 7 \\ 0 & 0 & 0 & 0 & 14 \\ 0 & 0 & 0 & 0 & 16 \end{pmatrix}$$

$$\xrightarrow[r_4-r_3]{r_3\div 14,r_4\div 16}\begin{pmatrix} 1 & 0 & 3 & 2 & 0 \\ 0 & 1 & 2 & -1 & 7 \\ 0 & 0 & 0 & 0 & 1 \\ 0 & 0 & 0 & 0 & 0 \end{pmatrix},$$

所以 $R(\boldsymbol{A})=3$.

再求 $\boldsymbol{A}$ 的一个最高阶非零子式.因为 $R(\boldsymbol{A})=3$，所以 $\boldsymbol{A}$ 的最高阶非零子式为 3 阶，而该矩阵的 3 阶子式共有 $C_4^3C_5^3=40$ 个，从 40 个子式中找一个非零子式并不是一件轻松的事

情.由于矩阵的初等行变换不改变元素所处的列的位置,把矩阵按列分块,记 $\boldsymbol{A}=(\boldsymbol{a}_1,\boldsymbol{a}_2,\boldsymbol{a}_3,\boldsymbol{a}_4,\boldsymbol{a}_5)$,由于矩阵 $\boldsymbol{A}_0=(\boldsymbol{a}_1,\boldsymbol{a}_2,\boldsymbol{a}_5)$ 的行阶梯形矩阵为

$$\begin{pmatrix}1&0&0\\0&1&7\\0&0&1\\0&0&0\end{pmatrix},$$

所以 $R(\boldsymbol{A}_0)=3$,故 $\boldsymbol{A}_0$ 中必有3阶非零子式.而 $\boldsymbol{A}_0$ 的3阶子式共有4个,不妨取 $\boldsymbol{A}_0$ 的后三行构成的子式

$$\begin{vmatrix}2&-3&-5\\3&-2&0\\1&0&0\end{vmatrix}=-10\neq 0,$$

因此这个子式就是 $\boldsymbol{A}$ 的一个最高阶非零子式.

例9　设 $\boldsymbol{A}=\begin{pmatrix}1&-2&2&-1\\1&2&-4&0\\2&-4&2&-3\\-3&6&0&6\end{pmatrix}$,$\boldsymbol{b}=\begin{pmatrix}1\\1\\3\\4\end{pmatrix}$,$\boldsymbol{B}=(\boldsymbol{A},\boldsymbol{b})$,求矩阵 $\boldsymbol{A}$ 与 $\boldsymbol{B}$ 的秩.

解　对矩阵 $\boldsymbol{B}$ 进行初等行变换,$\boldsymbol{B}$ 的行阶梯形矩阵的前4列就是 $\boldsymbol{A}$ 的行阶梯形矩阵.

$$\boldsymbol{B}=(\boldsymbol{A},\boldsymbol{b})=\begin{pmatrix}1&-2&2&-1&1\\1&2&-4&0&1\\2&-4&2&-3&3\\-3&6&0&6&4\end{pmatrix}\xrightarrow[r_4+3r_1,r_4+3r_3]{r_2-r_1,r_3-2r_1}\begin{pmatrix}1&-2&2&-1&1\\0&4&-6&1&0\\0&0&-2&-1&1\\0&0&0&0&10\end{pmatrix},$$

所以　$R(\boldsymbol{A})=3,R(\boldsymbol{B})=4$.

另外,从矩阵 $\boldsymbol{B}$ 的行阶梯形矩阵可知,例9中 $\boldsymbol{A},\boldsymbol{b}$ 所对应的线性方程组 $\boldsymbol{Ax}=\boldsymbol{b}$ 是无解的,这是因为矩阵 $\boldsymbol{B}$ 的行阶梯形矩阵的最后一行对应的是矛盾方程 $0=10$.

例10　设 $\boldsymbol{A}=\begin{pmatrix}1&-2&3k\\-1&2k&-3\\k&-2&3\end{pmatrix}$,问 k 为何值时,可使:

(1) $R(\boldsymbol{A})=1$;(2) $R(\boldsymbol{A})=2$;(3) $R(\boldsymbol{A})=3$?

解　对矩阵 $\boldsymbol{A}$ 进行初等行变换,将其化为行阶梯形矩阵:

$$\boldsymbol{A}=\begin{pmatrix}1&-2&3k\\-1&2k&-3\\k&-2&3\end{pmatrix}\xrightarrow[r_3-r_2]{r_2+r_1,r_3-kr_1}\begin{pmatrix}1&-2&3k\\0&2(k-1)&3(k-1)\\0&0&3(1-k)(2+k)\end{pmatrix}.$$

因此:

(1) 当 $k=1$ 时,$R(\boldsymbol{A})=1$;

(2) 当 $k=-2$ 时,$R(\boldsymbol{A})=2$;

(3) 当 $k\neq 1$ 且 $k\neq -2$ 时,$R(\boldsymbol{A})=3$.

3.3.3 矩阵的秩的基本性质

上面我们利用矩阵的定义及矩阵的初等行变换讨论了矩阵秩的一些性质,类似地,也可用矩阵的初等列变换讨论矩阵的秩的性质.我们把这些性质归纳起来,阐述如下.

性质 1 $0\leqslant R(\boldsymbol{A}_{m\times n})\leqslant \min\{m,n\}$,且 $R(\boldsymbol{A})=0$ 的充分必要条件是 $\boldsymbol{A}=\boldsymbol{0}$.

性质 2 $R(\boldsymbol{A})=R(\boldsymbol{A}^{\mathrm{T}})$.

性质 3 $R(\boldsymbol{A})=R(k\boldsymbol{A})(k\neq 0,k\in\mathbf{R})$.

性质 4 若 $\boldsymbol{A}\sim\boldsymbol{B}$,则 $R(\boldsymbol{A})=R(\boldsymbol{B})$.

性质 5 若 $\boldsymbol{P},\boldsymbol{Q}$ 可逆,则 $R(\boldsymbol{PAQ})=R(\boldsymbol{A})$.

性质 6 $\max\{R(\boldsymbol{A}),R(\boldsymbol{B})\}\leqslant R(\boldsymbol{A},\boldsymbol{B})\leqslant R(\boldsymbol{A})+R(\boldsymbol{B})$,特别地,当 $\boldsymbol{B}=\boldsymbol{b}$ 为列向量时,有 $R(\boldsymbol{A})\leqslant R(\boldsymbol{A},\boldsymbol{b})\leqslant R(\boldsymbol{A})+1$.

证明 因为 $\boldsymbol{A}$ 的子式和 $\boldsymbol{B}$ 的子式都是 $(\boldsymbol{A},\boldsymbol{B})$ 的子式,所以 $R(\boldsymbol{A})\leqslant R(\boldsymbol{A},\boldsymbol{B})$,$R(\boldsymbol{B})\leqslant R(\boldsymbol{A},\boldsymbol{B})$,因此 $\max\{R(\boldsymbol{A}),R(\boldsymbol{B})\}\leqslant R(\boldsymbol{A},\boldsymbol{B})$.

另外,若 $R(\boldsymbol{A})=s$,$R(\boldsymbol{B})=t$,设 $\overline{\boldsymbol{A}},\overline{\boldsymbol{B}}$ 分别为 $\boldsymbol{A},\boldsymbol{B}$ 的列阶梯形矩阵,则 $\overline{\boldsymbol{A}},\overline{\boldsymbol{B}}$ 分别含有 s,t 个非零列,可设 $\overline{\boldsymbol{A}},\overline{\boldsymbol{B}}$ 分别为

$$\overline{\boldsymbol{A}}=(\overline{\boldsymbol{a}_1},\cdots,\overline{\boldsymbol{a}_s},\boldsymbol{0},\cdots,\boldsymbol{0}),\quad \overline{\boldsymbol{B}}=(\overline{\boldsymbol{b}_1},\cdots,\overline{\boldsymbol{b}_t},\boldsymbol{0},\cdots,\boldsymbol{0}),$$

从而 $(\boldsymbol{A},\boldsymbol{B})\overset{c}{\sim}(\overline{\boldsymbol{A}},\overline{\boldsymbol{B}})$,又 $(\overline{\boldsymbol{A}},\overline{\boldsymbol{B}})$ 中只含有 $s+t$ 个非零列,因此 $R(\overline{\boldsymbol{A}},\overline{\boldsymbol{B}})\leqslant s+t$,而 $R(\boldsymbol{A},\boldsymbol{B})=R(\overline{\boldsymbol{A}},\overline{\boldsymbol{B}})$,故 $R(\boldsymbol{A},\boldsymbol{B})\leqslant s+t$,即 $R(\boldsymbol{A},\boldsymbol{B})\leqslant R(\boldsymbol{A})+R(\boldsymbol{B})$.

性质 7 $R(\boldsymbol{A}\pm\boldsymbol{B})\leqslant R(\boldsymbol{A})+R(\boldsymbol{B})$.

证明 对矩阵进行初等列变换,易知有

$$(\boldsymbol{A}\pm\boldsymbol{B},\boldsymbol{B})\overset{c}{\sim}(\boldsymbol{A},\boldsymbol{B}),$$

于是

$$R(\boldsymbol{A}\pm\boldsymbol{B})\leqslant R(\boldsymbol{A}\pm\boldsymbol{B},\boldsymbol{B})=R(\boldsymbol{A},\boldsymbol{B})\leqslant R(\boldsymbol{A})+R(\boldsymbol{B}).$$

性质 8 $R(\boldsymbol{AB})\leqslant\min\{R(\boldsymbol{A}),R(\boldsymbol{B})\}$(证明见下节).

性质 9 若 $\boldsymbol{A}_{m\times n}\boldsymbol{B}_{n\times l}=\boldsymbol{0}$,则 $R(\boldsymbol{A})+R(\boldsymbol{B})\leqslant n$(证明见下章).

例 11 设 $\boldsymbol{A}$ 为 n 阶方阵,证明:$R(\boldsymbol{A}+3\boldsymbol{E})+R(\boldsymbol{A}-3\boldsymbol{E})\geqslant n$.

证明 因为 $(\boldsymbol{A}+3\boldsymbol{E})+(3\boldsymbol{E}-\boldsymbol{A})=6\boldsymbol{E}$,所以

$$R(\boldsymbol{A}+3\boldsymbol{E})+R(3\boldsymbol{E}-\boldsymbol{A})\geqslant R(6\boldsymbol{E})=n.$$

而 $R(3\boldsymbol{E}-\boldsymbol{A})=R(\boldsymbol{A}-3\boldsymbol{E})$,因此

$$R(\boldsymbol{A}+3\boldsymbol{E})+R(\boldsymbol{A}-3\boldsymbol{E})\geqslant n.$$

3.4 线性方程组的解

在本章开始时我们用一个引例介绍了利用矩阵的初等行变换解线性方程组的步骤.从引例中我们不难发现,利用矩阵的初等行变换不仅可以求出线性方程组的所有解,还可以根据线性方程组的增广矩阵的行阶梯形矩阵判断线性方程组是否有解.然而,对一般线性方程组解的情况没有给出普遍的结论.在本节,我们将结合矩阵的秩与矩阵的初等行变换给出线性方程组解的一般结论.

3.4.1 线性方程组的解的定理

为讨论方便,设含 n 个未知数 m 个方程的线性方程组的一般形式为

$$\begin{cases} a_{11}x_1 + a_{12}x_2 + \cdots + a_{1n}x_n = b_1, \\ a_{21}x_1 + a_{22}x_2 + \cdots + a_{2n}x_n = b_2, \\ \qquad\qquad\qquad\vdots \\ a_{m1}x_1 + a_{m2}x_2 + \cdots + a_{mn}x_n = b_m, \end{cases} \tag{3.3}$$

它的向量形式为

$$\boldsymbol{A}\boldsymbol{x} = \boldsymbol{b}, \tag{3.4}$$

其中

$$\boldsymbol{A} = \begin{pmatrix} a_{11} & a_{12} & \cdots & a_{1n} \\ a_{21} & a_{22} & \cdots & a_{2n} \\ \vdots & \vdots & & \vdots \\ a_{m1} & a_{m2} & \cdots & a_{mn} \end{pmatrix}, \quad \boldsymbol{x} = \begin{pmatrix} x_1 \\ x_2 \\ \vdots \\ x_n \end{pmatrix}, \quad \boldsymbol{b} = \begin{pmatrix} b_1 \\ b_2 \\ \vdots \\ b_m \end{pmatrix}.$$

方程组(3.3)的解对应向量方程(3.4)的解向量,反之亦然.以后将方程组(3.3)与其向量方程(3.4)视同一样,方程组的解与其向量方程的解向量不加区别.

结合矩阵的秩与矩阵的初等行变换,可以得出线性方程组解的一般结论.

定理 4 对于含 n 个未知数的线性方程组 $\boldsymbol{Ax} = \boldsymbol{b}$,有以下结论:

(1) $\boldsymbol{Ax} = \boldsymbol{b}$ 无解的充分必要条件是 $R(\boldsymbol{A}) < R(\boldsymbol{A}, \boldsymbol{b})$;

(2) $\boldsymbol{Ax} = \boldsymbol{b}$ 有唯一解的充分必要条件是 $R(\boldsymbol{A}) = R(\boldsymbol{A}, \boldsymbol{b}) = n$;

(3) $\boldsymbol{Ax} = \boldsymbol{b}$ 有无穷多解的充分必要条件是 $R(\boldsymbol{A}) = R(\boldsymbol{A}, \boldsymbol{b}) < n$.

证明 由于(1)的必要性是(2)(3)的充分性的逆否命题,(2)的必要性是(1)(3)的充分性的逆否命题,(3)的必要性是(1)(2)的充分性的逆否命题,所以只需证明(1)(2)(3)的充分性即可.

设 $R(\boldsymbol{A}) = r$,则 $r \leqslant R(\boldsymbol{A}, \boldsymbol{b}) \leqslant r + 1$.利用矩阵的初等行变换与矩阵的秩的性质,为讨论方便,不妨设矩阵 $\boldsymbol{A}$ 的左上角的 r 阶子式不为 0,从而增广矩阵 $\boldsymbol{B} = (\boldsymbol{A}, \boldsymbol{b})$ 的行最简

形矩阵为

$$\overline{\boldsymbol{B}}=\begin{pmatrix}1&0&\cdots&0&b_{11}&\cdots&b_{1,n-r}&d_1\\0&1&\cdots&0&b_{21}&\cdots&b_{2,n-r}&d_2\\\vdots&\vdots&&\vdots&\vdots&&\vdots&\vdots\\0&0&\cdots&1&b_{r1}&\cdots&b_{r,n-r}&d_r\\0&0&\cdots&0&0&\cdots&0&d_{r+1}\\0&0&\cdots&0&0&\cdots&0&0\\\vdots&\vdots&&\vdots&\vdots&&\vdots&\vdots\\0&0&\cdots&0&0&\cdots&0&0\end{pmatrix}.$$

(1) 若$R(\boldsymbol{A})<R(\boldsymbol{A},\boldsymbol{b})$,则$R(\boldsymbol{A},\boldsymbol{b})=r+1$,从而$\overline{\boldsymbol{B}}$中的$d_{r+1}=1$,于是与$\overline{\boldsymbol{B}}$对应的线性方程组的第$r+1$个方程为$0=1$,是矛盾方程,从而线性方程组(3.3)无解.

(2) 若$R(\boldsymbol{A})=R(\boldsymbol{A},\boldsymbol{b})=n$,则$\overline{\boldsymbol{B}}$中的$d_{r+1}=0$或不出现(当$m=n$时),又矩阵$\boldsymbol{A}$只有$n$列,从而$b_{ij}$都不出现.于是与$\overline{\boldsymbol{B}}$对应的线性方程组为

$$\begin{cases}x_1=d_1,\\x_2=d_2,\\\quad\vdots\\x_n=d_n,\end{cases}$$

故方程组(3.3)有唯一解.

(3) 若$R(\boldsymbol{A})=R(\boldsymbol{A},\boldsymbol{b})=r<n$,则$\overline{\boldsymbol{B}}$中的$d_{r+1}=0$或不出现(当$m=r$时),于是$\overline{\boldsymbol{B}}$对应的与原线性方程组同解的线性方程组为

$$\begin{cases}x_1=-b_{11}x_{r+1}-\cdots-b_{1,n-r}x_n+d_1,\\x_2=-b_{21}x_{r+1}-\cdots-b_{2,n-r}x_n+d_2,\\\quad\vdots\\x_r=-b_{r1}x_{r+1}-\cdots-b_{r,n-r}x_n+d_r,\end{cases}\tag{3.5}$$

方程组(3.5)中未知数的个数多于方程的个数,因此有些未知数可以作为自由未知数.在方程组(3.5)中,$x_{r+1},\cdots,x_n$可以作为自由未知数,令$x_{r+1}=c_1,\cdots,x_n=c_{n-r}$,得到方程组的解为

$$\begin{pmatrix}x_1\\\vdots\\x_r\\x_{r+1}\\\vdots\\x_n\end{pmatrix}=\begin{pmatrix}-b_{11}c_1-\cdots-b_{1,n-r}c_{n-r}+d_1\\\vdots\\-b_{r1}c_1-\cdots-b_{r,n-r}c_{n-r}+d_r\\c_1\\\vdots\\c_{n-r}\end{pmatrix},$$

写成向量线性组合(下章重点讲解)形式即为

$$\begin{pmatrix} x_1 \\ \vdots \\ x_r \\ x_{r+1} \\ \vdots \\ x_n \end{pmatrix} = c_1 \begin{pmatrix} -b_{11} \\ \vdots \\ -b_{r1} \\ 1 \\ \vdots \\ 0 \end{pmatrix} + \cdots + c_{n-r} \begin{pmatrix} -b_{1,n-r} \\ \vdots \\ -b_{r,n-r} \\ 0 \\ \vdots \\ 1 \end{pmatrix} + \begin{pmatrix} d_1 \\ \vdots \\ d_r \\ 0 \\ \vdots \\ 0 \end{pmatrix}, \tag{3.6}$$

其中 $c_1, \cdots, c_{n-r} \in \mathbf{R}$.式(3.6)就是原方程组的解,由于 $c_1, \cdots, c_{n-r}$ 可以任意取值,所以原方程组有无穷多解.由于式(3.6)表示了方程组(3.5)的所有解,因此也表示了原方程组的所有解,也称式(3.6)是线性方程组(3.3)的通解.

注意:当 $R(\boldsymbol{A})=R(\boldsymbol{A},\boldsymbol{b})=r<n$,对应线性方程组 $\boldsymbol{Ax}=\boldsymbol{b}$ 中有 $n-r$ 个自由未知数,这在下一章还将用到.

3.4.2　求解线性方程组

把定理 4 的证明过程进行归纳,可以得到求解线性方程组的步骤,具体如下.

(1) 对非齐次线性方程组 $\boldsymbol{Ax}=\boldsymbol{b}$,写出其增广矩阵 $\boldsymbol{B}=(\boldsymbol{A},\boldsymbol{b})$,然后对其进行初等行变换,化 $\boldsymbol{B}=(\boldsymbol{A},\boldsymbol{b})$ 为行阶梯形矩阵 $\overline{\boldsymbol{B}}$.

(2) 根据 $\boldsymbol{B}=(\boldsymbol{A},\boldsymbol{b})$ 的行阶梯形矩阵 $\overline{\boldsymbol{B}}$ 可以看出 $R(\boldsymbol{A}),R(\boldsymbol{B})$,若 $R(\boldsymbol{A})\neq R(\boldsymbol{B})$(即 $R(\boldsymbol{A})<R(\boldsymbol{B})$),则方程组无解.

(3) 若 $R(\boldsymbol{A})=R(\boldsymbol{B})$,再把 $\boldsymbol{B}=(\boldsymbol{A},\boldsymbol{b})$ 的行阶梯形矩阵 $\overline{\boldsymbol{B}}$ 进一步化为行最简形矩阵.若 $R(\boldsymbol{A})=R(\boldsymbol{B})=n$($n$ 为未知数的个数),则由行最简形矩阵立即可以写出方程组的唯一解;若 $R(\boldsymbol{A})=R(\boldsymbol{A},\boldsymbol{b})=r<n$,把 $\boldsymbol{A}$ 的行最简形矩阵中 r 个非零行的第一个非零元素所对应的未知数作为非自由未知数,其余 $n-r$ 个未知数作为自由未知数,令这 $n-r$ 个自由未知数分别为任意常数 $c_1,\cdots,c_{n-r}$,即可得方程组的通解.

特别地,对齐次线性方程组 $\boldsymbol{Ax}=\boldsymbol{0}$,因为 $R(\boldsymbol{A})=R(\boldsymbol{A},\boldsymbol{0})$,所以 $\boldsymbol{Ax}=\boldsymbol{0}$ 恒有解,故只需把系数矩阵 $\boldsymbol{A}$ 化为行最简形矩阵,即可得到它的解或通解.

例 12　求解齐次线性方程组

$$\begin{cases} x_1+x_2+2x_3-x_4=0, \\ 2x_1+x_2+x_3-x_4=0, \\ 2x_1+2x_2+x_3+2x_4=0. \end{cases}$$

解　把系数矩阵 $\boldsymbol{A}$ 化为行最简形矩阵,即

$$\boldsymbol{A}=\begin{pmatrix} 1 & 1 & 2 & -1 \\ 2 & 1 & 1 & -1 \\ 2 & 2 & 1 & 2 \end{pmatrix} \xrightarrow[r_3-2r_1]{r_2-2r_1} \begin{pmatrix} 1 & 1 & 2 & -1 \\ 0 & -1 & -3 & 1 \\ 0 & 0 & -3 & 4 \end{pmatrix}$$

$$\xrightarrow[r_1-r_2]{-1\times r_2,-\frac{1}{3}r_3}\begin{pmatrix}1&0&-1&0\\0&1&3&-1\\0&0&1&-\frac{4}{3}\end{pmatrix}\xrightarrow[r_1+r_3]{r_2-3r_3}\begin{pmatrix}1&0&0&-\frac{4}{3}\\0&1&0&3\\0&0&1&-\frac{4}{3}\end{pmatrix}.$$

易知,可取 x_4 为自由未知数,令 $x_4=c$,即得方程组的通解为

$$\begin{cases}x_1=\frac{4}{3}c,\\x_2=-3c,\\x_3=\frac{4}{3}c,\\x_4=c,\end{cases}$$

写成向量形式为

$$\begin{pmatrix}x_1\\x_2\\x_3\\x_4\end{pmatrix}=c\begin{pmatrix}\frac{4}{3}\\-3\\\frac{4}{3}\\1\end{pmatrix}\quad(c\in\mathbf{R}).$$

例 13 解非齐次线性方程组

$$\begin{cases}4x_1+2x_2-x_3=2,\\3x_1-x_2+2x_3=10,\\11x_1+3x_2=8.\end{cases}$$

解 将方程组的增广矩阵 $\boldsymbol{B}=(\boldsymbol{A},\boldsymbol{b})$ 化为行阶梯形矩阵,即

$$\boldsymbol{B}=(\boldsymbol{A},\boldsymbol{b})=\begin{pmatrix}4&2&-1&2\\3&-1&2&10\\11&3&0&8\end{pmatrix}\xrightarrow{r_1-r_2}\begin{pmatrix}1&3&-3&-8\\3&-1&2&10\\11&3&0&8\end{pmatrix}$$

$$\xrightarrow[r_3-3r_2]{r_2-3r_1,r_3-11r_1}\begin{pmatrix}1&3&-3&-8\\0&-10&11&34\\0&0&0&-6\end{pmatrix},$$

可知 $R(\boldsymbol{A})=2$,$R(\boldsymbol{B})=R(\boldsymbol{A},\boldsymbol{b})=3$,因此方程组无解.

例 14 求解非齐次线性方程组

$$\begin{cases}2x_1+x_2-x_3+x_4=1,\\4x_1+2x_2-2x_3+x_4=2,\\2x_1+x_2-x_3-x_4=1.\end{cases}$$

解 对方程组的增广矩阵 $\boldsymbol{B}=(\boldsymbol{A},\boldsymbol{b})$ 进行初等行变换，有

$$\boldsymbol{B}=(\boldsymbol{A},\boldsymbol{b})=\begin{pmatrix}2&1&-1&1&1\\4&2&-2&1&2\\2&1&-1&-1&1\end{pmatrix}\overset{r_2-2r_1}{\underset{r_3-r_1}{\sim}}\begin{pmatrix}2&1&-1&1&1\\0&0&0&-1&0\\0&0&0&-2&0\end{pmatrix}$$

$$\overset{r_3-2r_2,r_1+r_2}{\underset{-1\times r_2}{\sim}}\begin{pmatrix}2&1&-1&0&1\\0&0&0&1&0\\0&0&0&0&0\end{pmatrix},$$

因 $R(\boldsymbol{A})=R(\boldsymbol{B})=R(\boldsymbol{A},\boldsymbol{b})=2<4$，所以方程组有无穷多解.原方程组等价于方程组

$$\begin{cases}2x_1+x_2-x_3=1,\\x_4=0.\end{cases}$$

取 x_1,x_3 为自由未知数，令 $x_1=c_1,x_3=c_2$，得方程组的通解为

$$\begin{pmatrix}x_1\\x_2\\x_3\\x_4\end{pmatrix}=\begin{pmatrix}c_1\\1-2c_1+c_2\\c_2\\0\end{pmatrix}=c_1\begin{pmatrix}1\\-2\\0\\0\end{pmatrix}+c_2\begin{pmatrix}0\\1\\1\\0\end{pmatrix}+\begin{pmatrix}0\\1\\0\\0\end{pmatrix}\quad(c_1,c_2\in\mathbf{R}).$$

例 15 问 λ 为何值时，非齐次线性方程组

$$\begin{cases}\lambda x_1+x_2+x_3=1,\\x_1+\lambda x_2+x_3=\lambda,\\x_1+x_2+\lambda x_3=\lambda^2\end{cases}$$

(1) 有唯一解，(2) 无解，(3) 有无穷多解？并在有无穷多解时求其通解.

解法一 对方程组的增广矩阵 $\boldsymbol{B}=(\boldsymbol{A},\boldsymbol{b})$ 进行初等行变换，将其化为行阶梯形矩阵：

$$\boldsymbol{B}=(\boldsymbol{A},\boldsymbol{b})=\begin{pmatrix}\lambda&1&1&1\\1&\lambda&1&\lambda\\1&1&\lambda&\lambda^2\end{pmatrix}\overset{r_3\leftrightarrow r_1}{\sim}\begin{pmatrix}1&1&\lambda&\lambda^2\\1&\lambda&1&\lambda\\\lambda&1&1&1\end{pmatrix}$$

$$\overset{r_2-r_1}{\underset{r_3-\lambda r_1}{\sim}}\begin{pmatrix}1&1&\lambda&\lambda^2\\0&\lambda-1&1-\lambda&\lambda(1-\lambda)\\0&1-\lambda&1-\lambda^2&1-\lambda^3\end{pmatrix}$$

$$\overset{r_3+r_2}{\sim}\begin{pmatrix}1&1&\lambda&\lambda^2\\0&\lambda-1&1-\lambda&\lambda(1-\lambda)\\0&0&(1-\lambda)(2+\lambda)&(1-\lambda)(1+\lambda)^2\end{pmatrix}.$$

因此，由定理 4 可知：

(1) 当 $\lambda\neq1$ 且 $\lambda\neq-2$ 时，$R(\boldsymbol{A})=R(\boldsymbol{B})=R(\boldsymbol{A},\boldsymbol{b})=3$，方程组有唯一解；

(2) 当 $\lambda=-2$ 时，$R(\boldsymbol{A})=2<R(\boldsymbol{B})=R(\boldsymbol{A},\boldsymbol{b})=3$，方程组无解；

(3) 当 $\lambda=1$ 时,$R(\boldsymbol{A})=R(\boldsymbol{B})=R(\boldsymbol{A},\boldsymbol{b})=1<3$,方程组有无穷多解,此时

$$\boldsymbol{B}\overset{r}{\sim}\begin{pmatrix}1&1&1&1\\0&0&0&0\\0&0&0&0\end{pmatrix},$$

与之对应的方程组为 $x_1=1-x_2-x_3$.取 x_2,x_3 为自由未知数,令 $x_2=c_1,x_3=c_2$,得方程组的通解为

$$\begin{pmatrix}x_1\\x_2\\x_3\end{pmatrix}=\begin{pmatrix}1-c_1-c_2\\c_1\\c_2\end{pmatrix}=c_1\begin{pmatrix}-1\\1\\0\end{pmatrix}+c_2\begin{pmatrix}-1\\0\\1\end{pmatrix}+\begin{pmatrix}1\\0\\0\end{pmatrix}\quad(c_1,c_2\in\mathbf{R}).$$

解法二 由于方程组中方程的个数与未知数的个数相等,所以也可以考虑系数矩阵的行列式,即

$$D=\begin{vmatrix}\lambda&1&1\\1&\lambda&1\\1&1&\lambda\end{vmatrix}=(\lambda-1)^2(\lambda+2).$$

(1) 当 $\lambda\neq1$ 且 $\lambda\neq-2$ 时,$D\neq0$,由克莱姆法则,方程组有唯一解;

(2) 当 $\lambda=-2$ 时,

$$\boldsymbol{B}=(\boldsymbol{A},\boldsymbol{b})=\begin{pmatrix}-2&1&1&1\\1&-2&1&-2\\1&1&-2&4\end{pmatrix}\overset{r}{\sim}\begin{pmatrix}1&1&-2&4\\0&-3&3&-6\\0&0&0&3\end{pmatrix},$$

$R(\boldsymbol{A})=2<R(\boldsymbol{B})=R(\boldsymbol{A},\boldsymbol{b})=3$,方程组无解;

(3) 当 $\lambda=1$ 时,

$$\boldsymbol{B}=(\boldsymbol{A},\boldsymbol{b})=\begin{pmatrix}1&1&1&1\\1&1&1&1\\1&1&1&1\end{pmatrix}\overset{r}{\sim}\begin{pmatrix}1&1&1&1\\0&0&0&0\\0&0&0&0\end{pmatrix},$$

$R(\boldsymbol{A})=R(\boldsymbol{B})=R(\boldsymbol{A},\boldsymbol{b})=1<3$,方程组有无穷多解,且通解为

$$\begin{pmatrix}x_1\\x_2\\x_3\end{pmatrix}=\begin{pmatrix}1-c_1-c_2\\c_1\\c_2\end{pmatrix}=c_1\begin{pmatrix}-1\\1\\0\end{pmatrix}+c_2\begin{pmatrix}-1\\0\\1\end{pmatrix}+\begin{pmatrix}1\\0\\0\end{pmatrix}\quad(c_1,c_2\in\mathbf{R}).$$

对含参数的线性方程组(未知数的个数等于方程组中方程的个数)解的讨论有 2 种方法:行列式法与矩阵初等行变换法.需要强调的是,在例 15 中,对含参数的矩阵进行初等变换时,不能贸然作一些变换,如 $r_2\div(1-\lambda)$,$r_2-\dfrac{1}{\lambda+2}r_3$ 等,因为此时若 $1-\lambda$,$\lambda+2$ 等于 0,这些就没意义,需另外讨论,反而带来更多麻烦.

3.4.3 线性方程组解的理论及推广

根据定理 4,本节最后把有关线性方程组解的理论用 2 个定理来表达,然后推广到矩阵方程中去,也为以后的内容作准备.

定理 5 线性方程组 $\boldsymbol{Ax}=\boldsymbol{b}$ 有解的充分必要条件是 $R(\boldsymbol{A})=R(\boldsymbol{A},\boldsymbol{b})$.

定理 6 含 n 个未知数的齐次线性方程组 $\boldsymbol{Ax}=\boldsymbol{0}$ 有非零解(即无穷多解)的充分必要条件是 $R(\boldsymbol{A})<n$.

定理 7 矩阵方程 $\boldsymbol{AX}=\boldsymbol{B}$ 有解的充分必要条件是 $R(\boldsymbol{A})=R(\boldsymbol{A},\boldsymbol{B})$.

证明 为了更好利用定理 4 的结论,将矩阵 $\boldsymbol{X}$、$\boldsymbol{B}$ 进行列分块.设 $\boldsymbol{A}$ 为 $m\times n$ 矩阵,$\boldsymbol{B}$ 为 $m\times l$ 矩阵,$\boldsymbol{X}$ 为 $n\times l$ 矩阵,$\boldsymbol{X}$,$\boldsymbol{B}$ 按列分块后记为

$$\boldsymbol{X}=(\boldsymbol{x}_1,\boldsymbol{x}_2,\cdots,\boldsymbol{x}_l),\quad \boldsymbol{B}=(\boldsymbol{b}_1,\boldsymbol{b}_2,\cdots,\boldsymbol{b}_l),$$

则矩阵方程 $\boldsymbol{AX}=\boldsymbol{B}$ 为 $\boldsymbol{A}(\boldsymbol{x}_1,\boldsymbol{x}_2,\cdots,\boldsymbol{x}_l)=(\boldsymbol{b}_1,\boldsymbol{b}_2,\cdots,\boldsymbol{b}_l)$,等价于 l 个向量方程:

$$\boldsymbol{Ax}_i=\boldsymbol{b}_i\quad (i=1,2,\cdots,l).$$

必要性.若矩阵方程 $\boldsymbol{AX}=\boldsymbol{B}$ 有解,即 l 个向量方程 $\boldsymbol{Ax}_i=\boldsymbol{b}_i(i=1,2,\cdots,l)$ 有解,设解为

$$\boldsymbol{x}_i=\begin{pmatrix} t_{1i}\\ t_{2i}\\ \vdots\\ t_{ni}\end{pmatrix}\quad (i=1,2,\cdots,l).$$

又记 $\boldsymbol{A}=(\boldsymbol{a}_1,\boldsymbol{a}_2,\cdots,\boldsymbol{a}_n)$,则有

$$t_{1i}\boldsymbol{a}_1+t_{2i}\boldsymbol{a}_2+\cdots+t_{ni}\boldsymbol{a}_n=\boldsymbol{b}_i\quad (i=1,2,\cdots,l),$$

于是对矩阵 $(\boldsymbol{A},\boldsymbol{B})=(\boldsymbol{a}_1,\cdots,\boldsymbol{a}_n,\boldsymbol{b}_1,\cdots,\boldsymbol{b}_l)$ 进行初等列变换

$$c_{n+i}-(t_{1i}c_1+t_{2i}c_2+\cdots+t_{ni}c_n)\quad (i=1,2,\cdots,l),$$

则有

$$(\boldsymbol{A},\boldsymbol{B})=(\boldsymbol{a}_1,\cdots,\boldsymbol{a}_n,\boldsymbol{b}_1,\cdots,\boldsymbol{b}_l)\overset{c}{\sim}(\boldsymbol{a}_1,\cdots,\boldsymbol{a}_n,0,\cdots,0)=(\boldsymbol{A},\boldsymbol{O}),$$

因此
$$R(\boldsymbol{A})=R(\boldsymbol{A},\boldsymbol{B}).$$

充分性.若 $R(\boldsymbol{A})=R(\boldsymbol{A},\boldsymbol{B})$,因 $R(\boldsymbol{A})\leqslant R(\boldsymbol{A},\boldsymbol{b}_i)\leqslant R(\boldsymbol{A},\boldsymbol{B})$,所以 $R(\boldsymbol{A})=R(\boldsymbol{A},\boldsymbol{b}_i)$,由定理 5 知,$l$ 个向量方程 $\boldsymbol{Ax}_i=\boldsymbol{b}_i(i=1,2,\cdots,l)$ 都有解,即矩阵方程 $\boldsymbol{AX}=\boldsymbol{B}$ 有解.

由上述定理可知,若矩阵 $\boldsymbol{A}$、$\boldsymbol{B}$、$\boldsymbol{C}$ 满足 $\boldsymbol{AB}=\boldsymbol{C}$,说明矩阵方程 $\boldsymbol{AX}=\boldsymbol{C}$ 有解,从而 $R(\boldsymbol{A})=R(\boldsymbol{A},\boldsymbol{C})$.而 $R(\boldsymbol{C})\leqslant R(\boldsymbol{A},\boldsymbol{C})$,所以 $R(\boldsymbol{A})\geqslant R(\boldsymbol{C})$.类似地,若 $\boldsymbol{AB}=\boldsymbol{C}$,则 $\boldsymbol{B}^{\mathrm{T}}\boldsymbol{A}^{\mathrm{T}}=\boldsymbol{C}^{\mathrm{T}}$,从而 $R(\boldsymbol{B}^{\mathrm{T}})\geqslant R(\boldsymbol{C}^{\mathrm{T}})$,即 $R(\boldsymbol{B})\geqslant R(\boldsymbol{C})$,因此有 $R(\boldsymbol{C})\leqslant \min\{R(\boldsymbol{A}),R(\boldsymbol{B})\}$.

定理 8 设矩阵 $\boldsymbol{A}$、$\boldsymbol{B}$、$\boldsymbol{C}$ 满足 $\boldsymbol{AB}=\boldsymbol{C}$,则 $R(\boldsymbol{C})\leqslant \min\{R(\boldsymbol{A}),R(\boldsymbol{B})\}$.

矩阵方程也有齐次形式 $\boldsymbol{AX}=\boldsymbol{O}$,它始终有零矩阵解,类似定理 7 的证明方法可以证明,齐次矩阵方程 $\boldsymbol{A}_{m\times n}\boldsymbol{X}_{n\times l}=\boldsymbol{O}_{m\times l}$ 有非零解当且仅当 l 个向量方程中某个向量方程 $\boldsymbol{A}_{m\times n}\boldsymbol{x}_i=\boldsymbol{0}(i=1,2,\cdots,l)$ 有非零解.由定理 6 即得以下结论.

定理 9 矩阵方程 $\boldsymbol{A}_{m\times n}\boldsymbol{X}_{n\times l}=\boldsymbol{O}_{m\times l}$ 有非零解的充分必要条件是 $R(\boldsymbol{A})<n$.

定理 10 矩阵方程 $\boldsymbol{Y}_{s\times m}\boldsymbol{A}_{m\times n}=\boldsymbol{O}_{s\times n}$ 有非零解的充分必要条件是 $R(\boldsymbol{A})<m$.

例 16 设 $\boldsymbol{A}$ 为 $m\times n$ 矩阵,证明:若 $\boldsymbol{AX}=\boldsymbol{AY}$,且 $R(\boldsymbol{A})=n$,则 $\boldsymbol{X}=\boldsymbol{Y}$.

证明 由题意知,$\boldsymbol{A}(\boldsymbol{X}-\boldsymbol{Y})=\boldsymbol{0}$,因为 $R(\boldsymbol{A})=n$,由定理 9 知,矩阵方程 $\boldsymbol{A}(\boldsymbol{X}-\boldsymbol{Y})=\boldsymbol{0}$ 只有零解,所以 $\boldsymbol{X}-\boldsymbol{Y}=\boldsymbol{0}$,即 $\boldsymbol{X}=\boldsymbol{Y}$.

例 17 已知平面上 4 点的坐标分别为 $P_1(a_1,b_1),P_2(a_2,b_2),P_3(a_3,b_3),P_4(a_4,b_4)$,问这 4 点共圆的充分必要条件是什么?

解 设圆的一般方程为 $x^2+y^2+Dx+Ey+F=0$(D,E,F 为待定系数),则这 4 点共圆的充分必要条件是以 D,E,F 为未知数的方程组

$$\begin{cases}a_1^2+b_1^2+Da_1+Eb_1+F=0,\\a_2^2+b_2^2+Da_2+Eb_2+F=0,\\a_3^2+b_3^2+Da_3+Eb_3+F=0,\\a_4^2+b_4^2+Da_4+Eb_4+F=0\end{cases}$$

有解.由方程组解的理论知,这 4 点共圆的充分必要条件是

$$R\left(\begin{pmatrix}a_1 & b_1 & 1 & -(a_1^2+b_1^2)\\a_2 & b_2 & 1 & -(a_2^2+b_2^2)\\a_3 & b_3 & 1 & -(a_3^2+b_3^2)\\a_4 & b_4 & 1 & -(a_4^2+b_4^2)\end{pmatrix}\right)=R\left(\begin{pmatrix}a_1 & b_1 & 1\\a_2 & b_2 & 1\\a_3 & b_3 & 1\\a_4 & b_4 & 1\end{pmatrix}\right).$$

小　　结

本章先以线性方程组为背景引入了矩阵的初等变换的概念,进而讲述了矩阵初等变换的有关性质;然后由初等变换引入初等矩阵的概念,并由矩阵初等变换的性质得到初等矩阵的性质;接着以矩阵的标准形为背景引入矩阵秩的概念,并讲述了矩阵秩的性质;最后又回归到求解线性方程组,讲述了利用矩阵的初等变换、矩阵的秩的相关结果得到线性方程组的解的相关结论.

矩阵的初等变换包括 3 种变换,即交换矩阵的两行(或两列)、矩阵的某一行(或列)的每个元素同乘一个非零的实数、矩阵的某一行(或列)的每个元素同乘一个实数加到另一行(或列)的对应元素上去.矩阵的初等变换是化矩阵为行阶梯形及行最简形的基础,也是求解线性方程组和求矩阵的逆及矩阵秩的重要方法,所以要求学生务必熟练掌握.

初等矩阵和初等变换是一一对应的,初等矩阵都是满秩矩阵,它们的逆也是初等矩

阵.熟练掌握初等矩阵有利于我们得到线性方程组及矩阵方程的求解方法,并能证明相关命题.

矩阵的秩是一个非常重要的概念,它自身的理论及它的应用都非常广泛,而且是线性代数的核心概念.求矩阵的秩一般有三种方法,分别是定义法、初等变换法和常用公式法.应用最多的方法是初等变换法,即利用矩阵初等变换把矩阵化为行阶梯形,非零行的个数就是该矩阵的秩.

求解线性方程组是线性代数的主要内容和主线,不仅要求掌握线性方程组的解的理论,更应该掌握求解线性方程组的方法.实际上,只要理解了理论的来龙去脉,方法就自然掌握了.线性方程组的理论主要包括定理4、定理5、定理6、定理7,线性方程组求解方法就是第4节归纳的求解线性方程组的步骤.

本章常见题型有化矩阵为行阶梯形矩阵或行最简形矩阵,求矩阵的秩,求解齐次及非齐次线性方程组,带参数的线性方程组的解的讨论,矩阵秩的相关命题的证明.本章和第4章的向量组的秩的内容有密切联系.

习　题　三

A

1. 填空题.

(1) 矩阵的等价关系具有________、________和________三种性质.

(2) 若 $R(\boldsymbol{A}_{m\times n})=3$,那么矩阵 $\boldsymbol{A}_{m\times n}$ 的标准形为____________.

(3) 三种初等矩阵的逆矩阵分别为:$\boldsymbol{E}(i,j)^{-1}=$________,$\boldsymbol{E}(i(k))^{-1}=$________$(k\neq 0)$,________$\boldsymbol{E}(ij(k))^{-1}=$________.

(4) 已知 $R(\boldsymbol{A})=R(\boldsymbol{A},\boldsymbol{b})=r<n$,则含有 n 个未知数的线性方程组 $\boldsymbol{A}\boldsymbol{x}=\boldsymbol{b}$ 中有________个自由未知数.

2. 把下列矩阵化为行最简形矩阵:

(1) $\begin{pmatrix}1 & 2 & -1 & -2\\ 2 & -1 & -1 & 1\\ 3 & 1 & -2 & -1\end{pmatrix}$;　　(2) $\begin{pmatrix}2 & 4 & -1 & 1\\ 1 & -3 & 2 & 3\\ 3 & 1 & 1 & 4\end{pmatrix}$;

(3) $\begin{pmatrix}1 & 3 & 1 & 5\\ 2 & 1 & 1 & 2\\ 1 & 1 & 5 & -7\end{pmatrix}$;　　(4) $\begin{pmatrix}3 & 6 & -9 & 7 & 9\\ 2 & 4 & -6 & 4 & 8\\ 1 & 1 & -2 & 1 & 4\\ 8 & -12 & 4 & -4 & 8\end{pmatrix}$.

3. 利用矩阵的初等行变换求下列方阵的逆:

(1) $\begin{pmatrix} 1 & 2 & -1 \\ 3 & 1 & 0 \\ -1 & 0 & -2 \end{pmatrix}$;　　(2) $\begin{pmatrix} 3 & -2 & 0 & -1 \\ 0 & 2 & 2 & 1 \\ 1 & -2 & -3 & -2 \\ 0 & 1 & 2 & 1 \end{pmatrix}$.

4. 利用矩阵的初等行变换求解下列矩阵方程：

(1) $\boldsymbol{A}=\begin{pmatrix} 4 & 1 & -2 \\ 2 & 2 & 1 \\ 3 & 1 & -1 \end{pmatrix}$, $\boldsymbol{B}=\begin{pmatrix} 1 & -3 \\ 2 & 2 \\ 3 & -1 \end{pmatrix}$,求矩阵 $\boldsymbol{X}$ 使得 $\boldsymbol{AX}=\boldsymbol{B}$.

(2) $\boldsymbol{A}=\begin{pmatrix} 0 & 2 & 1 \\ 2 & -1 & 3 \\ -3 & 3 & -4 \end{pmatrix}$, $\boldsymbol{B}=\begin{pmatrix} 1 & 2 & 3 \\ 2 & -3 & 1 \end{pmatrix}$,求矩阵 $\boldsymbol{X}$ 使得 $\boldsymbol{XA}=\boldsymbol{B}$.

(3) $\boldsymbol{A}=\begin{pmatrix} 1 & -1 & 0 \\ 0 & 1 & -1 \\ -1 & 0 & 1 \end{pmatrix}$,求矩阵 $\boldsymbol{X}$ 使得 $2\boldsymbol{X}+\boldsymbol{A}=\boldsymbol{AX}$.

5. 用初等行变换把矩阵 $\boldsymbol{A}=\begin{pmatrix} 0 & 1 & 7 & 8 \\ 1 & 3 & 3 & 8 \\ -2 & -5 & 1 & -8 \end{pmatrix}$ 化为行阶梯形矩阵 $\boldsymbol{M}$,并求初等矩阵 $\boldsymbol{P}_1$, $\boldsymbol{P}_2$, $\boldsymbol{P}_3$ 使得 $\boldsymbol{P}_3\boldsymbol{P}_2\boldsymbol{P}_1\boldsymbol{A}=\boldsymbol{M}$.

6. 解矩阵方程 $\begin{pmatrix} 0 & 1 & 0 \\ 1 & 0 & 0 \\ 0 & 0 & 1 \end{pmatrix}\boldsymbol{X}\begin{pmatrix} 1 & 0 & 0 \\ 0 & 0 & 1 \\ 0 & 1 & 0 \end{pmatrix}=\begin{pmatrix} 1 & -4 & 3 \\ 2 & 0 & -1 \\ 3 & -1 & 2 \end{pmatrix}$.

7. 求下列矩阵的秩,并求其一个最高阶非零子式：

(1) $\begin{pmatrix} 1 & 1 & 2 & 3 \\ 1 & 2 & 3 & 5 \\ 0 & 1 & 1 & 2 \end{pmatrix}$;　　(2) $\begin{pmatrix} 3 & 2 & -1 & -3 & -1 \\ 2 & -1 & 3 & 1 & -3 \\ 7 & 0 & 5 & -1 & -8 \end{pmatrix}$;

(3) $\begin{pmatrix} 3 & 6 & -9 & 7 & 9 \\ 2 & -1 & -1 & 1 & 2 \\ 1 & 1 & -2 & 1 & 4 \\ 2 & -3 & 1 & -1 & 2 \end{pmatrix}$.

8. 设 $\boldsymbol{A}=\begin{pmatrix} k & 1 & 1 & 1 \\ 1 & k & 1 & 1 \\ 1 & 1 & k & 1 \\ 1 & 1 & 1 & k \end{pmatrix}$, $R(\boldsymbol{A})=3$,求 k 的值.

9. 设 $\boldsymbol{A}=\begin{pmatrix}1 & \lambda & -1 & 2\\ 2 & -1 & \lambda & 5\\ 1 & 10 & -6 & 1\end{pmatrix}$,讨论矩阵 $\boldsymbol{A}$ 的秩.

10. 证明同型矩阵 $\boldsymbol{A},\boldsymbol{B}$ 等价的充分必要条件是 $R(\boldsymbol{A})=R(\boldsymbol{B})$.

11. 用矩阵的初等行变换求解下列齐次线性方程组：

(1) $\begin{cases}x_1+x_2-3x_3-x_4=0,\\ 3x_1-x_2-3x_3+4x_4=0,\\ x_1+5x_2-9x_3-8x_4=0;\end{cases}$ (2) $\begin{cases}2x_1-4x_2+5x_3+3x_4=0,\\ 3x_1-6x_2+4x_3+2x_4=0,\\ 4x_1-8x_2+17x_3+11x_4=0;\end{cases}$

(3) $\begin{cases}2x+3y-z+5w=0,\\ 3x+y+2z-7w=0,\\ x-2y+4z-7w=0,\\ 4x-y-3z+6w=0;\end{cases}$ (4) $\begin{cases}3x+4y-5z+7w=0,\\ 2x-3y+3z-2w=0,\\ 4x+11y-13z+16w=0,\\ 7x-2y+z+3w=0.\end{cases}$

12. 用矩阵的初等行变换求解下列非齐次线性方程组：

(1) $\begin{cases}4x+2y-z=2,\\ 3x-y+2z=10,\\ 11x+3y=8;\end{cases}$ (2) $\begin{cases}x_1+x_2-3x_3-x_4=1,\\ 3x_1-x_2-3x_3+4x_4=3,\\ x_1+5x_2-9x_3-8x_4=1;\end{cases}$

(3) $\begin{cases}2x+3y+z=4,\\ x-2y+4z=-5,\\ 3x+8y-2z=13,\\ 4x-y+9z=-6;\end{cases}$ (4) $\begin{cases}x_1+2x_2+3x_3+x_4=3,\\ 2x_1+9x_2+8x_3+3x_4=7,\\ 3x_1+7x_2+7x_3+2x_4=12.\end{cases}$

13. 构造一个以

$$x=c_1\begin{pmatrix}2\\-2\\1\\0\end{pmatrix}+c_2\begin{pmatrix}-2\\3\\0\\1\end{pmatrix}\quad(c_1,c_2\in\mathbf{R})$$

为通解的齐次线性方程组.

14. 讨论 λ 为何值时,线性方程组

$$\begin{cases}(1+\lambda)x+y+z=0,\\ x+(1+\lambda)y+z=3,\\ x+y+(1+\lambda)z=\lambda\end{cases}$$

(1) 有唯一解;(2) 无解;(3) 有无穷多解,并在此情形下求出其解.

B

15. 已知平面上 3 条不同直线分别为 $l_1:ax+by+c=0$,$l_2:bx+cy+a=0$,$l_3:cx+ay+b=0$,证明这 3 条直线交于一点的充分必要条件是 $a+b+c=0$.

16. 当 a,b 为何值时，线性方程组

$$\begin{cases} x+y-2z+3w=0, \\ 2x+y-6z+4w=-1, \\ 3x+2y+az+7w=-1, \\ x-y-6z-w=b \end{cases}$$

有解，并求其解.

17. 证明 $R(\boldsymbol{A})=1$ 的充分必要条件是存在非零列向量 $\boldsymbol{a}$ 与非零行向量 $\boldsymbol{b}^{\mathrm{T}}$ 使得 $\boldsymbol{A}=\boldsymbol{a}\boldsymbol{b}^{\mathrm{T}}$.

18. 设 $\boldsymbol{B}=\begin{pmatrix} 0 & -1 & 0 \\ -1 & 1 & 0 \\ 1 & 0 & 1 \end{pmatrix}$，利用 $\boldsymbol{B}$ 对信息 $\boldsymbol{M}$ 加密得到 $\boldsymbol{N}=\begin{pmatrix} 1 & 2 \\ 3 & 4 \\ 5 & 6 \end{pmatrix}$，即 $\boldsymbol{BM}=\boldsymbol{N}$. 怎样解密信息 $\boldsymbol{N}$ 得到 $\boldsymbol{M}$？

19. 设 $\boldsymbol{A}$ 为 $m\times n$ 矩阵，证明：

(1) $\boldsymbol{AX}=\boldsymbol{E}_m$ 有解的充分必要条件是 $R(\boldsymbol{A})=m$；

(2) $\boldsymbol{YA}=\boldsymbol{E}_n$ 有解的充分必要条件是 $R(\boldsymbol{A})=n$.

20. 设空间有三个平面两两相交，形成互相平行的三条直线. 三个平面方程分别为：

$$a_{i1}x+a_{i2}y+a_{i3}z=b_i\ (i=1,2,3),$$

由这三个方程构成的方程组的系数矩阵与增广矩阵分别记为 $\boldsymbol{A},\boldsymbol{B}$，求它们的秩.

21. 设 $\boldsymbol{A}$ 为 $m\times n$ 矩阵，$\boldsymbol{A}^{\mathrm{T}}$ 为其转置矩阵，证明线性方程组 $\boldsymbol{Ax}=\boldsymbol{0}$ 与 $\boldsymbol{A}^{\mathrm{T}}\boldsymbol{Ax}=\boldsymbol{0}$ 是同解线性方程组.

22. 已知线性方程组 $\begin{pmatrix} 1 & 2 & 1 \\ 2 & 3 & t+2 \\ 1 & t & -2 \end{pmatrix}\begin{pmatrix} x \\ y \\ z \end{pmatrix}=\begin{pmatrix} 1 \\ 3 \\ 0 \end{pmatrix}$ 无解，求 t 的值.

23. 设 $\boldsymbol{A}=\begin{pmatrix} 1 & 2 & -2 \\ 4 & k & 3 \\ 3 & -1 & 1 \end{pmatrix}$，$\boldsymbol{B}$ 为 3 阶非零矩阵，且 $\boldsymbol{AB}=\boldsymbol{0}$，求 k 值.

24. 设 $\boldsymbol{A}_n=\begin{bmatrix} 1 & t & \cdots & t \\ t & 1 & \cdots & t \\ \vdots & \vdots & & \vdots \\ t & t & \cdots & 1 \end{bmatrix}$，秩 $R(\boldsymbol{A})=n-1\ (n>2)$，求 t 的值.

25. 已知线性方程组 $\begin{pmatrix} 1 & -1 & -t \\ 2 & 0 & -3 \\ -2 & t & 10 \end{pmatrix}\begin{pmatrix} x \\ y \\ z \end{pmatrix}=\begin{pmatrix} 3 \\ 1 \\ 4 \end{pmatrix}$ 有两个不同解，求 t 的值.

26. 已知线性方程组 $\begin{cases} a_{11}x_1+a_{12}x_2+\cdots+a_{1n}x_n=b_1, \\ a_{21}x_1+a_{22}x_2+\cdots+a_{2n}x_n=b_2, \\ \qquad\vdots \\ a_{m1}x_1+a_{m2}x_2+\cdots+a_{mn}x_n=b_m \end{cases}$ 有解，证明线性方程组 $\begin{cases} a_{11}x_1+a_{21}x_2+\cdots+a_{m1}x_m=0, \\ a_{12}x_1+a_{22}x_2+\cdots+a_{m2}x_m=0, \\ \qquad\vdots \\ a_{1n}x_1+a_{2n}x_2+\cdots+a_{mn}x_m=0 \end{cases}$ 的解满足 $b_1x_1+b_2x_2+\cdots+b_mx_m=0$.

习题三部分参考答案

A

2. (1) $\begin{pmatrix} 1 & 0 & -\frac{3}{5} & 0 \\ 0 & 1 & -\frac{1}{5} & -1 \\ 0 & 0 & 0 & 0 \end{pmatrix}$; (2) $\begin{pmatrix} 1 & 0 & \frac{1}{2} & \frac{3}{2} \\ 0 & 1 & -\frac{1}{2} & -\frac{1}{2} \\ 0 & 0 & 0 & 0 \end{pmatrix}$;

(3) $\begin{pmatrix} 1 & 0 & 0 & 1 \\ 0 & 1 & 0 & 2 \\ 0 & 0 & 1 & -2 \end{pmatrix}$; (4) $\begin{pmatrix} 1 & 0 & -1 & 0 & 4 \\ 0 & 1 & -1 & 0 & 3 \\ 0 & 0 & 0 & 1 & -3 \\ 0 & 0 & 0 & 0 & 0 \end{pmatrix}$.

3. (1) $\begin{pmatrix} -\frac{2}{9} & \frac{4}{9} & \frac{1}{9} \\ \frac{2}{3} & -\frac{1}{3} & -\frac{1}{3} \\ \frac{1}{9} & -\frac{2}{9} & -\frac{5}{9} \end{pmatrix}$; (2) $\begin{pmatrix} 1 & 1 & -2 & -4 \\ 0 & 1 & 0 & -1 \\ -1 & -1 & 3 & 6 \\ 2 & 1 & -6 & -10 \end{pmatrix}$.

4. (1) $\begin{pmatrix} 10 & 2 \\ -15 & -3 \\ 12 & 4 \end{pmatrix}$; (2) $\begin{pmatrix} 2 & -1 & -1 \\ -4 & 7 & 4 \end{pmatrix}$;

(3) $\begin{pmatrix} 0 & 1 & -1 \\ -1 & 0 & 1 \\ 1 & -1 & 0 \end{pmatrix}$.

5. $\boldsymbol{P}_1=\begin{pmatrix} 0 & 1 & 0 \\ 1 & 0 & 0 \\ 0 & 0 & 1 \end{pmatrix}$, $\boldsymbol{P}_2=\begin{pmatrix} 1 & 0 & 0 \\ 0 & 1 & 0 \\ 2 & 0 & 1 \end{pmatrix}$, $\boldsymbol{P}_3=\begin{pmatrix} 1 & 0 & 0 \\ 0 & 1 & 0 \\ 0 & -1 & 1 \end{pmatrix}$, $\boldsymbol{M}=\begin{pmatrix} 1 & 3 & 3 & 8 \\ 0 & 1 & 7 & 8 \\ 0 & 0 & 0 & 0 \end{pmatrix}$.

6. $\boldsymbol{X}=\begin{pmatrix}2 & -1 & 0\\1 & 3 & -4\\3 & 2 & -1\end{pmatrix}$.

7. (1) $R=2,\begin{vmatrix}1 & 1\\1 & 2\end{vmatrix}\neq 0$;　(2) $R=3,\begin{vmatrix}3 & 2 & -1\\2 & -1 & -3\\7 & 0 & -8\end{vmatrix}\neq 0$;

(3) $R=3,\begin{vmatrix}2 & -1 & 1\\1 & 1 & 1\\2 & -3 & -1\end{vmatrix}\neq 0$.

8. $k=-3$.

9. $\lambda=3$ 时,$R=2$;$\lambda\neq 3$ 时,$R=3$.

10. 利用等价矩阵具有相同的标准形.

11. (1) $\begin{pmatrix}x_1\\x_2\\x_3\\x_4\end{pmatrix}=c_1\begin{pmatrix}\frac{3}{2}\\\frac{3}{2}\\1\\0\end{pmatrix}+c_2\begin{pmatrix}-\frac{3}{4}\\\frac{7}{4}\\0\\1\end{pmatrix}$;　(2) $\begin{pmatrix}x_1\\x_2\\x_3\\x_4\end{pmatrix}=c_1\begin{pmatrix}2\\1\\0\\0\end{pmatrix}+c_2\begin{pmatrix}\frac{2}{7}\\0\\-\frac{5}{7}\\1\end{pmatrix}$;

(3) 只有零解;　(4) $\begin{pmatrix}x\\y\\z\\w\end{pmatrix}=c_1\begin{pmatrix}\frac{3}{17}\\\frac{19}{17}\\1\\0\end{pmatrix}+c_2\begin{pmatrix}-\frac{13}{17}\\-\frac{20}{17}\\0\\1\end{pmatrix}$.

12. (1) 无解;　(2) $\begin{pmatrix}x_1\\x_2\\x_3\\x_4\end{pmatrix}=c_1\begin{pmatrix}3\\3\\2\\0\end{pmatrix}+c_2\begin{pmatrix}-3\\7\\0\\4\end{pmatrix}+\begin{pmatrix}1\\0\\0\\0\end{pmatrix}$;

(3) $\begin{pmatrix}x\\y\\z\end{pmatrix}=c\begin{pmatrix}-2\\1\\1\end{pmatrix}+\begin{pmatrix}-1\\2\\0\end{pmatrix}$;　(4) $\begin{pmatrix}x_1\\x_2\\x_3\\x_4\end{pmatrix}=c\begin{pmatrix}1\\0\\-1\\2\end{pmatrix}+\begin{pmatrix}\frac{31}{6}\\\frac{2}{3}\\-\frac{7}{6}\\0\end{pmatrix}$.

13. $\begin{cases} x_1 - 2x_3 + 2x_4 = 0, \\ x_2 + 2x_3 - 3x_4 = 0. \end{cases}$ （答案不唯一）

14. 当 $\lambda \neq 0$ 且 $\lambda \neq -3$ 时，有唯一解；当 $\lambda = 0$ 时，无解；当 $\lambda = -3$ 时，有无穷多解，通解为

$$\begin{pmatrix} x \\ y \\ z \end{pmatrix} = c\begin{pmatrix} 1 \\ 1 \\ 1 \end{pmatrix} + \begin{pmatrix} -1 \\ -2 \\ 0 \end{pmatrix}.$$

B

15. 利用方程组有唯一解的充分必要条件.

16. 当 $a = -8, b = -2$ 时，$R(\boldsymbol{A}) = R(\boldsymbol{A}, \boldsymbol{b}) = 2$，方程组有无穷多解，且

$$\begin{pmatrix} x \\ y \\ z \\ w \end{pmatrix} = c_1\begin{pmatrix} 4 \\ -2 \\ 1 \\ 0 \end{pmatrix} + c_2\begin{pmatrix} -1 \\ -2 \\ 0 \\ 1 \end{pmatrix} + \begin{pmatrix} -1 \\ 1 \\ 0 \\ 0 \end{pmatrix};$$

当 $a \neq -8, b = -2$ 时，$R(\boldsymbol{A}) = R(\boldsymbol{A}, \boldsymbol{b}) = 3$，方程组有无穷多解，且

$$\begin{pmatrix} x \\ y \\ z \\ w \end{pmatrix} = c_1\begin{pmatrix} -1 \\ -2 \\ 0 \\ 1 \end{pmatrix} + \begin{pmatrix} -1 \\ 1 \\ 0 \\ 0 \end{pmatrix}.$$

17. 利用矩阵的标准形.

18. $\boldsymbol{M} = \boldsymbol{B}^{-1}\boldsymbol{N} = \begin{pmatrix} -4 & -6 \\ -1 & -2 \\ 9 & 12 \end{pmatrix}$.

19. 利用定理 7.

20. 利用线性方程组解的定理可知，$R(\boldsymbol{A}) = 2, R(\boldsymbol{B}) = 3$.

21. 利用方程组解的定义.

22. -1.

23. -3.

24. $\dfrac{1}{1-n}$.

25. -2.

26. 设 $\boldsymbol{A} = \begin{pmatrix} a_{11} & a_{12} & \cdots & a_{1n} \\ a_{21} & a_{22} & \cdots & a_{2n} \\ \vdots & \vdots & & \vdots \\ a_{m1} & a_{m2} & \cdots & a_{mn} \end{pmatrix}$，$\boldsymbol{b} = (b_1 \quad b_2 \quad \cdots \quad b_m)^{\mathrm{T}}$，由题意有 $\boldsymbol{A}\boldsymbol{y} = \boldsymbol{b}$，$\boldsymbol{b}^{\mathrm{T}} = \boldsymbol{y}^{\mathrm{T}}\boldsymbol{A}^{\mathrm{T}}$，若 $\boldsymbol{A}^{\mathrm{T}}\boldsymbol{x} = \boldsymbol{0}$，则 $\boldsymbol{b}^{\mathrm{T}}\boldsymbol{x} = \boldsymbol{y}^{\mathrm{T}}\boldsymbol{A}^{\mathrm{T}}\boldsymbol{x} = \boldsymbol{0}$，即 $b_1x_1 + b_2x_2 + \cdots + b_mx_m = 0$.

第 4 章　向量组的线性相关性

本章介绍 n 维向量及其各种运算，讨论向量线性表示的判定，重点介绍向量组的线性相关性、最大线性无关组和向量组的秩的概念及其相关理论，并由向量组的秩和矩阵的秩之间的关系，讨论线性方程组的解的结构，最后给出向量空间的概念.

4.1　向量的基本运算

4.1.1　n 维向量及其线性运算

定义 1　n 个有次序的数 $a_1, a_2, \cdots, a_n$ 组成的数组称为 n 维向量，数 a_i 称为该向量的第 $i(i=1,2,\cdots,n)$ 个分量.若记

$$\boldsymbol{\alpha}=\begin{pmatrix}a_1\\a_2\\\vdots\\a_n\end{pmatrix},$$

则称 $\boldsymbol{\alpha}$ 为 n 维列向量.若记

$$\boldsymbol{\alpha}^{\mathrm{T}}=(a_1, a_2, \cdots, a_n),$$

则称 $\boldsymbol{\alpha}^{\mathrm{T}}$ 为 n 维行向量.

向量的维数指的是向量中分量的个数.分量全为实数的向量称为实向量，分量为复数的向量称为复向量.本书中除特别指明外，一般只讨论实向量.

在讨论向量的概念和性质时，行向量和列向量是完全一样的.本书中所讨论的向量在没有指明是行向量还是列向量时，都当作列向量.今后，我们将用小写黑体字母 $\boldsymbol{a}, \boldsymbol{b}, \boldsymbol{\alpha}, \boldsymbol{\beta}, \boldsymbol{\gamma}, \cdots$ 来表示向量，用带下标的字母 $a_i, b_i, x_i, y_i, \cdots$ 来表示向量的分量.例如，三维向量的全体所组成的集合 $\mathbf{R}^3=\{\boldsymbol{\gamma}=(x, y, z)^{\mathrm{T}} \mid x, y, z \in \mathbf{R}\}$，在几何中表达三维空间的点集.类似地，用 $\mathbf{R}^n=\{\boldsymbol{\gamma}=(x_1, x_2, \cdots, x_n)^{\mathrm{T}} \mid x_1, x_2, \cdots, x_n \in \mathbf{R}\}$ 表示 n 维实向量的全体，用 $\mathbf{C}^n$ 表示 n 维复向量的全体.在解析几何中，我们把“既有大小又有方向的量”叫作向量，并把可随意平行移动的有向线段作为向量的几何形象.当 $n \leqslant 3$ 时，n 维向量可以把有向线段作为几何形象，但是当 $n>3$ 时，n 维向量就不再有这种几何形象，只是沿用了一些几何术语.

n 维向量还可以用矩阵方法进行定义，一个 n 维行向量就直接定义为一个 $1 \times n$ 矩阵

$\boldsymbol{\alpha}=(a_1,a_2,\cdots,a_n)$.类似地,一个 n 维列向量就定义为一个 $n\times 1$ 矩阵.

既然向量是一种特殊的矩阵,则向量相等、零向量、负向量的定义及向量运算的定义,自然都应与矩阵的相应的定义一致.下面就列向量的情形,定义了向量的加法、减法和数乘运算,对行向量的情形,可完全类似地定义向量的加法、减法和数乘运算.

定义 2 如果 n 维向量 $\boldsymbol{\alpha}=(a_1,a_2,\cdots,a_n)^{\mathrm{T}}$ 与 n 维向量 $\boldsymbol{\beta}=(b_1,b_2,\cdots,b_n)^{\mathrm{T}}$ 的对应分量都相等,即 $a_i=b_i(i=1,2,\cdots,n)$,则称向量 $\boldsymbol{\alpha}$ 与 $\boldsymbol{\beta}$ 相等,记作 $\boldsymbol{\alpha}=\boldsymbol{\beta}$.

定义 3(向量的加法) 设 n 维向量 $\boldsymbol{\alpha}=(a_1,a_2,\cdots,a_n)^{\mathrm{T}}$,$\boldsymbol{\beta}=(b_1,b_2,\cdots,b_n)^{\mathrm{T}}$,称向量 $(a_1+b_1,a_2+b_2,\cdots,a_n+b_n)^{\mathrm{T}}$ 是向量 $\boldsymbol{\alpha}$ 与 $\boldsymbol{\beta}$ 的和,记作 $\boldsymbol{\alpha}+\boldsymbol{\beta}$.

定义 4(数与向量的乘法) 设 $\boldsymbol{\alpha}=(a_1,a_2,\cdots,a_n)^{\mathrm{T}}$ 是一个 n 维向量,k 为一个数,称向量 $(ka_1,ka_2,\cdots,ka_n)^{\mathrm{T}}$ 是数 k 与 $\boldsymbol{\alpha}$ 的数量乘积,简称为数乘,记作 $k\boldsymbol{\alpha}$,即

$$k\boldsymbol{\alpha}=k(a_1,a_2,\cdots,a_n)^{\mathrm{T}}=(ka_1,ka_2,\cdots,ka_n)^{\mathrm{T}}.$$

向量的加法运算及数乘运算统称为向量的线性运算,这是向量最基本的运算.

向量的运算满足下列 8 条运算律:设 $\boldsymbol{\alpha},\boldsymbol{\beta},\boldsymbol{\gamma}$ 都是 n 维向量,k,l 是常数,则

(1) $\boldsymbol{\alpha}+\boldsymbol{\beta}=\boldsymbol{\beta}+\boldsymbol{\alpha}$(加法交换律);

(2) $(\boldsymbol{\alpha}+\boldsymbol{\beta})+\boldsymbol{\gamma}=\boldsymbol{\alpha}+(\boldsymbol{\beta}+\boldsymbol{\gamma})$(加法结合律);

(3) $\boldsymbol{\alpha}+\mathbf{0}=\boldsymbol{\alpha}$;

(4) $\boldsymbol{\alpha}+(-\boldsymbol{\alpha})=\mathbf{0}$;

(5) $1\boldsymbol{\alpha}=\boldsymbol{\alpha}$;

(6) $k(\boldsymbol{\alpha}+\boldsymbol{\beta})=k\boldsymbol{\alpha}+k\boldsymbol{\beta}$(数乘分配律);

(7) $(k+l)\boldsymbol{\alpha}=k\boldsymbol{\alpha}+l\boldsymbol{\alpha}$(数乘分配律);

(8) $(kl)\boldsymbol{\alpha}=k(l\boldsymbol{\alpha})$(数乘向量结合律).

4.1.2 向量的内积

在空间解析几何中,两个向量 $\boldsymbol{a},\boldsymbol{b}$ 的数量积定义为 $\boldsymbol{a}\cdot\boldsymbol{b}=\|\boldsymbol{a}\|\|\boldsymbol{b}\|\cos\varphi$,其中 $\|\boldsymbol{a}\|$,$\|\boldsymbol{b}\|$ 分别是 $\boldsymbol{a},\boldsymbol{b}$ 的长度,φ 是 $\boldsymbol{a}$ 与 $\boldsymbol{b}$ 的夹角.若在 $\mathbf{R}^3$ 中建立直角坐标系后,向量 $\boldsymbol{a}=(a_1,a_2,a_3)^{\mathrm{T}}$,$\boldsymbol{b}=(b_1,b_2,b_3)^{\mathrm{T}}$ 的数量积的计算公式为 $\boldsymbol{a}\cdot\boldsymbol{b}=\sum_{i=1}^{3}a_ib_i$.

我们现在把数量积的定义推广到一般 n 维实向量.

定义 5 设有 n 维向量 $\boldsymbol{\alpha}=(a_1,a_2,\cdots,a_n)^{\mathrm{T}}$,$\boldsymbol{\beta}=(b_1,b_2,\cdots,b_n)^{\mathrm{T}}$,令

$$[\boldsymbol{\alpha},\boldsymbol{\beta}]=a_1b_1+a_2b_2+\cdots+a_nb_n,$$

称 $[\boldsymbol{\alpha},\boldsymbol{\beta}]$ 为向量 $\boldsymbol{\alpha}$ 与 $\boldsymbol{\beta}$ 的内积.

内积是向量的一种运算,其结果是一个数,用矩阵记号表示,当 $\boldsymbol{\alpha}$ 与 $\boldsymbol{\beta}$ 都是列向量时,有

$$[\boldsymbol{\alpha},\boldsymbol{\beta}]=\boldsymbol{\alpha}^{\mathrm{T}}\boldsymbol{\beta}.$$

内积具有下列性质：

(1) $[\boldsymbol{\alpha},\boldsymbol{\beta}]=[\boldsymbol{\beta},\boldsymbol{\alpha}]$；

(2) $[k\boldsymbol{\alpha},\boldsymbol{\beta}]=k[\boldsymbol{\alpha},\boldsymbol{\beta}]$($k$ 为实数)；

(3) $[\boldsymbol{\alpha}+\boldsymbol{\beta},\boldsymbol{\gamma}]=[\boldsymbol{\alpha},\boldsymbol{\gamma}]+[\boldsymbol{\beta},\boldsymbol{\gamma}]$；

(4) $[\boldsymbol{\alpha},\boldsymbol{\alpha}]\geqslant 0$，当且仅当 $\boldsymbol{\alpha}=\mathbf{0}$ 时取等号；

(5) $[\boldsymbol{\alpha},\boldsymbol{\beta}]^2\leqslant[\boldsymbol{\alpha},\boldsymbol{\alpha}][\boldsymbol{\beta},\boldsymbol{\beta}]$.

其中 $\boldsymbol{\alpha},\boldsymbol{\beta},\boldsymbol{\gamma}$ 是同维向量.

只证(5).对于任意 $t\in\mathbf{R}$，由$[\boldsymbol{\alpha}+t\boldsymbol{\beta},\boldsymbol{\alpha}+t\boldsymbol{\beta}]\geqslant 0$ 可得

$$[\boldsymbol{\alpha},\boldsymbol{\alpha}]+2[\boldsymbol{\alpha},\boldsymbol{\beta}]t+[\boldsymbol{\beta},\boldsymbol{\beta}]t^2\geqslant 0,$$

这是一个关于 t 的不等式，且该不等式恒成立.

若$[\boldsymbol{\beta},\boldsymbol{\beta}]=0$，则$[\boldsymbol{\alpha},\boldsymbol{\beta}]=0$，显然(5) 成立；

若$[\boldsymbol{\beta},\boldsymbol{\beta}]>0$，则$\Delta=[\boldsymbol{\alpha},\boldsymbol{\beta}]^2-4[\boldsymbol{\alpha},\boldsymbol{\alpha}]\cdot[\boldsymbol{\beta},\boldsymbol{\beta}]\leqslant 0$，因此$[\boldsymbol{\alpha},\boldsymbol{\beta}]^2\leqslant[\boldsymbol{\alpha},\boldsymbol{\alpha}]\cdot[\boldsymbol{\beta},\boldsymbol{\beta}]$.

注：性质(5) 称为柯西・施瓦茨(Cauchy-Schwarz) 不等式.

例 1 设有两个 4 维向量 $\boldsymbol{\alpha}=(-1,2,-1,5)^{\mathrm{T}}$，$\boldsymbol{\beta}=(4,0,6,-5)^{\mathrm{T}}$.求$[\boldsymbol{\alpha},\boldsymbol{\beta}]$及$[\boldsymbol{\alpha},\boldsymbol{\alpha}]$.

解 $[\boldsymbol{\alpha},\boldsymbol{\beta}]=-1\times 4+2\times 0+(-1)\times 6+5\times(-5)=-4+0-6-25=-35$，$[\boldsymbol{\alpha},\boldsymbol{\alpha}]=(-1)^2+2^2+(-1)^2+5^2=1+4+1+25=31$.

n 维向量的内积是数量积的一种推广，但 n 维向量没有 3 维向量那样直观的长度和夹角的概念，因此只能按数量积的直角坐标计算公式来推广.并且反过来，利用内积来定义 n 维向量的长度和夹角.

定义 6 对于 $\boldsymbol{\alpha}=(a_1,a_2,\cdots,a_n)^{\mathrm{T}}\in\mathbf{R}^n$，$\boldsymbol{\alpha}$ 的长度(范数或模)(记作 $\|\boldsymbol{\alpha}\|$) 定义为

$$\|\boldsymbol{\alpha}\|=\sqrt{[\boldsymbol{\alpha},\boldsymbol{\alpha}]}=\sqrt{\sum_{i=1}^{n}a_i^2}.$$

长度为 1 的向量称为单位向量. 非零向量 $\boldsymbol{\alpha}$ 同方向上的单位向量为$\dfrac{1}{\|\boldsymbol{\alpha}\|}\boldsymbol{\alpha}$.

向量的长度满足如下性质：

(1) (非负性) $\|\boldsymbol{\alpha}\|\geqslant 0$，且 $\|\boldsymbol{\alpha}\|=0\Leftrightarrow\boldsymbol{\alpha}=\mathbf{0}$；

(2) (齐次性) $\|k\boldsymbol{\alpha}\|=|k|\,\|\boldsymbol{\alpha}\|$ ($k\in\mathbf{R}$)；

(3) (Cauchy-Schwarz 不等式) $|[\boldsymbol{\alpha},\boldsymbol{\beta}]|\leqslant\|\boldsymbol{\alpha}\|\,\|\boldsymbol{\beta}\|$；

(4) (三角不等式) $\|\boldsymbol{\alpha}+\boldsymbol{\beta}\|\leqslant\|\boldsymbol{\alpha}\|+\|\boldsymbol{\beta}\|$.

(1),(2) 的证明用定义,(3) 可由内积性质(5) 得到,(4) 利用(3) 来证明.

当 $\boldsymbol{\alpha}\neq\mathbf{0}$，$\boldsymbol{\beta}\neq\mathbf{0}$ 时，

$$\left|\frac{[\boldsymbol{\alpha},\boldsymbol{\beta}]}{\|\boldsymbol{\alpha}\|\,\|\boldsymbol{\beta}\|}\right|\leqslant 1,$$

于是引入如下定义：

定义 7　对于 $\boldsymbol{\alpha},\boldsymbol{\beta}\in\mathbf{R}^n$，当 $\boldsymbol{\alpha}\neq\mathbf{0},\boldsymbol{\beta}\neq\mathbf{0}$ 时，称

$$\varphi=\arccos\frac{[\boldsymbol{\alpha},\boldsymbol{\beta}]}{\|\boldsymbol{\alpha}\|\,\|\boldsymbol{\beta}\|}\quad(0\leqslant\varphi\leqslant\pi)$$

为 n 维向量 $\boldsymbol{\alpha}$ 与 $\boldsymbol{\beta}$ 的夹角.

若$[\boldsymbol{\alpha},\boldsymbol{\beta}]=0$，则称 $\boldsymbol{\alpha}$ 与 $\boldsymbol{\beta}$ 正交，记为 $\boldsymbol{\alpha}\perp\boldsymbol{\beta}$.

关于正交具有如下性质：

(1) 对于任意 $\boldsymbol{\alpha}\in\mathbf{R}^n$，$\mathbf{0}\perp\boldsymbol{\alpha}$（这里 $\mathbf{0}\in\mathbf{R}^n$）；

(2) 对于 $\boldsymbol{\alpha},\boldsymbol{\beta}\in\mathbf{R}^n$，若 $\boldsymbol{\alpha}\perp\boldsymbol{\beta}$，则 $\|\boldsymbol{\alpha}\|^2+\|\boldsymbol{\beta}\|^2=\|\boldsymbol{\alpha}+\boldsymbol{\beta}\|^2$（勾股定理）.

零向量与任意同维数的向量都正交；反之，如果某个 n 维向量 $\boldsymbol{\alpha}$ 与 $\mathbf{R}^n$ 中的任意一个向量都正交，那么 $\boldsymbol{\alpha}$ 当然与 $\boldsymbol{\alpha}$ 正交，于是$[\boldsymbol{\alpha},\boldsymbol{\alpha}]=0$，由此必有 $\boldsymbol{\alpha}=\mathbf{0}$.

4.2　向量组及其线性组合

由若干个同维数的列向量（或同维数的行向量）所组成的集合叫作向量组.例如矩阵 $\boldsymbol{A}_{n\times m}$ 的全体列向量构成一个n 维列向量组，反之，n 维列向量组$A:\boldsymbol{\alpha}_1,\boldsymbol{\alpha}_2,\cdots,\boldsymbol{\alpha}_m$ 构成$n\times m$ 矩阵$\boldsymbol{A}=(\boldsymbol{\alpha}_1,\boldsymbol{\alpha}_2,\cdots,\boldsymbol{\alpha}_m)$.$n$ 阶单位矩阵$\boldsymbol{E}=(\boldsymbol{e}_1,\boldsymbol{e}_2,\cdots,\boldsymbol{e}_n)$的列向量组称为$n$ 维单位坐标向量组.

下面我们先讨论只含有限个向量的向量组，以后再把讨论的结果推广到含无限多个向量的向量组.

4.2.1　线性组合与线性表示

定义 8　给定向量组 $A:\boldsymbol{\alpha}_1,\boldsymbol{\alpha}_2,\cdots,\boldsymbol{\alpha}_m$，对于任何一组实数 $k_1,k_2,\cdots,k_m$，称表示式 $k_1\boldsymbol{\alpha}_1+k_2\boldsymbol{\alpha}_2+\cdots+k_m\boldsymbol{\alpha}_m$ 为向量组A 的一个线性组合，$k_1,k_2,\cdots,k_m$ 称为这个线性组合的系数.

定义 9　给定向量组 $A:\boldsymbol{\alpha}_1,\boldsymbol{\alpha}_2,\cdots,\boldsymbol{\alpha}_m$ 和向量$\boldsymbol{\beta}$，如果存在一组数 $k_1,k_2,\cdots,k_m$，使

$$\boldsymbol{\beta}=k_1\boldsymbol{\alpha}_1+k_2\boldsymbol{\alpha}_2+\cdots+k_m\boldsymbol{\alpha}_m,$$

则称向量 $\boldsymbol{\beta}$ 是向量组 A 的一个线性组合，也称向量 $\boldsymbol{\beta}$ 可以由向量组 A 线性表示.

注：(1) 任意一个 n 维向量都可以表示成 n 维单位坐标向量组的线性组合；

(2) 零向量是任意向量组的线性组合；

(3) 向量组中的任意一个向量都是该向量组的线性组合（即向量组中任一向量都可由该向量组线性表示）.

例 2　设$\boldsymbol{\alpha}_1=\begin{pmatrix}1\\1\\1\end{pmatrix}$，$\boldsymbol{\alpha}_2=\begin{pmatrix}0\\1\\-1\end{pmatrix}$，$\boldsymbol{\alpha}_3=\begin{pmatrix}1\\3\\-1\end{pmatrix}$，$\boldsymbol{\beta}=\begin{pmatrix}3\\5\\1\end{pmatrix}$.试判断向量$\boldsymbol{\beta}$可否由向量组$\boldsymbol{\alpha}_1$，

$\boldsymbol{\alpha}_2,\boldsymbol{\alpha}_3$ 线性表示；若能，写出线性表示式.

解 设 $\boldsymbol{\beta}=\lambda_1\boldsymbol{\alpha}_1+\lambda_2\boldsymbol{\alpha}_2+\lambda_3\boldsymbol{\alpha}_3$，其中 $\lambda_1,\lambda_2,\lambda_3$ 为待定系数，则

$$\lambda_1\begin{pmatrix}1\\1\\1\end{pmatrix}+\lambda_2\begin{pmatrix}0\\1\\-1\end{pmatrix}+\lambda_3\begin{pmatrix}1\\3\\-1\end{pmatrix}=\begin{pmatrix}3\\5\\1\end{pmatrix},$$

比较两端的对应分量可得 $\begin{cases}\lambda_1+\lambda_3=3,\\\lambda_1+\lambda_2+3\lambda_3=5,\\\lambda_1-\lambda_2-\lambda_3=1.\end{cases}$

这是一个关于 $\lambda_1,\lambda_2,\lambda_3$ 的线性方程组，记 $\boldsymbol{A}=(\boldsymbol{\alpha}_1,\boldsymbol{\alpha}_2,\boldsymbol{\alpha}_3)$，由

$$(\boldsymbol{A},\boldsymbol{\beta})=\left(\begin{array}{ccc:c}1&0&1&3\\1&1&3&5\\1&-1&-1&1\end{array}\right)\overset{r}{\sim}\left(\begin{array}{ccc:c}1&0&1&3\\0&1&2&2\\0&0&0&0\end{array}\right)$$

知 $R(\boldsymbol{A})=R(\boldsymbol{A},\boldsymbol{\beta})=2<3$，方程组有无穷多解，且其通解为

$$\begin{pmatrix}\lambda_1\\\lambda_2\\\lambda_3\end{pmatrix}=k\begin{pmatrix}-1\\-2\\1\end{pmatrix}+\begin{pmatrix}3\\2\\0\end{pmatrix}=\begin{pmatrix}-k+3\\-2k+2\\k\end{pmatrix}(k\in\mathbf{R}),$$

故 $\boldsymbol{\beta}$ 能由向量组 $\boldsymbol{\alpha}_1,\boldsymbol{\alpha}_2,\boldsymbol{\alpha}_3$ 线性表示，且表示式为

$\boldsymbol{\beta}=\lambda_1\boldsymbol{\alpha}_1+\lambda_2\boldsymbol{\alpha}_2+\lambda_3\boldsymbol{\alpha}_3=(-k+3)\boldsymbol{\alpha}_1+(-2k+2)\boldsymbol{\alpha}_2+k\boldsymbol{\alpha}_3(k\in\mathbf{R})$（表示式不唯一）.

从此例可以看出，判断一个向量可否由其他一些向量来线性表示问题，可以归结为某个线性方程组是否有解问题，而解的多少决定了表示式的多少.

4.2.2 向量线性表示的判定

设线性方程组 $\boldsymbol{Ax}=\boldsymbol{b}$，其中 $\boldsymbol{A}=(\boldsymbol{\alpha}_1,\boldsymbol{\alpha}_2,\cdots,\boldsymbol{\alpha}_n)$，则方程组 $\boldsymbol{Ax}=\boldsymbol{b}$ 可写成

$$x_1\boldsymbol{\alpha}_1+x_2\boldsymbol{\alpha}_2+\cdots+x_n\boldsymbol{\alpha}_n=\boldsymbol{b}.$$

若 $\boldsymbol{Ax}=\boldsymbol{b}$ 有解，则存在一组数 $x_1,x_2,\cdots,x_n$ 使得 $x_1\boldsymbol{\alpha}_1+x_2\boldsymbol{\alpha}_2+\cdots+x_n\boldsymbol{\alpha}_n=\boldsymbol{b}$ 成立，即 $\boldsymbol{b}$ 可以表示成 $\boldsymbol{\alpha}_1,\boldsymbol{\alpha}_2,\cdots,\boldsymbol{\alpha}_n$ 的线性组合，亦即 $\boldsymbol{b}$ 可由 $\boldsymbol{\alpha}_1,\boldsymbol{\alpha}_2,\cdots,\boldsymbol{\alpha}_n$ 线性表示；反之，若 $\boldsymbol{Ax}=\boldsymbol{b}$ 无解，则 $\boldsymbol{b}$ 就不能被这一组向量线性表示.因此，$\boldsymbol{b}$ 可否由向量组 $\boldsymbol{\alpha}_1,\boldsymbol{\alpha}_2,\cdots,\boldsymbol{\alpha}_n$ 线性表示的问题就等价于方程组 $\boldsymbol{Ax}=\boldsymbol{b}$ 是否有解的问题.

由非齐次线性方程组有解的充分必要条件，可得到如下结论.

定理 1 向量 $\boldsymbol{b}$ 能由向量组 $\boldsymbol{A}:\boldsymbol{\alpha}_1,\boldsymbol{\alpha}_2,\cdots,\boldsymbol{\alpha}_n$ 线性表示 $\Leftrightarrow R(\boldsymbol{A})=R(\boldsymbol{A},\boldsymbol{b})$，其中 $\boldsymbol{A}=(\boldsymbol{\alpha}_1,\boldsymbol{\alpha}_2,\cdots,\boldsymbol{\alpha}_n)$.

以上讨论的是列向量，若要处理行向量的问题，只需将其转置变成列向量即可.

例 3　设 $\boldsymbol{\alpha}_1=\begin{pmatrix}1+\lambda\\1\\1\end{pmatrix}$，$\boldsymbol{\alpha}_2=\begin{pmatrix}1\\1+\lambda\\1\end{pmatrix}$，$\boldsymbol{\alpha}_3=\begin{pmatrix}1\\1\\1+\lambda\end{pmatrix}$，$\boldsymbol{b}=\begin{pmatrix}0\\\lambda\\\lambda^2\end{pmatrix}$.

(1) λ 为何值时，$\boldsymbol{b}$ 能由 $\boldsymbol{\alpha}_1,\boldsymbol{\alpha}_2,\boldsymbol{\alpha}_3$ 线性表示，且表示式唯一；

(2) λ 为何值时，$\boldsymbol{b}$ 能由 $\boldsymbol{\alpha}_1,\boldsymbol{\alpha}_2,\boldsymbol{\alpha}_3$ 线性表示，且表示式不唯一；

(3) λ 为何值时，$\boldsymbol{b}$ 不能由 $\boldsymbol{\alpha}_1,\boldsymbol{\alpha}_2,\boldsymbol{\alpha}_3$ 线性表示.

解　设有一组数 x_1,x_2,x_3，使得

$$x_1\boldsymbol{\alpha}_1+x_2\boldsymbol{\alpha}_2+x_3\boldsymbol{\alpha}_3=\boldsymbol{b}.$$

记 $\boldsymbol{A}=(\boldsymbol{\alpha}_1,\boldsymbol{\alpha}_2,\boldsymbol{\alpha}_3)$，对 $(\boldsymbol{A},\boldsymbol{b})$ 施行初等行变换：

$$(\boldsymbol{A},\boldsymbol{b})=\left(\begin{array}{ccc:c}1+\lambda&1&1&0\\1&1+\lambda&1&\lambda\\1&1&1+\lambda&\lambda^2\end{array}\right)$$

$$\xrightarrow[r_3-(1+\lambda)r_1]{\substack{r_1\leftrightarrow r_3\\ r_2-r_1}}\left(\begin{array}{ccc:c}1&1&1+\lambda&\lambda^2\\0&\lambda&-\lambda&-\lambda^2+\lambda\\0&-\lambda&-\lambda^2-2\lambda&-\lambda^2(1+\lambda)\end{array}\right)$$

$$\xrightarrow{r_3+r_2}\left(\begin{array}{ccc:c}1&1&1+\lambda&\lambda^2\\0&\lambda&-\lambda&-\lambda^2+\lambda\\0&0&-\lambda(\lambda+3)&-\lambda^3-2\lambda^2+\lambda\end{array}\right).$$

(1) 当 $\lambda\neq0$ 且 $\lambda\neq-3$ 时，$R(\boldsymbol{A})=R(\boldsymbol{A},\boldsymbol{b})=3$，方程组 $\boldsymbol{Ax}=\boldsymbol{b}$ 有唯一解，故 $\boldsymbol{b}$ 能由 $\boldsymbol{\alpha}_1,\boldsymbol{\alpha}_2,\boldsymbol{\alpha}_3$ 线性表示，且表示式唯一；

(2) 当 $\lambda=0$ 时，$R(\boldsymbol{A})=R(\boldsymbol{A},\boldsymbol{b})=1<3$，方程组 $\boldsymbol{Ax}=\boldsymbol{b}$ 有无穷多解，故 $\boldsymbol{b}$ 能由 $\boldsymbol{\alpha}_1,\boldsymbol{\alpha}_2,\boldsymbol{\alpha}_3$ 线性表示，且表示式不唯一；

(3) 当 $\lambda=-3$ 时，$R(\boldsymbol{A})=2<R(\boldsymbol{A},\boldsymbol{b})=3$，方程组 $\boldsymbol{Ax}=\boldsymbol{b}$ 无解，故 $\boldsymbol{b}$ 不能由 $\boldsymbol{\alpha}_1,\boldsymbol{\alpha}_2,\boldsymbol{\alpha}_3$ 线性表示.

例 4　混凝土由五种主要的原料组成：水泥、水、砂、石和灰.不同的成分影响混凝土的不同特性. 假如一个混凝土生产企业的设备只能生产三种基本类型的混凝土，即超强型、通用型和长寿型.它们的配方如表 4-1 所示，于是每一种基本类型混凝土就可以用一个五维的列向量来表示.公司希望，客户所订购的其他混凝土都由这三种基本类型按一定比例混合而成。假如某客户要求的混凝土的五种成分为 16，10，21，9，4，试问 A，B，C 三种类型应各占多少比例？

表 4-1

类型＼原料	水泥 c	水 w	沙 s	石 g	灰 f
超强型 A	20	10	20	10	0
通用型 B	18	10	25	5	2
长寿型 C	12	10	15	15	8

解 依题意,可设向量

$$\boldsymbol{\alpha}_{\mathrm{A}}=\begin{pmatrix}20\\10\\20\\10\\0\end{pmatrix},\boldsymbol{\alpha}_{\mathrm{B}}=\begin{pmatrix}18\\10\\25\\5\\2\end{pmatrix},\boldsymbol{\alpha}_{\mathrm{C}}=\begin{pmatrix}12\\10\\15\\15\\8\end{pmatrix},\boldsymbol{w}=\begin{pmatrix}16\\10\\21\\9\\4\end{pmatrix},$$

并设有数 $x_{\mathrm{A}},x_{\mathrm{B}},x_{\mathrm{C}}$ 使

$$x_{\mathrm{A}}\boldsymbol{\alpha}_{\mathrm{A}}+x_{\mathrm{B}}\boldsymbol{\alpha}_{\mathrm{B}}+x_{\mathrm{C}}\boldsymbol{\alpha}_{\mathrm{C}}=\boldsymbol{w},$$

问题转化成解一个线性方程组,用矩阵的初等行变换解此问题.记 $\boldsymbol{A}=(\boldsymbol{\alpha}_{\mathrm{A}},\boldsymbol{\alpha}_{\mathrm{B}},\boldsymbol{\alpha}_{\mathrm{C}})$,由

$$(\boldsymbol{A},\boldsymbol{w})=\begin{pmatrix}20&18&12&16\\10&10&10&10\\20&25&15&21\\10&5&15&9\\0&2&8&4\end{pmatrix}\overset{r}{\sim}\begin{pmatrix}1&0&0&0.08\\0&1&0&0.56\\0&0&1&0.36\\0&0&0&0\\0&0&0&0\end{pmatrix}$$

知 $R(\boldsymbol{A})=R(\boldsymbol{A},\boldsymbol{w})=3$,所以 $\boldsymbol{w}$ 可由 $\boldsymbol{\alpha}_{\mathrm{A}},\boldsymbol{\alpha}_{\mathrm{B}},\boldsymbol{\alpha}_{\mathrm{C}}$ 线性表示,即 $\boldsymbol{w}$ 可由三种基本类型的混凝土混合而成.解 $\boldsymbol{Ax}=\boldsymbol{w}$ 得其通解 $\boldsymbol{x}=k(0.08,0.56,0.36)^{\mathrm{T}}$,说明 A,B,C 三种类型应按 8%,56%,36% 的比例进行调配.

定义 10 设有 2 个向量组 $\boldsymbol{A}:\boldsymbol{\alpha}_1,\boldsymbol{\alpha}_2,\cdots,\boldsymbol{\alpha}_m$ 及向量组 $\boldsymbol{B}:\boldsymbol{\beta}_1,\boldsymbol{\beta}_2,\cdots,\boldsymbol{\beta}_s$,若向量组 $\boldsymbol{B}$ 中的每个向量都可由向量组 $\boldsymbol{A}$ 线性表示,则称向量组 $\boldsymbol{B}$ 能由向量组 $\boldsymbol{A}$ 线性表示.若向量组 $\boldsymbol{A}$ 与向量组 $\boldsymbol{B}$ 能互相线性表示,则称这两个向量组等价.

等价关系具反身性、对称性、传递性.

若列向量组 $\boldsymbol{B}:\boldsymbol{\beta}_1,\boldsymbol{\beta}_2,\cdots,\boldsymbol{\beta}_s$ 能由列向量组 $\boldsymbol{A}:\boldsymbol{\alpha}_1,\boldsymbol{\alpha}_2,\cdots,\boldsymbol{\alpha}_m$ 线性表示,则向量组 $\boldsymbol{B}$ 中每一个向量 $\boldsymbol{\beta}_j$ 都可由向量组 $\boldsymbol{A}$ 线性表示,因此存在数 $l_{1j},l_{2j},\cdots,l_{mj}$,使得

$$\boldsymbol{\beta}_j=l_{1j}\boldsymbol{\alpha}_1+l_{2j}\boldsymbol{\alpha}_2+\cdots+l_{mj}\boldsymbol{\alpha}_m=(\boldsymbol{\alpha}_1,\boldsymbol{\alpha}_2,\cdots,\boldsymbol{\alpha}_m)\begin{pmatrix}l_{1j}\\l_{2j}\\\vdots\\l_{mj}\end{pmatrix}(j=1,2,\cdots,s).$$

把上列各式合写成矩阵形式有

$$(\boldsymbol{\beta}_1,\boldsymbol{\beta}_2,\cdots,\boldsymbol{\beta}_s)=(\boldsymbol{\alpha}_1,\boldsymbol{\alpha}_2,\cdots,\boldsymbol{\alpha}_m)\begin{pmatrix} l_{11} & l_{12} & \cdots & l_{1s} \\ l_{21} & l_{22} & \cdots & l_{2s} \\ \vdots & \vdots & & \vdots \\ l_{m1} & l_{m2} & \cdots & l_{ms} \end{pmatrix}.$$

记 $\boldsymbol{A}=(\boldsymbol{\alpha}_1,\boldsymbol{\alpha}_2,\cdots,\boldsymbol{\alpha}_m)$，$\boldsymbol{B}=(\boldsymbol{\beta}_1,\boldsymbol{\beta}_2,\cdots,\boldsymbol{\beta}_s)$，$\boldsymbol{L}=(l_{ij})_{m\times s}$，则上式可以写成 $\boldsymbol{B}=\boldsymbol{AL}$；反之，若 $\boldsymbol{B}=\boldsymbol{AL}$，则 $\boldsymbol{\beta}_1,\boldsymbol{\beta}_2,\cdots,\boldsymbol{\beta}_s$ 能由 $\boldsymbol{\alpha}_1,\boldsymbol{\alpha}_2,\cdots,\boldsymbol{\alpha}_m$ 线性表示.这里矩阵 $\boldsymbol{L}$ 称为这一线性表示的系数矩阵.

类似地，若行向量组 $\boldsymbol{\beta}_1,\boldsymbol{\beta}_2,\cdots,\boldsymbol{\beta}_s$ 能由行向量组 $\boldsymbol{\alpha}_1,\boldsymbol{\alpha}_2,\cdots,\boldsymbol{\alpha}_m$ 线性表示，则存在 $s\times m$ 矩阵 $\boldsymbol{M}$，使得 $\boldsymbol{B}=\boldsymbol{MA}$，矩阵 $\boldsymbol{M}$ 是这一线性表示的系数矩阵.

由此可知，若 $\boldsymbol{AB}=\boldsymbol{C}$，则矩阵 $\boldsymbol{C}$ 的列向量组能由矩阵 $\boldsymbol{A}$ 的列向量组线性表示，$\boldsymbol{B}$ 为这一线性表示的系数矩阵；同时，矩阵 $\boldsymbol{C}$ 的行向量组能由矩阵 $\boldsymbol{B}$ 的行向量组线性表示，$\boldsymbol{A}$ 为这一线性表示的系数矩阵.

若矩阵 $\boldsymbol{A}$ 与 $\boldsymbol{B}$ 行等价，即矩阵 $\boldsymbol{A}$ 经初等行变换可变成矩阵 $\boldsymbol{B}$，则 $\boldsymbol{B}$ 的每个行向量都是 $\boldsymbol{A}$ 的行向量组的线性组合，故 $\boldsymbol{B}$ 的行向量组能由 $\boldsymbol{A}$ 的行向量组线性表示. 由于初等变换是可逆的，从而 $\boldsymbol{A}$ 的行向量组也能由 $\boldsymbol{B}$ 的行向量组线性表示，因此 $\boldsymbol{A}$ 的行向量组与 $\boldsymbol{B}$ 的行向量组等价.

类似地，若矩阵 $\boldsymbol{A}$ 与 $\boldsymbol{B}$ 列等价，则 $\boldsymbol{A}$ 的列向量组与 $\boldsymbol{B}$ 的列向量组等价.

向量组的线性组合、线性表示及等价等概念，可移用于线性方程组. 若方程组 1 与方程组 2 能互相线性表示，则这两个方程组可以互推，可互推的线性方程组一定同解.

用矩阵形式描述向量间的线性表示，由此可以方便地证明一些性质.

记向量组 $\boldsymbol{A}:\boldsymbol{\alpha}_1,\boldsymbol{\alpha}_2,\cdots,\boldsymbol{\alpha}_m$ 和向量组 $\boldsymbol{B}:\boldsymbol{\beta}_1,\boldsymbol{\beta}_2,\cdots,\boldsymbol{\beta}_s$ 所构成的矩阵分别是 $\boldsymbol{A}=(\boldsymbol{\alpha}_1,\boldsymbol{\alpha}_2,\cdots,\boldsymbol{\alpha}_m)$ 和 $\boldsymbol{B}=(\boldsymbol{\beta}_1,\boldsymbol{\beta}_2,\cdots,\boldsymbol{\beta}_s)$，则有下面一些结论.

定理 2　向量组 $\boldsymbol{B}:\boldsymbol{\beta}_1,\boldsymbol{\beta}_2,\cdots,\boldsymbol{\beta}_s$ 能由向量组 $\boldsymbol{A}:\boldsymbol{\alpha}_1,\boldsymbol{\alpha}_2,\cdots,\boldsymbol{\alpha}_m$ 线性表示 $\Leftrightarrow R(\boldsymbol{A})=R(\boldsymbol{A},\boldsymbol{B})$.

证明　向量组 $\boldsymbol{B}:\boldsymbol{\beta}_1,\boldsymbol{\beta}_2,\cdots,\boldsymbol{\beta}_s$ 能由向量组 $\boldsymbol{A}:\boldsymbol{\alpha}_1,\boldsymbol{\alpha}_2,\cdots,\boldsymbol{\alpha}_m$ 线性表示

$\Leftrightarrow$ 存在 $m\times s$ 矩阵 $\boldsymbol{L}$，使得 $\boldsymbol{B}=\boldsymbol{AL}$

$\Leftrightarrow$ 矩阵方程 $\boldsymbol{AX}=\boldsymbol{B}$ 有解

$\Leftrightarrow R(\boldsymbol{A})=R(\boldsymbol{A},\boldsymbol{B})$.

上述证明，对应了 4 种叙述，第 1 种叙述可称为几何语言，后 3 种则都是矩阵语言.我们要掌握用矩阵语言表述几何问题的方法，也要掌握用几何语言来解释矩阵表述结论的方法.

推论 1　向量组 $\boldsymbol{A}:\boldsymbol{\alpha}_1,\boldsymbol{\alpha}_2,\cdots,\boldsymbol{\alpha}_m$ 与向量组 $\boldsymbol{B}:\boldsymbol{\beta}_1,\boldsymbol{\beta}_2,\cdots,\boldsymbol{\beta}_s$ 等价的充分必要条件是 $R(\boldsymbol{A})=R(\boldsymbol{B})=R(\boldsymbol{A},\boldsymbol{B})$.

证明　向量组 $\boldsymbol{A}:\boldsymbol{\alpha}_1,\boldsymbol{\alpha}_2,\cdots,\boldsymbol{\alpha}_m$ 与向量组 $\boldsymbol{B}:\boldsymbol{\beta}_1,\boldsymbol{\beta}_2,\cdots,\boldsymbol{\beta}_s$ 等价，即向量组 $\boldsymbol{A}$ 与向量

组$\boldsymbol{B}$能互相线性表示，根据定理2知，向量组$\boldsymbol{A}$与向量组$\boldsymbol{B}$等价$\Leftrightarrow R(\boldsymbol{A})=R(\boldsymbol{A},\boldsymbol{B}),R(\boldsymbol{B})=R(\boldsymbol{B},\boldsymbol{A})$，而$R(\boldsymbol{A},\boldsymbol{B})=R(\boldsymbol{B},\boldsymbol{A})$，因此向量组$\boldsymbol{A}$与向量组$\boldsymbol{B}$等价$\Leftrightarrow R(\boldsymbol{A})=R(\boldsymbol{B})=R(\boldsymbol{A},\boldsymbol{B})$.

例 5 设$\boldsymbol{\alpha}_1=\begin{pmatrix}1\\1\\0\\2\end{pmatrix},\boldsymbol{\alpha}_2=\begin{pmatrix}0\\1\\1\\1\end{pmatrix},\boldsymbol{\beta}_1=\begin{pmatrix}1\\2\\1\\3\end{pmatrix},\boldsymbol{\beta}_2=\begin{pmatrix}-1\\2\\3\\1\end{pmatrix},\boldsymbol{\beta}_3=\begin{pmatrix}1\\0\\-1\\1\end{pmatrix}$，证明：向量组$\boldsymbol{\alpha}_1,\boldsymbol{\alpha}_2$与向量组$\boldsymbol{\beta}_1,\boldsymbol{\beta}_2,\boldsymbol{\beta}_3$等价.

证明 记$\boldsymbol{A}=(\boldsymbol{\alpha}_1,\boldsymbol{\alpha}_2),\boldsymbol{B}=(\boldsymbol{\beta}_1,\boldsymbol{\beta}_2,\boldsymbol{\beta}_3)$，根据推论1，只要证$R(\boldsymbol{A})=R(\boldsymbol{B})=R(\boldsymbol{A},\boldsymbol{B})$.为此把矩阵$(\boldsymbol{A},\boldsymbol{B})$化为行阶梯形矩阵，由

$$(\boldsymbol{A},\boldsymbol{B})=\begin{pmatrix}1&0&1&-1&1\\1&1&2&2&0\\0&1&1&3&-1\\2&1&3&1&1\end{pmatrix}\sim\begin{pmatrix}1&0&1&-1&1\\0&1&1&3&-1\\0&0&0&0&0\\0&0&0&0&0\end{pmatrix},$$

知$R(\boldsymbol{A})=R(\boldsymbol{A},\boldsymbol{B})=2$.

容易看出矩阵$\boldsymbol{B}$中有不等于0的2阶子式，故$R(\boldsymbol{B})\geqslant 2$，又$R(\boldsymbol{B})\leqslant R(\boldsymbol{A},\boldsymbol{B})=2$，于是$R(\boldsymbol{B})=2$，因此，$R(\boldsymbol{A})=R(\boldsymbol{B})=R(\boldsymbol{A},\boldsymbol{B})$，故得证.

定理 3 向量组$\boldsymbol{B}:\boldsymbol{\beta}_1,\boldsymbol{\beta}_2,\cdots,\boldsymbol{\beta}_s$能由向量组$\boldsymbol{A}:\boldsymbol{\alpha}_1,\boldsymbol{\alpha}_2,\cdots,\boldsymbol{\alpha}_m$线性表示，则$R(\boldsymbol{B})\leqslant R(\boldsymbol{A})$.

证明 因向量组$\boldsymbol{B}:\boldsymbol{\beta}_1,\boldsymbol{\beta}_2,\cdots,\boldsymbol{\beta}_s$能由向量组$\boldsymbol{A}:\boldsymbol{\alpha}_1,\boldsymbol{\alpha}_2,\cdots,\boldsymbol{\alpha}_m$线性表示，根据定理2有$R(\boldsymbol{A})=R(\boldsymbol{A},\boldsymbol{B})$，而$R(\boldsymbol{B})\leqslant R(\boldsymbol{A},\boldsymbol{B})$，因此$R(\boldsymbol{B})\leqslant R(\boldsymbol{A})$.

本章将向量组的问题表述成矩阵形式，并通过矩阵的运算得出结果，然后把矩阵形式的结果写成对应几何问题的结论.这种用矩阵来表述问题，然后通过矩阵的运算解决问题的方法，通常叫作矩阵方法，这正是线性代数的基本方法，读者应加强这一方法的练习.

4.3 向量组的线性相关性

4.3.1 向量组的线性相关性

定义 11 给定向量组$\boldsymbol{A}:\boldsymbol{\alpha}_1,\boldsymbol{\alpha}_2,\cdots,\boldsymbol{\alpha}_m$，如果存在一组不全为零的数$k_1,k_2,\cdots,k_m$，使得

$$k_1\boldsymbol{\alpha}_1+k_2\boldsymbol{\alpha}_2+\cdots+k_m\boldsymbol{\alpha}_m=\boldsymbol{0},$$

则称向量组$\boldsymbol{A}$是线性相关的，否则就是线性无关的.

注：向量组$\boldsymbol{A}:\boldsymbol{\alpha}_1,\boldsymbol{\alpha}_2,\cdots,\boldsymbol{\alpha}_m$线性无关的充分必要条件是$k_1\boldsymbol{\alpha}_1+k_2\boldsymbol{\alpha}_2+\cdots+k_m\boldsymbol{\alpha}_m=$

$\mathbf{0}$,当且仅当 $k_1=k_2=\cdots=k_m=0$.

根据向量组线性相关定义,可以直接得到下面结论:

(1) 含有零向量的向量组一定线性相关;

(2) 由一个向量构成的向量组 $\boldsymbol{\alpha}$ 线性相关 $\Leftrightarrow \boldsymbol{\alpha}=\mathbf{0}$;

(3) 由两个向量组成的向量组 $\boldsymbol{\alpha},\boldsymbol{\beta}$ 线性相关 $\Leftrightarrow \boldsymbol{\alpha}$ 与 $\boldsymbol{\beta}$ 的分量对应成比例;

(4) 设 $\boldsymbol{\alpha}_1,\boldsymbol{\alpha}_2,\cdots,\boldsymbol{\alpha}_m$ 线性相关,则任意扩充后的同维向量组 $\boldsymbol{\alpha}_1,\boldsymbol{\alpha}_2,\cdots,\boldsymbol{\alpha}_m,\boldsymbol{\alpha}_{m+1},\boldsymbol{\alpha}_{m+2},\cdots,\boldsymbol{\alpha}_{m+r}$ 也线性相关.

我们常把上述结论简述为"相关组的扩充向量组必为相关组",或者"部分相关,整体必相关".它的等价说法是"无关组的子向量组必为无关组"或者"整体无关,部分必无关".

例 6　讨论 n 维单位坐标向量组的线性相关性.

解　设 $k_1\boldsymbol{e}_1+k_2\boldsymbol{e}_2+\cdots+k_n\boldsymbol{e}_n=\mathbf{0}$,显然当且仅当 $k_1=k_2=\cdots=k_n=0$ 时该等式才成立,因此 n 维单位坐标向量组 $\boldsymbol{e}_1,\boldsymbol{e}_2,\cdots,\boldsymbol{e}_n$ 线性无关(其任意部分组也线性无关).

向量组线性相关与线性无关的概念也可移用于线性方程组.当方程组中某个方程是其余方程的线性组合时,这个方程就是多余的,这时称方程组(各个方程)是线性相关的;当方程组中没有多余方程,就称方程组(各个方程)是线性无关(或线性独立)的.

向量组 $\boldsymbol{A}:\boldsymbol{\alpha}_1,\boldsymbol{\alpha}_2,\cdots,\boldsymbol{\alpha}_m$ 线性相关,就是齐次线性方程组

$$k_1\boldsymbol{\alpha}_1+k_2\boldsymbol{\alpha}_2+\cdots+k_m\boldsymbol{\alpha}_m=\mathbf{0},$$

即

$$\boldsymbol{A}\boldsymbol{x}=\mathbf{0}(\text{其中 } \boldsymbol{A}=(\boldsymbol{\alpha}_1,\boldsymbol{\alpha}_2,\cdots,\boldsymbol{\alpha}_m))$$

有非零解,于是有下面的定理成立.

定理 4　(1) 向量组 $\boldsymbol{A}:\boldsymbol{\alpha}_1,\boldsymbol{\alpha}_2,\cdots,\boldsymbol{\alpha}_m$ 线性相关 $\Leftrightarrow \boldsymbol{A}\boldsymbol{x}=\mathbf{0}$ 有非零解 $\Leftrightarrow R(\boldsymbol{A})<m$;

(2) 向量组 $\boldsymbol{A}:\boldsymbol{\alpha}_1,\boldsymbol{\alpha}_2,\cdots,\boldsymbol{\alpha}_m$ 线性无关 $\Leftrightarrow \boldsymbol{A}\boldsymbol{x}=\mathbf{0}$ 只有零解 $\Leftrightarrow R(\boldsymbol{A})=m$.

注:当 $\boldsymbol{A}$ 是方阵时,向量组 $\boldsymbol{A}:\boldsymbol{\alpha}_1,\boldsymbol{\alpha}_2,\cdots,\boldsymbol{\alpha}_m$ 线性相关 $\Leftrightarrow |\boldsymbol{A}|=0$.

向量组 $\boldsymbol{A}:\boldsymbol{\alpha}_1,\boldsymbol{\alpha}_2,\cdots,\boldsymbol{\alpha}_m$ 线性无关 $\Leftrightarrow |\boldsymbol{A}|\neq 0$;

由定理 4 很容易得到下面的结论.

推论 2　设 n 维向量组 $\boldsymbol{A}:\boldsymbol{\alpha}_1,\boldsymbol{\alpha}_2,\cdots,\boldsymbol{\alpha}_m$,若 $n<m$,则向量组 $\boldsymbol{A}$ 线性相关.特别地,$n+1$ 个 n 维向量一定线性相关.

例 7　已知

$$\boldsymbol{\alpha}_1=\begin{pmatrix}-1\\-1\\0\end{pmatrix},\boldsymbol{\alpha}_2=\begin{pmatrix}1\\-1\\-2\end{pmatrix},\boldsymbol{\alpha}_3=\begin{pmatrix}-1\\-3\\-2\end{pmatrix},$$

讨论向量组 $\boldsymbol{\alpha}_1,\boldsymbol{\alpha}_2,\boldsymbol{\alpha}_3$ 及向量组 $\boldsymbol{\alpha}_1,\boldsymbol{\alpha}_2$ 的线性相关性.

解 由 $A=(\boldsymbol{\alpha}_1,\boldsymbol{\alpha}_2,\boldsymbol{\alpha}_3)=\begin{pmatrix}-1&1&-1\\-1&-1&-3\\0&-2&-2\end{pmatrix}\sim\begin{pmatrix}1&-1&1\\0&2&2\\0&2&2\end{pmatrix}\sim\begin{pmatrix}1&-1&1\\0&2&2\\0&0&0\end{pmatrix}$ 知，$R(A)=2<3$，故向量组 $\boldsymbol{\alpha}_1,\boldsymbol{\alpha}_2,\boldsymbol{\alpha}_3$ 线性相关，又 $R(\boldsymbol{\alpha}_1,\boldsymbol{\alpha}_2)=2$，所以向量组 $\boldsymbol{\alpha}_1,\boldsymbol{\alpha}_2$ 线性无关.

例 8 已知向量组 $\boldsymbol{\alpha}_1,\boldsymbol{\alpha}_2,\boldsymbol{\alpha}_3$ 线性无关，$\boldsymbol{\beta}_1=\boldsymbol{\alpha}_1+\boldsymbol{\alpha}_2$，$\boldsymbol{\beta}_2=\boldsymbol{\alpha}_2+2\boldsymbol{\alpha}_3$，$\boldsymbol{\beta}_3=\boldsymbol{\alpha}_3+3\boldsymbol{\alpha}_1$，试证向量组 $\boldsymbol{\beta}_1,\boldsymbol{\beta}_2,\boldsymbol{\beta}_3$ 线性无关.

证法一 设有数 x_1,x_2,x_3，使 $x_1\boldsymbol{\beta}_1+x_2\boldsymbol{\beta}_2+x_3\boldsymbol{\beta}_3=\mathbf{0}$，即

$$x_1(\boldsymbol{\alpha}_1+\boldsymbol{\alpha}_2)+x_2(\boldsymbol{\alpha}_2+2\boldsymbol{\alpha}_3)+x_3(\boldsymbol{\alpha}_3+3\boldsymbol{\alpha}_1)=\mathbf{0},$$

亦即

$$(x_1+3x_3)\boldsymbol{\alpha}_1+(x_1+x_2)\boldsymbol{\alpha}_2+(2x_2+x_3)\boldsymbol{\alpha}_3=\mathbf{0}.$$

由 $\boldsymbol{\alpha}_1,\boldsymbol{\alpha}_2,\boldsymbol{\alpha}_3$ 线性无关，得

$$\begin{cases}x_1+3x_3=0,\\x_1+x_2=0,\\2x_2+x_3=0.\end{cases}$$

其系数行列式 $\begin{vmatrix}1&0&3\\1&1&0\\0&2&1\end{vmatrix}=7\neq0$，该齐次线性方程组只有零解，故向量组 $\boldsymbol{\beta}_1,\boldsymbol{\beta}_2,\boldsymbol{\beta}_3$ 线性无关.

证法二 把已知条件合写成矩阵形式，得

$$(\boldsymbol{\beta}_1,\boldsymbol{\beta}_2,\boldsymbol{\beta}_3)=(\boldsymbol{\alpha}_1,\boldsymbol{\alpha}_2,\boldsymbol{\alpha}_3)\begin{pmatrix}1&0&3\\1&1&0\\0&2&1\end{pmatrix},$$

记作 $B=AK$. 因为 $|K|=7\neq0$，所以 K 可逆，根据矩阵的秩的性质知，$R(A)=R(B)$.

因 A 的列向量组线性无关，由定理 4 知 $R(A)=3$，从而 $R(B)=3$，再由定理 4 知 B 的 3 个列向量线性无关，即 $\boldsymbol{\beta}_1,\boldsymbol{\beta}_2,\boldsymbol{\beta}_3$ 线性无关.

4.3.2 向量组的线性组合(或线性表示)与线性相关性的关系

定理 5 向量组 $A:\boldsymbol{\alpha}_1,\boldsymbol{\alpha}_2,\cdots,\boldsymbol{\alpha}_m(m\geqslant2)$ 线性相关 $\Leftrightarrow$ 向量组 A 中至少存在某个向量 $\boldsymbol{\alpha}_i$ 是其余向量的线性组合(或向量组 A 中至少存在某个向量 $\boldsymbol{\alpha}_i$ 可由其余向量线性表示).

证明 必要性. 设 $\boldsymbol{\alpha}_1,\boldsymbol{\alpha}_2,\cdots,\boldsymbol{\alpha}_m$ 线性相关，则存在一组不全为零的数 $k_1,k_2,\cdots,k_m$，使得

$$k_1\boldsymbol{\alpha}_1+k_2\boldsymbol{\alpha}_2+\cdots+k_m\boldsymbol{\alpha}_m=\mathbf{0}.$$

不妨设 $k_1\neq 0$，则有 $\boldsymbol{\alpha}_1=\left(-\frac{k_2}{k_1}\right)\boldsymbol{\alpha}_2+\cdots+\left(-\frac{k_m}{k_1}\right)\boldsymbol{\alpha}_m$，即 $\boldsymbol{\alpha}_1$ 是其余向量的线性组合.

充分性. 不妨设 $\boldsymbol{\alpha}_1=l_2\boldsymbol{\alpha}_2+\cdots+l_m\boldsymbol{\alpha}_m$，则有

$$-1\boldsymbol{\alpha}_1+l_2\boldsymbol{\alpha}_2+\cdots+l_m\boldsymbol{\alpha}_m=\mathbf{0}.$$

因为 $-1,l_2,\cdots,l_m$ 不全为零，所以 $\boldsymbol{\alpha}_1,\boldsymbol{\alpha}_2,\cdots,\boldsymbol{\alpha}_m$ 线性相关.

注：向量组 $\boldsymbol{A}:\boldsymbol{\alpha}_1,\boldsymbol{\alpha}_2,\cdots,\boldsymbol{\alpha}_m(m\geqslant 2)$ 线性无关 $\Leftrightarrow$ 向量组 $\boldsymbol{A}$ 中任意一个 $\boldsymbol{\alpha}_i$ 都不能表示为其余向量的线性组合.

定理 6　如果向量组 $\boldsymbol{\alpha}_1,\boldsymbol{\alpha}_2,\cdots,\boldsymbol{\alpha}_m$ 线性无关，而添加一个同维向量 $\boldsymbol{\beta}$ 后所得到的向量组 $\boldsymbol{\alpha}_1,\boldsymbol{\alpha}_2,\cdots,\boldsymbol{\alpha}_m,\boldsymbol{\beta}$ 线性相关，则 $\boldsymbol{\beta}$ 可由 $\boldsymbol{\alpha}_1,\boldsymbol{\alpha}_2,\cdots,\boldsymbol{\alpha}_m$ 线性表示，且表示式是唯一的.

证明　记 $\boldsymbol{A}=(\boldsymbol{\alpha}_1,\boldsymbol{\alpha}_2,\cdots,\boldsymbol{\alpha}_m)$.

因为向量组 $\boldsymbol{\alpha}_1,\boldsymbol{\alpha}_2,\cdots,\boldsymbol{\alpha}_m$ 线性无关，所以由定理 4 知 $R(\boldsymbol{A})=m$.

又向量组 $\boldsymbol{\alpha}_1,\boldsymbol{\alpha}_2,\cdots,\boldsymbol{\alpha}_m,\boldsymbol{\beta}$ 线性相关，则 $R(\boldsymbol{A},\boldsymbol{\beta})<m+1$. 于是由 $m=R(\boldsymbol{A})\leqslant R(\boldsymbol{A},\boldsymbol{\beta})<m+1$，知 $R(\boldsymbol{A})=R(\boldsymbol{A},\boldsymbol{\beta})=m$，因此 $\boldsymbol{Ax}=\boldsymbol{\beta}$ 有唯一解，即 $\boldsymbol{\beta}$ 可由 $\boldsymbol{\alpha}_1,\boldsymbol{\alpha}_2,\cdots,\boldsymbol{\alpha}_m$ 线性表示，且表示式是唯一的.

定理 7　若向量组 $\boldsymbol{B}:\boldsymbol{\beta}_1,\boldsymbol{\beta}_2,\cdots,\boldsymbol{\beta}_s$ 能由向量组 $\boldsymbol{A}:\boldsymbol{\alpha}_1,\boldsymbol{\alpha}_2,\cdots,\boldsymbol{\alpha}_m$ 线性表示，且 $m<s$，则向量组 $\boldsymbol{B}$ 线性相关.

证明　记 $\boldsymbol{A}=(\boldsymbol{\alpha}_1,\boldsymbol{\alpha}_2,\cdots,\boldsymbol{\alpha}_m)$，$\boldsymbol{B}=(\boldsymbol{\beta}_1,\boldsymbol{\beta}_2,\cdots,\boldsymbol{\beta}_s)$.

因为向量组 $\boldsymbol{B}:\boldsymbol{\beta}_1,\boldsymbol{\beta}_2,\cdots,\boldsymbol{\beta}_s$ 能由向量组 $\boldsymbol{A}:\boldsymbol{\alpha}_1,\boldsymbol{\alpha}_2,\cdots,\boldsymbol{\alpha}_m$ 线性表示，所以由定理 3 知，$R(\boldsymbol{B})\leqslant R(\boldsymbol{A})$，又 $R(\boldsymbol{A})\leqslant m$，$m<s$，则 $R(\boldsymbol{B})<s$，故由定理 4 知向量组 $\boldsymbol{B}$ 线性相关.

推论 3　若向量组 $\boldsymbol{B}:\boldsymbol{\beta}_1,\boldsymbol{\beta}_2,\cdots,\boldsymbol{\beta}_s$ 能由向量组 $\boldsymbol{A}:\boldsymbol{\alpha}_1,\boldsymbol{\alpha}_2,\cdots,\boldsymbol{\alpha}_m$ 线性表示，且向量组 $\boldsymbol{B}$ 线性无关，则 $s\leqslant m$.

例 9　设向量组 $\boldsymbol{\alpha}_1,\boldsymbol{\alpha}_2,\cdots,\boldsymbol{\alpha}_m$ 线性无关，向量 $\boldsymbol{\beta}_1$ 可由向量组 $\boldsymbol{\alpha}_1,\boldsymbol{\alpha}_2,\cdots,\boldsymbol{\alpha}_m$ 线性表示，向量 $\boldsymbol{\beta}_2$ 不能由向量组 $\boldsymbol{\alpha}_1,\boldsymbol{\alpha}_2,\cdots,\boldsymbol{\alpha}_m$ 线性表示，证明：向量组 $\boldsymbol{\alpha}_1,\boldsymbol{\alpha}_2,\cdots,\boldsymbol{\alpha}_m,\boldsymbol{\beta}_1+\boldsymbol{\beta}_2$ 线性无关.

证法一　依题意可设 $\boldsymbol{\beta}_1=k_1\boldsymbol{\alpha}_1+k_2\boldsymbol{\alpha}_2+\cdots+k_m\boldsymbol{\alpha}_m$，再设有一组数 $l_1,l_2,\cdots,l_m,l_{m+1}$，使

$$l_1\boldsymbol{\alpha}_1+l_2\boldsymbol{\alpha}_2+\cdots+l_m\boldsymbol{\alpha}_m+l_{m+1}(\boldsymbol{\beta}_1+\boldsymbol{\beta}_2)=\mathbf{0},$$

即
$$(l_1+l_{m+k_1})\boldsymbol{\alpha}_1+(l_2+l_{m+k_2})\boldsymbol{\alpha}_2+\cdots+(l_m+l_{m+k_m})\boldsymbol{\alpha}_m+l_{m+1}\boldsymbol{\beta}_2=\mathbf{0}.$$

若 $l_{m+1}\neq 0$，则 $\boldsymbol{\beta}_2$ 可由向量组 $\boldsymbol{\alpha}_1,\boldsymbol{\alpha}_2,\cdots,\boldsymbol{\alpha}_m$ 线性表示，这与已知矛盾，因此 $l_{m+1}=0$，于是

$$l_1\boldsymbol{\alpha}_1+l_2\boldsymbol{\alpha}_2+\cdots+l_m\boldsymbol{\alpha}_m=\mathbf{0}.$$

再由 $\boldsymbol{\alpha}_1,\boldsymbol{\alpha}_2,\cdots,\boldsymbol{\alpha}_m$ 线性无关，得 $l_1=l_2=\cdots=l_m=0$，因此 $l_1=l_2=\cdots=l_m=l_{m+1}=0$，故向量组 $\boldsymbol{\alpha}_1,\boldsymbol{\alpha}_2,\cdots,\boldsymbol{\alpha}_m,\boldsymbol{\beta}_1+\boldsymbol{\beta}_2$ 线性无关.

证法二　记 $\boldsymbol{A}=(\boldsymbol{\alpha}_1,\boldsymbol{\alpha}_2,\cdots,\boldsymbol{\alpha}_m)$，$\boldsymbol{B}=(\boldsymbol{\alpha}_1,\boldsymbol{\alpha}_2,\cdots,\boldsymbol{\alpha}_m,\boldsymbol{\beta}_1+\boldsymbol{\beta}_2)$，则由题设条件有，

$R(\boldsymbol{A})=m, R(\boldsymbol{A})=R(\boldsymbol{A},\boldsymbol{\beta}_1), R(\boldsymbol{A})\neq R(\boldsymbol{A},\boldsymbol{\beta}_2)$，且 $\boldsymbol{B}=(\boldsymbol{\alpha}_1,\boldsymbol{\alpha}_2,\cdots,\boldsymbol{\alpha}_m,\boldsymbol{\beta}_1+\boldsymbol{\beta}_2)\overset{c}{\sim}(\boldsymbol{\alpha}_1,\boldsymbol{\alpha}_2,\cdots,\boldsymbol{\alpha}_m,\boldsymbol{\beta}_2)=(\boldsymbol{A},\boldsymbol{\beta}_2)$.

因为 $R(\boldsymbol{A})\leqslant R(\boldsymbol{A},\boldsymbol{\beta}_2)\leqslant m+1$，所以 $m=R(\boldsymbol{A})<R(\boldsymbol{A},\boldsymbol{\beta}_2)\leqslant m+1$，因此 $R(\boldsymbol{A},\boldsymbol{\beta}_2)=m+1$，于是向量组 $\boldsymbol{\alpha}_1,\boldsymbol{\alpha}_2,\cdots,\boldsymbol{\alpha}_m,\boldsymbol{\beta}_1+\boldsymbol{\beta}_2$ 线性无关.

4.4 向量组的秩

前面两节在讨论向量组的线性组合和线性相关性时，矩阵的秩起了十分重要的作用. 为使讨论进一步深入，本节将把秩的概念引入向量组.

4.4.1 向量组的最大无关组

定义 12 设有向量组 $\boldsymbol{A}$，如果在向量组 $\boldsymbol{A}$ 中有向量 $\boldsymbol{\alpha}_1,\boldsymbol{\alpha}_2,\cdots,\boldsymbol{\alpha}_r$，满足

(1) 向量组 $\boldsymbol{A}_0:\boldsymbol{\alpha}_1,\boldsymbol{\alpha}_2,\cdots,\boldsymbol{\alpha}_r$ 线性无关；

(2) 向量组 $\boldsymbol{A}$ 中任意 $r+1$ 个向量(如果 $\boldsymbol{A}$ 中有 $r+1$ 个向量的话) 都是线性相关的，那么称向量组 $\boldsymbol{A}_0$ 是向量组 $\boldsymbol{A}$ 的一个最大线性无关部分组，简称最大无关组或极大无关组.

注：(1) 只含有零向量的向量组没有最大无关组；

(2) 若向量组 $\boldsymbol{A}:\boldsymbol{\alpha}_1,\boldsymbol{\alpha}_2,\cdots,\boldsymbol{\alpha}_r$ 线性无关，则其最大无关组就是它本身.

例 10 全体 n 维向量构成的向量组记为 $\boldsymbol{R}^n$，求 $\boldsymbol{R}^n$ 的一个最大无关组.

解 例 6 已证明 n 维单位坐标向量组 $\boldsymbol{E}:\boldsymbol{e}_1,\boldsymbol{e}_2,\cdots,\boldsymbol{e}_n$ 是线性无关的，又根据推论 2，$\boldsymbol{R}^n$ 中任意 $n+1$ 个向量都是线性相关的，所以向量组 $\boldsymbol{E}$ 是 $\boldsymbol{R}^n$ 的一个最大无关组.

注：(1) 任意 n 个线性无关的 n 维向量组都是 $\boldsymbol{R}^n$ 的一个最大无关组；

(2) 向量组的最大无关组一般不是唯一的.

定理 8 设 $R(\boldsymbol{A})=r\geqslant 1$，则矩阵 $\boldsymbol{A}$ 中存在某个 r 阶子式 $D_r\neq 0$，且 $\boldsymbol{A}$ 中 D_r 所在的 r 个列向量(或行向量) 是 $\boldsymbol{A}$ 的列向量组(或行向量组) 的最大无关组.

证明 设 $R(\boldsymbol{A})=r$，由矩阵的秩的定义知，$\boldsymbol{A}$ 中存在某个 $D_r\neq 0$，而 $\boldsymbol{A}$ 中所有的 $D_{r+1}=0$(若有的话)，因此 $\boldsymbol{A}$ 中 D_r 所在的 r 个列向量线性无关，而 $\boldsymbol{A}$ 中任意的 $r+1$ 个列向量(若有的话) 线性相关.由定义 12 知，$\boldsymbol{A}$ 中 D_r 所在的 r 个列向量是 $\boldsymbol{A}$ 的列向量组的一个最大无关组.

类似可证 D_r 所在的 r 个行向量是 $\boldsymbol{A}$ 的行向量组的最大无关组.

4.4.2 最大无关组的等价定义

向量组 $\boldsymbol{A}$ 和它的最大无关组 $\boldsymbol{A}_0$ 是等价的.这是因为向量组 $\boldsymbol{A}_0$ 是向量组 $\boldsymbol{A}$ 的一个部分组，故向量组 $\boldsymbol{A}_0$ 总能由向量组 $\boldsymbol{A}$ 线性表示(因为向量组 $\boldsymbol{A}$ 中每个向量都可由向量组 $\boldsymbol{A}$

线性表示)；对于向量组 $\boldsymbol{A}$ 中任一向量 $\boldsymbol{\alpha}$，若 $\boldsymbol{\alpha}$ 在向量组 $\boldsymbol{A}_0$ 中，显然 $\boldsymbol{\alpha}$ 可由向量组 $\boldsymbol{A}_0$ 线性表示；若 $\boldsymbol{\alpha}$ 不在向量组 $\boldsymbol{A}_0$ 中，则由最大无关组的定义的条件(2) 知，这 $r+1$ 个向量 $\boldsymbol{\alpha}_1,\boldsymbol{\alpha}_2,\cdots,\boldsymbol{\alpha}_r,\boldsymbol{\alpha}$ 线性相关，而 $\boldsymbol{\alpha}_1,\boldsymbol{\alpha}_2,\cdots,\boldsymbol{\alpha}_r$ 线性无关，根据定理 6 知，$\boldsymbol{\alpha}$ 可由 $\boldsymbol{\alpha}_1,\boldsymbol{\alpha}_2,\cdots,\boldsymbol{\alpha}_r$ 线性表示，即向量组 $\boldsymbol{A}$ 能由向量组 $\boldsymbol{A}_0$ 线性表示.所以向量组 $\boldsymbol{A}$ 与向量组 $\boldsymbol{A}_0$ 等价.

由上述过程，我们可以得到下面的推论.

推论 4(最大无关组的等价定义) 设有向量组 $\boldsymbol{A}$，如果在向量组 $\boldsymbol{A}$ 中有向量 $\boldsymbol{\alpha}_1,\boldsymbol{\alpha}_2,\cdots,\boldsymbol{\alpha}_r$，满足

(1) 向量组 $\boldsymbol{A}_0:\boldsymbol{\alpha}_1,\boldsymbol{\alpha}_2,\cdots,\boldsymbol{\alpha}_r$ 线性无关；

(2) 向量组 $\boldsymbol{A}$ 中任意一个向量都可由向量组 $\boldsymbol{A}_0$ 线性表示，

则称向量组 $\boldsymbol{A}_0$ 是向量组 $\boldsymbol{A}$ 的一个最大无关组.

只要证明向量组 $\boldsymbol{A}$ 中任意 $r+1$ 个向量都是线性相关的即可.

证明 在向量组 $\boldsymbol{A}$ 中任取 $r+1$ 个向量，记为 $\boldsymbol{\beta}_1,\boldsymbol{\beta}_2,\cdots,\boldsymbol{\beta}_{r+1}$，由推论 4 条件(2) 知，这 $r+1$ 个向量都可由向量组 $\boldsymbol{A}_0$ 线性表示，根据定理 3 有

$$R(\boldsymbol{\beta}_1,\boldsymbol{\beta}_2,\cdots,\boldsymbol{\beta}_{r+1})\leqslant R(\boldsymbol{\alpha}_1,\boldsymbol{\alpha}_2,\cdots,\boldsymbol{\alpha}_r)=r,$$

再根据定理 4 知，$\boldsymbol{\beta}_1,\boldsymbol{\beta}_2,\cdots,\boldsymbol{\beta}_{r+1}$ 线性相关.因此，向量组 $\boldsymbol{A}_0$ 满足定义 12 的条件，故向量组 $\boldsymbol{A}_0$ 是向量组 $\boldsymbol{A}$ 的一个最大无关组.

由于向量组与其最大无关组等价，因此由等价的传递性知，向量组的任意两个最大无关组等价.

定理 9 一个向量组的任意两个最大无关组所含有的向量个数相同.

证明 不妨设向量组 $\boldsymbol{B}:\boldsymbol{\alpha}_1,\cdots,\boldsymbol{\alpha}_p$ 和向量组 $\boldsymbol{C}:\boldsymbol{\beta}_1,\cdots,\boldsymbol{\beta}_q$ 都是向量组 $\boldsymbol{A}$ 的最大无关组，显然向量组 $\boldsymbol{B}$ 与向量组 $\boldsymbol{C}$ 等价，且都是线性无关的.由推论 3 得 $p\leqslant q$，且 $q\leqslant p$，故 $p=q$.

4.4.3 向量组的秩

定义 13 向量组 $\boldsymbol{A}$ 的最大无关组所含有的向量个数 r 称为向量组 $\boldsymbol{A}$ 的秩，记作 $R_{\boldsymbol{A}}$.

注：(1) 只含零向量的向量组没有最大无关组，规定它的秩为 0.

(2) 等价的向量组秩相等.

由定理 8 知，当 $R(\boldsymbol{A})=r\geqslant 1$ 时，$\boldsymbol{A}$ 的列向量组(或行向量组) 的最大无关组中有 r 个向量，因此 $R_{\boldsymbol{A}}=r$，故有下面的定理成立.

定理 10 矩阵 $\boldsymbol{A}$ 的秩等于它的列向量组的秩，也等于它的行向量组的秩.

例 11 设向量组 $\boldsymbol{B}:\boldsymbol{\beta}_1=\begin{pmatrix}1\\-1\\-2\end{pmatrix},\boldsymbol{\beta}_2=\begin{pmatrix}3\\1\\0\end{pmatrix},\boldsymbol{\beta}_3=\begin{pmatrix}-2\\0\\1\end{pmatrix},\boldsymbol{\beta}_4=\begin{pmatrix}2\\4\\5\end{pmatrix}$，求向量组 $\boldsymbol{B}$ 的秩 $R_{\boldsymbol{B}}$ 和它的一个最大无关组.

解 构造矩阵 $\boldsymbol{B}=(\boldsymbol{\beta}_1,\boldsymbol{\beta}_2,\boldsymbol{\beta}_3,\boldsymbol{\beta}_4)$，由

$$\boldsymbol{B}=\begin{pmatrix}1&3&-2&2\\-1&1&0&4\\-2&0&1&5\end{pmatrix}\overset{r}{\sim}\begin{pmatrix}1&3&-2&2\\0&2&-1&3\\0&0&0&0\end{pmatrix}$$

得 $R(\boldsymbol{B})=2$，因此 $R_{\boldsymbol{B}}=2$.

又矩阵 $\boldsymbol{B}$ 中存在 $D_2=\begin{vmatrix}1&3\\-1&1\end{vmatrix}=4\neq 0$，故由定理 8 知，$D_2$ 所在的 1，2 两列即 $\boldsymbol{\beta}_1,\boldsymbol{\beta}_2$ 是向量组 $\boldsymbol{B}$ 的一个最大无关组.

对于只含有限个向量的向量组 $\boldsymbol{A}$，以向量组 $\boldsymbol{A}$ 中各向量为列向量构成矩阵 $\boldsymbol{A}$ 后，只需作初等行变换将 $\boldsymbol{A}$ 化为行阶梯形矩阵 $\boldsymbol{B}$，则 $R_{\boldsymbol{A}}=R(\boldsymbol{B})$，$\boldsymbol{B}$ 中非零行的首非零元所在列对应 $\boldsymbol{A}$ 中的列向量组就是向量组 $\boldsymbol{A}$ 的一个最大无关组.

例 12 设齐次线性方程组 $\begin{cases}x_1+2x_3+3x_4=0,\\x_1+x_2+x_3+5x_4=0,\\2x_1-x_2+5x_3+4x_4=0\end{cases}$ 的全体解向量构成的向量组为 $\boldsymbol{S}$，求 $R_{\boldsymbol{S}}$.

解 对系数矩阵 $\boldsymbol{A}$ 施行初等行变换，变为行最简形矩阵，由

$$\boldsymbol{A}=\begin{pmatrix}1&0&2&3\\1&1&1&5\\2&-1&5&4\end{pmatrix}\overset{r}{\sim}\begin{pmatrix}1&0&2&3\\0&1&-1&2\\0&0&0&0\end{pmatrix},$$

得同解方程组 $\begin{cases}x_1=-2x_3-3x_4,\\x_2=x_3-2x_4.\end{cases}$

取 x_3,x_4 为自由未知数，令 $x_3=c_1,x_4=c_2$，得方程组的通解

$$\begin{pmatrix}x_1\\x_2\\x_3\\x_4\end{pmatrix}=c_1\begin{pmatrix}-2\\1\\1\\0\end{pmatrix}+c_2\begin{pmatrix}-3\\-2\\0\\1\end{pmatrix}\quad(c_1,c_2\in\mathbf{R}).$$

把上式记作 $\boldsymbol{x}=c_1\boldsymbol{\xi}_1+c_2\boldsymbol{\xi}_2$，则

$$\boldsymbol{S}=\{\boldsymbol{x}=c_1\boldsymbol{\xi}_1+c_2\boldsymbol{\xi}_2\mid c_1,c_2\in\mathbf{R}\},$$

即 $\boldsymbol{S}$ 中任一向量能由向量组 $\boldsymbol{\xi}_1,\boldsymbol{\xi}_2$ 线性表示.又因 $\boldsymbol{\xi}_1,\boldsymbol{\xi}_2$ 的四个对应分量显然不成比例，故 $\boldsymbol{\xi}_1,\boldsymbol{\xi}_2$ 线性无关.因此根据最大无关组的等价定义知，$\boldsymbol{\xi}_1,\boldsymbol{\xi}_2$ 是 $\boldsymbol{S}$ 的一个最大无关组，从而 $R_{\boldsymbol{S}}=2$.

因为向量组 $\boldsymbol{A}:\boldsymbol{\alpha}_1,\boldsymbol{\alpha}_2,\cdots,\boldsymbol{\alpha}_m$ 的秩 $R_{\boldsymbol{A}}$ 与矩阵 $\boldsymbol{A}=(\boldsymbol{\alpha}_1,\boldsymbol{\alpha}_2,\cdots,\boldsymbol{\alpha}_m)$ 的秩 $R(\boldsymbol{A})=R(\boldsymbol{\alpha}_1,\cdots,\boldsymbol{\alpha}_m)$ 相等，故今后向量组 $\boldsymbol{\alpha}_1,\boldsymbol{\alpha}_2,\cdots,\boldsymbol{\alpha}_m$ 的秩也记作 $R(\boldsymbol{\alpha}_1,\cdots,\boldsymbol{\alpha}_m)$.因此，本章介绍的定理 1、定理 2、定理 3、定理 4 中出现的矩阵的秩都可改写为向量组的秩，例如推论

1 可叙述为：

推论 5 向量组 $\boldsymbol{A}:\boldsymbol{\alpha}_1,\boldsymbol{\alpha}_2,\cdots,\boldsymbol{\alpha}_m$ 与向量组 $\boldsymbol{B}:\boldsymbol{\beta}_1,\boldsymbol{\beta}_2,\cdots,\boldsymbol{\beta}_s$ 等价的充分必要条件是 $R(\boldsymbol{\alpha}_1,\boldsymbol{\alpha}_2,\cdots,\boldsymbol{\alpha}_m)=R(\boldsymbol{\beta}_1,\boldsymbol{\beta}_2,\cdots,\boldsymbol{\beta}_s)=R(\boldsymbol{\alpha}_1,\boldsymbol{\alpha}_2,\cdots,\boldsymbol{\alpha}_m,\boldsymbol{\beta}_1,\boldsymbol{\beta}_2,\cdots,\boldsymbol{\beta}_s)$.

这里记号 $R(\boldsymbol{\alpha}_1,\boldsymbol{\alpha}_2,\cdots,\boldsymbol{\alpha}_m)$ 既可以理解为矩阵的秩，也可以理解为向量组的秩.

前面我们建立定理 1、定理 2、定理 3 时，讨论的向量组只含有有限个向量，现在我们将其推广到一般情形.推广的方法是利用向量组的最大无关组作过渡.例如

定理 3′ 向量组 $\boldsymbol{B}$ 能由向量组 $\boldsymbol{A}$ 线性表示，则 $R_{\boldsymbol{B}}\leqslant R_{\boldsymbol{A}}$.

证明 设 $R_{\boldsymbol{A}}=r,R_{\boldsymbol{B}}=t$，并设向量组 $\boldsymbol{A}$ 和 $\boldsymbol{B}$ 的最大无关组依次为

$$\boldsymbol{A}_0:\boldsymbol{\alpha}_1,\boldsymbol{\alpha}_2,\cdots,\boldsymbol{\alpha}_r$$

和

$$\boldsymbol{B}_0:\boldsymbol{\beta}_1,\boldsymbol{\beta}_2,\cdots,\boldsymbol{\beta}_t,$$

由于向量组 $\boldsymbol{B}_0$ 能由向量组 $\boldsymbol{B}$ 线性表示，向量组 $\boldsymbol{B}$ 能由向量组 $\boldsymbol{A}$ 线性表示，向量组 $\boldsymbol{A}$ 能由向量组 $\boldsymbol{A}_0$ 线性表示，因此向量组 $\boldsymbol{B}_0$ 能由向量组 $\boldsymbol{A}_0$ 线性表示，根据定理 3，有 $R(\boldsymbol{\beta}_1,\boldsymbol{\beta}_2,\cdots,\boldsymbol{\beta}_t)\leqslant R(\boldsymbol{\alpha}_1,\boldsymbol{\alpha}_2,\cdots,\boldsymbol{\alpha}_r)$，即 $t\leqslant r$，亦即 $R_{\boldsymbol{B}}\leqslant R_{\boldsymbol{A}}$.

定理 1 和定理 2 的推广请读者自己完成. 今后定理 1、定理 2、定理 3 与其推广后的定理不加区别.

例 13 设向量组 $\boldsymbol{B}$ 能由向量组 $\boldsymbol{A}$ 线性表示，且它们的秩相等，证明向量组 $\boldsymbol{A}$ 与 $\boldsymbol{B}$ 等价.

证明 设向量组 $\boldsymbol{A}$ 和 $\boldsymbol{B}$ 合并成向量组 $\boldsymbol{C}$，因向量组 $\boldsymbol{B}$ 能由向量组 $\boldsymbol{A}$ 线性表示，所以根据定理 2 有 $R_{\boldsymbol{A}}=R_{\boldsymbol{C}}$.又 $R_{\boldsymbol{A}}=R_{\boldsymbol{B}}$，因此 $R_{\boldsymbol{A}}=R_{\boldsymbol{B}}=R_{\boldsymbol{C}}$.根据推论 1 知，向量组 $\boldsymbol{A}$ 与向量组 $\boldsymbol{B}$ 等价.

定理 11 设 $\boldsymbol{A}_{m\times n},\boldsymbol{B}_{m\times n}$ 满足

(1) 若 $\boldsymbol{A}\overset{r}{\sim}\boldsymbol{B}$，则“$\boldsymbol{A}$ 的 $c_1,\cdots,c_k$ 列”线性相关(线性无关)$\Leftrightarrow$
“$\boldsymbol{B}$ 的 $c_1,\cdots,c_k$ 列”线性相关(线性无关)；

(2) 若 $\boldsymbol{A}\overset{c}{\sim}\boldsymbol{B}$，则“$\boldsymbol{A}$ 的 $r_1,\cdots,r_k$ 行”线性相关(线性无关)$\Leftrightarrow$
“$\boldsymbol{B}$ 的 $r_1,\cdots,r_k$ 行”线性相关(线性无关).

证明 (1) 记 $\boldsymbol{A}_{m\times n}=(\boldsymbol{\alpha}_1,\boldsymbol{\alpha}_2,\cdots,\boldsymbol{\alpha}_n)$，$\boldsymbol{B}_{m\times n}=(\boldsymbol{\beta}_1,\boldsymbol{\beta}_2,\cdots,\boldsymbol{\beta}_n)$.

由 $\boldsymbol{A}\overset{r}{\sim}\boldsymbol{B}$ 得 $(\boldsymbol{\alpha}_{c_1},\cdots,\boldsymbol{\alpha}_{c_k})\overset{r}{\sim}(\boldsymbol{\beta}_{c_1},\cdots,\boldsymbol{\beta}_{c_k})$，记作 $\boldsymbol{A}_k\overset{r}{\sim}\boldsymbol{B}_k$，显然方程组 $\boldsymbol{A}_k\boldsymbol{x}=\boldsymbol{0}$ 与 $\boldsymbol{B}_k\boldsymbol{x}=\boldsymbol{0}$ 同解.于是有

$\boldsymbol{\alpha}_{c_1},\cdots,\boldsymbol{\alpha}_{c_k}$ 线性相关 $\Leftrightarrow\boldsymbol{A}_k\boldsymbol{x}=\boldsymbol{0}$ 有非零解 $\Leftrightarrow\boldsymbol{B}_k\boldsymbol{x}=\boldsymbol{0}$ 有非零解 $\Leftrightarrow\boldsymbol{\beta}_{c_1},\cdots,\boldsymbol{\beta}_{c_k}$ 线性相关；$\boldsymbol{\alpha}_{c_1},\cdots,\boldsymbol{\alpha}_{c_k}$ 线性无关 $\Leftrightarrow\boldsymbol{A}_k\boldsymbol{x}=\boldsymbol{0}$ 只有零解 $\Leftrightarrow\boldsymbol{B}_k\boldsymbol{x}=\boldsymbol{0}$ 只有零解 $\Leftrightarrow\boldsymbol{\beta}_{c_1},\cdots,\boldsymbol{\beta}_{c_k}$ 线性无关.

同理可证(2).

注：初等行变换不改变列之间的线性相关性；初等列变换不改变行之间的线性相关性.

例 14 求向量组 $\boldsymbol{A}:\boldsymbol{\alpha}_1=\begin{pmatrix}2\\2\\3\\1\end{pmatrix},\boldsymbol{\alpha}_2=\begin{pmatrix}1\\-3\\-1\\0\end{pmatrix},\boldsymbol{\alpha}_3=\begin{pmatrix}8\\0\\7\\3\end{pmatrix},\boldsymbol{\alpha}_4=\begin{pmatrix}2\\2\\-3\\1\end{pmatrix}$ 的秩,写出该向量组的一个最大无关组,并将其余向量用该最大无关组线性表示.

解 记 $\boldsymbol{A}=(\boldsymbol{\alpha}_1,\boldsymbol{\alpha}_2,\boldsymbol{\alpha}_3,\boldsymbol{\alpha}_4)$,由

$$\boldsymbol{A}=\begin{pmatrix}2&1&8&2\\2&-3&0&2\\3&-1&7&-3\\1&0&3&1\end{pmatrix}\overset{r}{\sim}\begin{pmatrix}1&0&3&0\\0&1&2&0\\0&0&0&1\\0&0&0&0\end{pmatrix}\overset{\triangle}{=}\boldsymbol{B}=(\boldsymbol{\beta}_1,\boldsymbol{\beta}_2,\boldsymbol{\beta}_3,\boldsymbol{\beta}_4)$$

得 $R(\boldsymbol{A})=3$,因此 $R_{\boldsymbol{A}}=3$,且 $\boldsymbol{\alpha}_1,\boldsymbol{\alpha}_2,\boldsymbol{\alpha}_4$ 是向量组 $\boldsymbol{A}$ 的一个最大无关组.

又 $\boldsymbol{\beta}_3=3\boldsymbol{\beta}_1+2\boldsymbol{\beta}_2$,且 $\boldsymbol{\alpha}_1,\boldsymbol{\alpha}_2,\boldsymbol{\alpha}_3,\boldsymbol{\alpha}_4$ 与 $\boldsymbol{\beta}_1,\boldsymbol{\beta}_2,\boldsymbol{\beta}_3,\boldsymbol{\beta}_4$ 具有相同的线性关系,则 $\boldsymbol{\alpha}_3=3\boldsymbol{\alpha}_1+2\boldsymbol{\alpha}_2$.

4.5 线性方程组的解的结构

线性方程组的解的理论和求解方法,是线性代数的核心内容.在第 2 章中介绍的克莱姆法则有其局限性,克莱姆法则只适用于讨论方程个数与未知量个数相同的线性方程组;在第 3 章中,我们介绍了用初等行变换求线性方程组的解的方法,并给出了齐次线性方程组有非零解的充分必要条件以及非齐次线性方程组有解的充分必要条件. 本节将利用向量组的线性相关性理论,讨论线性方程组的解的性质和解的结构,并给出它的通解表示法.当方程组无解或解唯一的情况下,当然没有什么结构问题,所以下面讨论解的结构是针对有多个解而言的.

4.5.1 齐次线性方程组解的性质与结构

设有齐次线性方程组

$$\begin{cases}a_{11}x_1+a_{12}x_2+\cdots+a_{1n}x_n=0,\\a_{21}x_1+a_{22}x_2+\cdots+a_{2n}x_n=0,\\\qquad\qquad\vdots\\a_{m1}x_1+a_{m2}x_2+\cdots+a_{mn}x_n=0.\end{cases}\tag{4.1}$$

记 $\boldsymbol{A}=(a_{ij})_{m\times n},\boldsymbol{x}=(x_1,x_2,\cdots,x_n)^{\mathrm{T}}$,则方程组(4.1) 可写成向量方程为

$$\boldsymbol{A}\boldsymbol{x}=\boldsymbol{0}.\tag{4.2}$$

若 $x_1=\xi_{11},x_2=\xi_{21},\cdots,x_n=\xi_{n1}$ 为方程组(4.1) 的解,则

$$x=\xi_1=\begin{pmatrix}\xi_{11}\\ \xi_{21}\\ \vdots\\ \xi_{n1}\end{pmatrix}$$

称为方程组(4.1)的解向量,也就是方程组(4.2)的解.

性质1 齐次线性方程组 $Ax=0$ 的任意两解之和仍是它的解.

证明 设 ξ_1,ξ_2 是 $Ax=0$ 的两个解,则 $A\xi_1=0,A\xi_2=0$.

要证 $\xi_1+\xi_2$ 是 $Ax=0$ 的解,只需验证 $\xi_1+\xi_2$ 满足方程组 $Ax=0$.

因为 $A(\xi_1+\xi_2)=A\xi_1+A\xi_2=0+0=0$,所以 $\xi_1+\xi_2$ 是 $Ax=0$ 的解.

性质2 齐次线性方程组 $Ax=0$ 的任意解的实数倍仍是它的解.

证明 设 ξ 是 $Ax=0$ 的解,k 是实数,因

$$A(k\xi)=k(A\xi)=k0=0,$$

所以 $k\xi$ 是 $Ax=0$ 的解.

若用 S 表示 $Ax=0$ 的全部解所构成的集合,如果能求得解集 S 的一个最大无关组 S_0:$\xi_1,\xi_2,\cdots,\xi_t$,那么 $Ax=0$ 的任一解都可由最大无关组 S_0 线性表示;另一方面,由性质1和性质2可知,最大无关组 S_0 的任何线性组合

$$x=k_1\xi_1+k_2\xi_2+\cdots+k_t\xi_t$$

都是 $Ax=0$ 的解.

齐次线性方程组的解集的最大无关组称为该齐次线性方程组的基础解系.

若基础解系为 $\xi_1,\xi_2,\cdots,\xi_t$,则其线性组合全体 $k_1\xi_1+k_2\xi_2+\cdots+k_t\xi_t$ 构成了 $Ax=0$ 的全部解. 故其解的一般形式可写成

$$x=k_1\xi_1+k_2\xi_2+\cdots+k_t\xi_t\quad(k_1,k_2,\cdots,k_t\in\mathbf{R}),$$

我们称其为 $Ax=0$ 的通解.因此要求齐次线性方程组的通解,可以先求出它的基础解系.

当 $R(A)=n$ 时,$Ax=0$ 只有零解,没有基础解系.

当 $R(A)<n$ 时,$Ax=0$ 有非零解,从而 $Ax=0$ 有基础解系.在第3章我们用初等变换的方法求线性方程组的解,下面我们用同一方法来求齐次线性方程组的基础解系.

设 $R(A)=r<n$,不妨设 A 的前 r 个列向量线性无关,则 A 的行最简形矩阵为

$$B=\begin{pmatrix}1&\cdots&0&b_{11}&\cdots&b_{1,n-r}\\ \vdots&&\vdots&\vdots&&\vdots\\ 0&\cdots&1&b_{r1}&\cdots&b_{r,n-r}\\ 0&\cdots&0&0&\cdots&0\\ \vdots&&\vdots&\vdots&&\vdots\\ 0&\cdots&0&0&\cdots&0\end{pmatrix},$$

与 $\boldsymbol{Ax}=\mathbf{0}$ 同解的方程组为

$$\begin{cases} x_1=-b_{11}x_{r+1}-b_{12}x_{r+2}-\cdots-b_{1,n-r}x_n, \\ x_2=-b_{21}x_{r+1}-b_{22}x_{r+2}-\cdots-b_{2,n-r}x_n, \\ \quad\vdots \\ x_r=-b_{r1}x_{r+1}-b_{r2}x_{r+2}-\cdots-b_{r,n-r}x_n. \end{cases} \tag{4.3}$$

把 $x_{r+1},x_{r+2},\cdots,x_n$ 作为自由未知数,令 $x_{r+1}=c_1,x_{r+2}=c_2,\cdots,x_n=c_{n-r}$,得 $\boldsymbol{Ax}=\mathbf{0}$ 的通解为

$$\begin{pmatrix} x_1 \\ \vdots \\ x_r \\ x_{r+1} \\ x_{r+2} \\ \vdots \\ x_n \end{pmatrix}=c_1\begin{pmatrix} -b_{11} \\ \vdots \\ -b_{r1} \\ 1 \\ 0 \\ \vdots \\ 0 \end{pmatrix}+c_2\begin{pmatrix} -b_{12} \\ \vdots \\ -b_{r2} \\ 0 \\ 1 \\ \vdots \\ 0 \end{pmatrix}+\cdots+c_{n-r}\begin{pmatrix} -b_{1,n-r} \\ \vdots \\ -b_{r,n-r} \\ 0 \\ 0 \\ \vdots \\ 1 \end{pmatrix},\text{其中 } c_1,c_2,\cdots,c_{n-r}\in\mathbf{R}.$$

记作 $\boldsymbol{x}=c_1\boldsymbol{\xi}_1+c_2\boldsymbol{\xi}_2+\cdots+c_{n-r}\boldsymbol{\xi}_{n-r}$,显然 $\boldsymbol{S}$ 中任一向量都可由 $\boldsymbol{\xi}_1,\boldsymbol{\xi}_2,\cdots,\boldsymbol{\xi}_{n-r}$ 线性表示.因为矩阵 $(\boldsymbol{\xi}_1,\boldsymbol{\xi}_2,\cdots,\boldsymbol{\xi}_{n-r})$ 中有 $n-r$ 阶子式 $|\boldsymbol{E}_{n-r}|\neq 0$,故 $R(\boldsymbol{\xi}_1,\boldsymbol{\xi}_2,\cdots,\boldsymbol{\xi}_{n-r})=n-r$,所以 $\boldsymbol{\xi}_1,\boldsymbol{\xi}_2,\cdots,\boldsymbol{\xi}_{n-r}$ 线性无关.根据最大无关组的等价定义知,$\boldsymbol{\xi}_1,\boldsymbol{\xi}_2,\cdots,\boldsymbol{\xi}_{n-r}$ 是 $\boldsymbol{Ax}=\mathbf{0}$ 的一个基础解系.

上面是先求方程组的通解,通过通解可求得基础解系;其实也可以先求基础解系,再求通解.只需在方程组(4.3) 中令

$$\begin{pmatrix} x_{r+1} \\ x_{r+2} \\ \vdots \\ x_n \end{pmatrix}=\begin{pmatrix} 1 \\ 0 \\ \vdots \\ 0 \end{pmatrix},\begin{pmatrix} 0 \\ 1 \\ \vdots \\ 0 \end{pmatrix},\cdots,\begin{pmatrix} 0 \\ 0 \\ \vdots \\ 1 \end{pmatrix},$$

依次可得

$$\begin{pmatrix} x_1 \\ x_2 \\ \vdots \\ x_r \end{pmatrix}=\begin{pmatrix} -b_{11} \\ -b_{21} \\ \vdots \\ -b_{r1} \end{pmatrix},\begin{pmatrix} -b_{12} \\ -b_{22} \\ \vdots \\ -b_{r2} \end{pmatrix},\cdots,\begin{pmatrix} -b_{1,n-r} \\ -b_{2,n-r} \\ \vdots \\ -b_{r,n-r} \end{pmatrix},$$

合起来可得 $\boldsymbol{Ax}=\boldsymbol{0}$ 的 $n-r$ 个解 $\boldsymbol{\xi}_1=\begin{pmatrix}-b_{11}\\ \vdots\\ -b_{r1}\\ 1\\ 0\\ \vdots\\ 0\end{pmatrix}$，$\boldsymbol{\xi}_2=\begin{pmatrix}-b_{12}\\ \vdots\\ -b_{r2}\\ 0\\ 1\\ \vdots\\ 0\end{pmatrix}$，…，$\boldsymbol{\xi}_{n-r}=\begin{pmatrix}-b_{1,n-r}\\ \vdots\\ -b_{r,n-r}\\ 0\\ 0\\ \vdots\\ 1\end{pmatrix}$，即为 $\boldsymbol{Ax}=\boldsymbol{0}$ 的基础解系.

定理 12　n 元齐次线性方程组 $\boldsymbol{Ax}=\boldsymbol{0}$ 的解集 $\boldsymbol{S}$ 的秩 $R_S=n-R(\boldsymbol{A})$.

由于最大无关组并不唯一，因此齐次线性方程组 $\boldsymbol{Ax}=\boldsymbol{0}$ 的任意 $n-r$ 个线性无关的解都可构成它的基础解系.所以，齐次线性方程组的基础解系不唯一，它的通解的形式也不唯一.

例 15　求齐次线性方程组

$$\begin{cases}x_1-x_2-x_3+x_4=0,\\ x_1-x_2+x_3-3x_4=0,\\ x_1-x_2-2x_3+3x_4=0\end{cases}$$

的基础解系与通解.

解　对系数矩阵 $\boldsymbol{A}$ 施行初等行变换，有

$$\boldsymbol{A}=\begin{pmatrix}1&-1&-1&1\\ 1&-1&1&-3\\ 1&-1&-2&3\end{pmatrix}\overset{r}{\sim}\begin{pmatrix}1&-1&0&-1\\ 0&0&1&-2\\ 0&0&0&0\end{pmatrix},$$

同解方程组为

$$\begin{cases}x_1=x_2+x_4,\\ x_3=2x_4.\end{cases}\tag{4.4}$$

令 $\begin{pmatrix}x_2\\ x_4\end{pmatrix}=\begin{pmatrix}1\\ 0\end{pmatrix},\begin{pmatrix}0\\ 1\end{pmatrix}$，则有 $\begin{pmatrix}x_1\\ x_3\end{pmatrix}=\begin{pmatrix}1\\ 0\end{pmatrix},\begin{pmatrix}1\\ 2\end{pmatrix}$，即得基础解系

$$\boldsymbol{\xi}_1=\begin{pmatrix}1\\ 1\\ 0\\ 0\end{pmatrix},\quad \boldsymbol{\xi}_2=\begin{pmatrix}1\\ 0\\ 2\\ 1\end{pmatrix}.$$

于是所求通解为

$$\begin{pmatrix}x_1\\x_2\\x_3\\x_4\end{pmatrix}=k_1\begin{pmatrix}1\\1\\0\\0\end{pmatrix}+k_2\begin{pmatrix}1\\0\\2\\1\end{pmatrix}\quad(k_1,k_2\in\mathbf{R}).$$

注:根据式(4.4),令$\begin{pmatrix}x_2\\x_4\end{pmatrix}=\begin{pmatrix}1\\0\end{pmatrix},\begin{pmatrix}1\\1\end{pmatrix}$,则有$\begin{pmatrix}x_1\\x_3\end{pmatrix}=\begin{pmatrix}1\\0\end{pmatrix},\begin{pmatrix}2\\2\end{pmatrix}$,即得不同的基础解系

$$\boldsymbol{\eta}_1=\begin{pmatrix}1\\1\\0\\0\end{pmatrix},\quad\boldsymbol{\eta}_2=\begin{pmatrix}2\\1\\2\\1\end{pmatrix},$$

从而得通解

$$\begin{pmatrix}x_1\\x_2\\x_3\\x_4\end{pmatrix}=c_1\begin{pmatrix}1\\1\\0\\0\end{pmatrix}+c_2\begin{pmatrix}2\\1\\2\\1\end{pmatrix}\quad(c_1,c_2\in\mathbf{R}).$$

例 16 设$\boldsymbol{A}_{m\times n}\boldsymbol{B}_{n\times t}=\boldsymbol{0}$,证明$R(\boldsymbol{A})+R(\boldsymbol{B})\leqslant n$.

证明 记$\boldsymbol{B}=(\boldsymbol{b}_1,\boldsymbol{b}_2,\cdots,\boldsymbol{b}_t)$,则

$$\boldsymbol{AB}=\boldsymbol{A}(\boldsymbol{b}_1,\boldsymbol{b}_2,\cdots,\boldsymbol{b}_t)=(\boldsymbol{0},\boldsymbol{0},\cdots,\boldsymbol{0}),$$

即

$$\boldsymbol{Ab}_i=\boldsymbol{0}\quad(i=1,2,\cdots,t).$$

该式表明,矩阵$\boldsymbol{B}$的t个列向量都是齐次线性方程组$\boldsymbol{Ax}=\boldsymbol{0}$的解.记方程组$\boldsymbol{Ax}=\boldsymbol{0}$的解集为$\boldsymbol{S}$,由$\boldsymbol{b}_i\in\boldsymbol{S}(i=1,2,\cdots,t)$知,$R(\boldsymbol{b}_1,\boldsymbol{b}_2,\cdots,\boldsymbol{b}_t)\leqslant R_S$,即$R(\boldsymbol{B})\leqslant R_{\boldsymbol{S}}$.由定理12有$R(\boldsymbol{A})=n-R_{\boldsymbol{S}}$,故$R(\boldsymbol{A})+R(\boldsymbol{B})\leqslant(n-R_{\boldsymbol{S}})+R_{\boldsymbol{S}}=n$.

例 17 证明$R(\boldsymbol{A}^{\mathrm{T}}\boldsymbol{A})=R(\boldsymbol{A})$.

证明 设$\boldsymbol{A}$为$m\times n$矩阵,$\boldsymbol{x}$为n维列向量,若$\boldsymbol{x}$满足$\boldsymbol{Ax}=\boldsymbol{0}$,则有$\boldsymbol{A}^{\mathrm{T}}(\boldsymbol{Ax})=\boldsymbol{0}$,即$(\boldsymbol{A}^{\mathrm{T}}\boldsymbol{A})\boldsymbol{x}=\boldsymbol{0}$;若$\boldsymbol{x}$满足$(\boldsymbol{A}^{\mathrm{T}}\boldsymbol{A})\boldsymbol{x}=\boldsymbol{0}$,则$\boldsymbol{x}^{\mathrm{T}}(\boldsymbol{A}^{\mathrm{T}}\boldsymbol{A})\boldsymbol{x}=0$,即$(\boldsymbol{Ax})^{\mathrm{T}}(\boldsymbol{Ax})=0$,从而推知$\boldsymbol{Ax}=\boldsymbol{0}$.

综上可知,方程组$\boldsymbol{Ax}=\boldsymbol{0}$与$(\boldsymbol{A}^{\mathrm{T}}\boldsymbol{A})\boldsymbol{x}=\boldsymbol{0}$同解,设解集为$\boldsymbol{S}$,则由定理12有,$R(\boldsymbol{A})=n-R_{\boldsymbol{S}}$,$R(\boldsymbol{A}^{\mathrm{T}}\boldsymbol{A})=n-R_{\boldsymbol{S}}$,因此$R(\boldsymbol{A}^{\mathrm{T}}\boldsymbol{A})=R(\boldsymbol{A})$.

4.5.2 非齐次线性方程组解的性质与结构

非齐次线性方程组

$$\begin{cases}a_{11}x_1+a_{12}x_2+\cdots+a_{1n}x_n=b_1,\\a_{21}x_1+a_{22}x_2+\cdots+a_{2n}x_n=b_2,\\\qquad\qquad\vdots\\a_{m1}x_1+a_{m2}x_2+\cdots+a_{mn}x_n=b_m\end{cases}\tag{4.5}$$

可写成向量方程

$$\boldsymbol{Ax}=\boldsymbol{b},\tag{4.6}$$

且具有如下性质.

性质3 非齐次线性方程组$\boldsymbol{Ax}=\boldsymbol{b}$的任意两解之差是对应的齐次线性方程组$\boldsymbol{Ax}=\boldsymbol{0}$的解.

证明 设$\boldsymbol{\eta}_1,\boldsymbol{\eta}_2$都是方程组$\boldsymbol{Ax}=\boldsymbol{b}$的解,则

$$\boldsymbol{A}(\boldsymbol{\eta}_1-\boldsymbol{\eta}_2)=\boldsymbol{A\eta}_1-\boldsymbol{A\eta}_2=\boldsymbol{b}-\boldsymbol{b}=\boldsymbol{0},$$

即$\boldsymbol{\eta}_1-\boldsymbol{\eta}_2$满足方程组$\boldsymbol{Ax}=\boldsymbol{0}$,所以$\boldsymbol{\eta}_1-\boldsymbol{\eta}_2$是$\boldsymbol{Ax}=\boldsymbol{0}$的解.

性质4 $\boldsymbol{Ax}=\boldsymbol{0}$的任一解与$\boldsymbol{Ax}=\boldsymbol{b}$的任一解之和是$\boldsymbol{Ax}=\boldsymbol{b}$的解.

证明 设$\boldsymbol{\eta}$是方程组$\boldsymbol{Ax}=\boldsymbol{b}$的解,$\boldsymbol{\xi}$是对应齐次方程组$\boldsymbol{Ax}=\boldsymbol{0}$的解,则

$$\boldsymbol{A}(\boldsymbol{\xi}+\boldsymbol{\eta})=\boldsymbol{A\xi}+\boldsymbol{A\eta}=\boldsymbol{0}+\boldsymbol{b}=\boldsymbol{b},$$

即$\boldsymbol{x}=\boldsymbol{\xi}+\boldsymbol{\eta}$仍是方程组$\boldsymbol{Ax}=\boldsymbol{b}$的解.

由性质3可知,若求得方程组$\boldsymbol{Ax}=\boldsymbol{b}$的一个特解$\boldsymbol{\eta}^*$,则$\boldsymbol{Ax}=\boldsymbol{b}$的任一解可表示为

$$\boldsymbol{x}=\boldsymbol{\xi}+\boldsymbol{\eta}^*\quad(\boldsymbol{\xi}\text{ 是方程组 }\boldsymbol{Ax}=\boldsymbol{0}\text{ 的通解}).$$

若方程组$\boldsymbol{Ax}=\boldsymbol{0}$的通解为

$$\boldsymbol{x}=k_1\boldsymbol{\xi}_1+k_2\boldsymbol{\xi}_2+\cdots+k_{n-r}\boldsymbol{\xi}_{n-r},$$

则$\boldsymbol{Ax}=\boldsymbol{b}$的任一解都可表示为

$$\boldsymbol{x}=k_1\boldsymbol{\xi}_1+k_2\boldsymbol{\xi}_2+\cdots+k_{n-r}\boldsymbol{\xi}_{n-r}+\boldsymbol{\eta}^*.$$

而由性质4可知,对任意实数$k_1,k_2,\cdots,k_{n-r}$,上式总是方程组$\boldsymbol{Ax}=\boldsymbol{b}$的解.于是方程组$\boldsymbol{Ax}=\boldsymbol{b}$的通解为

$$\boldsymbol{x}=k_1\boldsymbol{\xi}_1+k_2\boldsymbol{\xi}_2+\cdots+k_{n-r}\boldsymbol{\xi}_{n-r}+\boldsymbol{\eta}^*,$$

其中$k_1,k_2,\cdots,k_{n-r}\in\mathbf{R}$,$\boldsymbol{\xi}_1,\boldsymbol{\xi}_2,\cdots,\boldsymbol{\xi}_{n-r}$是方程组$\boldsymbol{Ax}=\boldsymbol{0}$的基础解系.

例18 求线性方程组

$$\begin{cases}x_1-x_2-x_3+x_4=0,\\x_1-x_2+x_3-3x_4=2,\\x_1-x_2-2x_3+3x_4=-1\end{cases}$$

的通解.

解 对增广矩阵$(\boldsymbol{A},\boldsymbol{b})$施行初等行变换,有

$$(\boldsymbol{A},\boldsymbol{b})=\begin{pmatrix}1&-1&-1&1&0\\1&-1&1&-3&2\\1&-1&-2&3&-1\end{pmatrix}\overset{r}{\sim}\begin{pmatrix}1&-1&0&-1&1\\0&0&1&-2&1\\0&0&0&0&0\end{pmatrix}.$$

因为 $R(\boldsymbol{A})=R(\boldsymbol{A},\boldsymbol{b})=2<4$,所以方程组有无穷多解,并且其同解方程组为

$$\begin{cases}x_1=x_2+x_4+1,\\x_3=2x_4+1.\end{cases}$$

令 $\begin{pmatrix}x_2\\x_4\end{pmatrix}=\begin{pmatrix}0\\0\end{pmatrix}$,则 $\begin{pmatrix}x_1\\x_3\end{pmatrix}=\begin{pmatrix}1\\1\end{pmatrix}$,即得方程组的一个特解

$$\boldsymbol{\eta}^*=\begin{pmatrix}1\\0\\1\\0\end{pmatrix}.$$

对应的齐次线性方程组为

$$\begin{cases}x_1=x_2+x_4,\\x_3=2x_4,\end{cases}$$

令 $\begin{pmatrix}x_2\\x_4\end{pmatrix}=\begin{pmatrix}1\\0\end{pmatrix},\begin{pmatrix}0\\1\end{pmatrix}$,则 $\begin{pmatrix}x_1\\x_3\end{pmatrix}=\begin{pmatrix}1\\0\end{pmatrix},\begin{pmatrix}1\\2\end{pmatrix}$,即得对应的齐次线性方程组的基础解系

$$\boldsymbol{\xi}_1=\begin{pmatrix}1\\1\\0\\0\end{pmatrix},\boldsymbol{\xi}_2=\begin{pmatrix}1\\0\\2\\1\end{pmatrix}.$$

所以原方程组的通解为

$$\begin{pmatrix}x_1\\x_2\\x_3\\x_4\end{pmatrix}=c_1\begin{pmatrix}1\\1\\0\\0\end{pmatrix}+c_2\begin{pmatrix}1\\0\\2\\1\end{pmatrix}+\begin{pmatrix}1\\0\\1\\0\end{pmatrix}\quad(c_1,c_2\in\mathbf{R}).$$

例 19 设 $\boldsymbol{Ax}=\boldsymbol{b}$ 中未知量的个数 $n=4$,$R(\boldsymbol{A})=3$,$\boldsymbol{\eta}_1,\boldsymbol{\eta}_2,\boldsymbol{\eta}_3$ 为 $\boldsymbol{Ax}=\boldsymbol{b}$ 的三个解且满足

$$\boldsymbol{\eta}_1=\begin{pmatrix}4\\1\\0\\2\end{pmatrix},\quad\boldsymbol{\eta}_2+\boldsymbol{\eta}_3=\begin{pmatrix}1\\0\\1\\2\end{pmatrix}.$$

求 $\boldsymbol{Ax}=\boldsymbol{b}$ 的通解.

解 由 $n-R(\boldsymbol{A})=4-3=1$ 知,$\boldsymbol{Ax}=\boldsymbol{0}$ 的基础解系中只有一个解向量,因此 $\boldsymbol{Ax}=\boldsymbol{0}$ 的任意一个非零解都是它的基础解系.

因为 $\boldsymbol{\eta}_1,\boldsymbol{\eta}_2,\boldsymbol{\eta}_3$ 都是 $\boldsymbol{Ax}=\boldsymbol{b}$ 的解,所以 $\boldsymbol{\eta}_1-\boldsymbol{\eta}_2$ 和 $\boldsymbol{\eta}_1-\boldsymbol{\eta}_3$ 都是 $\boldsymbol{Ax}=\boldsymbol{0}$ 的解,它们的和

$$\boldsymbol{\xi}=(\boldsymbol{\eta}_1-\boldsymbol{\eta}_2)+(\boldsymbol{\eta}_1-\boldsymbol{\eta}_3)=2\boldsymbol{\eta}_1-(\boldsymbol{\eta}_2+\boldsymbol{\eta}_3)=\begin{pmatrix}7\\2\\-1\\2\end{pmatrix}$$

是 $\boldsymbol{Ax}=\boldsymbol{0}$ 的非零解，也是 $\boldsymbol{Ax}=\boldsymbol{0}$ 的基础解系.因此，$\boldsymbol{Ax}=\boldsymbol{b}$ 的通解为 $\boldsymbol{x}=k\boldsymbol{\xi}+\boldsymbol{\eta}_1(k\in\mathbf{R})$.

例 20 设矩阵 $\mathbf{A}=(\boldsymbol{\alpha}_1,\boldsymbol{\alpha}_2,\boldsymbol{\alpha}_3,\boldsymbol{\alpha}_4)$，其中 $\boldsymbol{\alpha}_1,\boldsymbol{\alpha}_2,\boldsymbol{\alpha}_3$ 线性无关，$\boldsymbol{\alpha}_4=\boldsymbol{\alpha}_1-2\boldsymbol{\alpha}_2$ 且向量 $\boldsymbol{b}=\boldsymbol{\alpha}_1+2\boldsymbol{\alpha}_2+\boldsymbol{\alpha}_3+\boldsymbol{\alpha}_4$，求 $\boldsymbol{Ax}=\boldsymbol{b}$ 的通解.

解 由 $\boldsymbol{b}=\boldsymbol{\alpha}_1+2\boldsymbol{\alpha}_2+\boldsymbol{\alpha}_3+\boldsymbol{\alpha}_4$ 知，$\boldsymbol{\eta}=\begin{pmatrix}1\\2\\1\\1\end{pmatrix}$ 是 $\boldsymbol{Ax}=\boldsymbol{b}$ 的一个解.

因为 $\boldsymbol{\alpha}_1,\boldsymbol{\alpha}_2,\boldsymbol{\alpha}_3$ 线性无关，所以 $R(\mathbf{A})\geqslant R(\boldsymbol{\alpha}_1,\boldsymbol{\alpha}_2,\boldsymbol{\alpha}_3)=3$；又 $\boldsymbol{\alpha}_4=\boldsymbol{\alpha}_1-2\boldsymbol{\alpha}_2$，即 $\boldsymbol{\alpha}_4$ 可由 $\boldsymbol{\alpha}_1,\boldsymbol{\alpha}_2,\boldsymbol{\alpha}_3$ 线性表示，故 $\boldsymbol{\alpha}_1,\boldsymbol{\alpha}_2,\boldsymbol{\alpha}_3,\boldsymbol{\alpha}_4$ 线性相关，$R(\mathbf{A})<4$，因此 $R(\mathbf{A})=3$，从而 $\boldsymbol{Ax}=\boldsymbol{b}$ 所对应的齐次线性方程组 $\boldsymbol{Ax}=\boldsymbol{0}$ 的基础解系中只有一个解向量.

由 $\boldsymbol{\alpha}_4=\boldsymbol{\alpha}_1-2\boldsymbol{\alpha}_2$，得 $\boldsymbol{\alpha}_1-2\boldsymbol{\alpha}_2+0\boldsymbol{\alpha}_3-\boldsymbol{\alpha}_4=\boldsymbol{0}$，因此 $\boldsymbol{\xi}=\begin{pmatrix}1\\-2\\0\\-1\end{pmatrix}$ 是 $\boldsymbol{Ax}=\boldsymbol{0}$ 的一个非零解，也是 $\boldsymbol{Ax}=\boldsymbol{0}$ 的基础解系.故 $\boldsymbol{Ax}=\boldsymbol{b}$ 的通解为 $\boldsymbol{x}=k\boldsymbol{\xi}+\boldsymbol{\eta}(k\in\mathbf{R})$.

4.6 向量空间及向量组的正交化

4.6.1 向量空间的概念

定义 14 设 $\mathbf{V}$ 为 n 维向量的集合，如果集合 $\mathbf{V}$ 非空，且集合 $\mathbf{V}$ 对于加法及数乘两种运算封闭，那么就称 $\mathbf{V}$ 为向量空间.

所谓对加法运算封闭，即若 $\boldsymbol{\alpha}\in\mathbf{V},\boldsymbol{\beta}\in\mathbf{V}$，有 $\boldsymbol{\alpha}+\boldsymbol{\beta}\in\mathbf{V}$；所谓对数乘运算封闭，即若 $\boldsymbol{\alpha}\in\mathbf{V},k\in\mathbf{R}$，有 $k\boldsymbol{\alpha}\in\mathbf{V}$.

例如 n 维向量的全体 $\boldsymbol{R}^n$ 是一个向量空间.

例 21 (1) 集合 $\mathbf{V}_0=\{\boldsymbol{x}=(0,x_2,\cdots,x_n)^{\mathrm{T}}\mid x_2,\cdots,x_n\in\mathbf{R}\}$ 是一个向量空间.

(2) 集合 $\mathbf{V}_1=\{\boldsymbol{x}=(1,x_2,\cdots,x_n)^{\mathrm{T}}\mid x_2,\cdots,x_n\in\mathbf{R}\}$ 不是向量空间.

解 (1) 显然 $\mathbf{V}_0$ 非空.因为对于任意 $\boldsymbol{\alpha}=(0,a_2,\cdots,a_n)^{\mathrm{T}}\in\mathbf{V}_0,\boldsymbol{\beta}=(0,b_2,\cdots,b_n)^{\mathrm{T}}\in\mathbf{V}_0$，有 $\boldsymbol{\alpha}+\boldsymbol{\beta}=(0,a_2+b_2,\cdots,a_n+b_n)^{\mathrm{T}}\in\mathbf{V}_0,k\boldsymbol{\alpha}=(0,ka_2,\cdots,ka_n)^{\mathrm{T}}\in\mathbf{V}_0(k\in\mathbf{R})$，所以 $\mathbf{V}_0$ 是向量空间.

(2) 取 $\boldsymbol{\alpha}=(1,a_2,\cdots,a_n)^{\mathrm{T}}\in \boldsymbol{V}_1,\boldsymbol{\beta}=(1,b_2,\cdots,b_n)^{\mathrm{T}}\in \boldsymbol{V}_1$，则

$$\boldsymbol{\alpha}+\boldsymbol{\beta}=(2,a_2+b_2,\cdots,a_n+b_n)^{\mathrm{T}}\notin \boldsymbol{V}_1$$

所以 $\boldsymbol{V}_1$ 不是向量空间.

例 22 齐次线性方程组的解集 $\boldsymbol{S}=\{\boldsymbol{x}\mid \boldsymbol{Ax}=\boldsymbol{0}\}$ 是一个向量空间(称为齐次线性方程组的解空间)，而非齐次线性方程组的解集 $\boldsymbol{S}=\{\boldsymbol{x}\mid \boldsymbol{Ax}=\boldsymbol{b}\}$ 不是向量空间.

例 23 给定向量组 $\boldsymbol{\alpha}_1,\boldsymbol{\alpha}_2,\cdots,\boldsymbol{\alpha}_m(m\geqslant 1)$，验证

$$\boldsymbol{V}=\{\boldsymbol{\alpha}=k_1\boldsymbol{\alpha}_1+k_2\boldsymbol{\alpha}_2+\cdots+k_m\boldsymbol{\alpha}_m\mid k_1,k_2,\cdots,k_m\in \mathbf{R}\}$$

是向量空间.称此向量空间是由向量组 $\boldsymbol{\alpha}_1,\boldsymbol{\alpha}_2,\cdots,\boldsymbol{\alpha}_m$ 所生成的向量空间，记作

$$L(\boldsymbol{\alpha}_1,\boldsymbol{\alpha}_2,\cdots,\boldsymbol{\alpha}_m).$$

证明 显然 $\boldsymbol{V}$ 非空.若 $\boldsymbol{\alpha},\boldsymbol{\beta}\in \boldsymbol{V}$，且 $\boldsymbol{\alpha}=k_1\boldsymbol{\alpha}_1+k_2\boldsymbol{\alpha}_2+\cdots+k_m\boldsymbol{\alpha}_m,\boldsymbol{\beta}=t_1\boldsymbol{\alpha}_1+\cdots+t_m\boldsymbol{\alpha}_m$，有

$$\boldsymbol{\alpha}+\boldsymbol{\beta}=(k_1+t_1)\boldsymbol{\alpha}_1+(k_2+t_2)\boldsymbol{\alpha}_2+\cdots+(k_m+t_m)\boldsymbol{\alpha}_m\in \boldsymbol{V},$$

$$k\boldsymbol{\alpha}=(kk_1)\boldsymbol{\alpha}_1+(kk_2)\boldsymbol{\alpha}_2+\cdots+(kk_m)\boldsymbol{\alpha}_m\in \boldsymbol{V}\quad (k\in \mathbf{R}),$$

由定义 14 知 $\boldsymbol{V}$ 是向量空间.

例 24 设向量组 $\boldsymbol{A}:\boldsymbol{\alpha}_1,\boldsymbol{\alpha}_2,\cdots,\boldsymbol{\alpha}_m$ 与向量组 $\boldsymbol{B}:\boldsymbol{\beta}_1,\boldsymbol{\beta}_2,\cdots,\boldsymbol{\beta}_s$ 等价，记

$$\boldsymbol{V}_1=\{x=k_1\boldsymbol{\alpha}_1+k_2\boldsymbol{\alpha}_2+\cdots+k_m\boldsymbol{\alpha}_m\mid k_1,k_2,\cdots,k_m\in \mathbf{R}\},$$

$$\boldsymbol{V}_2=\{x=t_1\boldsymbol{\beta}_1+t_2\boldsymbol{\beta}_2+\cdots+t_s\boldsymbol{\beta}_s\mid t_1,t_2,\cdots,t_s\in \mathbf{R}\},$$

则 $\boldsymbol{V}_1=\boldsymbol{V}_2$.

证明 设 $\boldsymbol{x}\in \boldsymbol{V}_1$，则 $\boldsymbol{x}$ 可由 $\boldsymbol{\alpha}_1,\boldsymbol{\alpha}_2,\cdots,\boldsymbol{\alpha}_m$ 线性表示，而 $\boldsymbol{\alpha}_1,\boldsymbol{\alpha}_2,\cdots,\boldsymbol{\alpha}_m$ 可由 $\boldsymbol{\beta}_1,\boldsymbol{\beta}_2,\cdots,\boldsymbol{\beta}_s$ 线性表示，故 $\boldsymbol{x}$ 可由 $\boldsymbol{\beta}_1,\boldsymbol{\beta}_2,\cdots,\boldsymbol{\beta}_s$ 线性表示，所以 $\boldsymbol{x}\in \boldsymbol{V}_2$，因此 $\boldsymbol{V}_1\subseteq \boldsymbol{V}_2$.

类似地可证 $\boldsymbol{V}_2\subseteq \boldsymbol{V}_1$，所以 $\boldsymbol{V}_1=\boldsymbol{V}_2$.

定义 15 设有向量空间 $\boldsymbol{V}_1,\boldsymbol{V}_2$，若 $\boldsymbol{V}_1\subseteq \boldsymbol{V}_2$，则称 $\boldsymbol{V}_1$ 是 $\boldsymbol{V}_2$ 的子空间.

显然，任何一个由 n 维向量所组成的向量空间 $\boldsymbol{V}$，总有 $\boldsymbol{V}\subseteq \boldsymbol{R}^n$，因此这样的向量空间都是 $\boldsymbol{R}^n$ 的子空间，例如例 21 中 $\boldsymbol{V}_0$ 就是 $\boldsymbol{R}^n$ 的子空间.

4.6.2 向量空间的基与维数

定义 16 设 $\boldsymbol{V}$ 为向量空间，如果 $\boldsymbol{V}$ 中有 r 个向量 $\boldsymbol{\alpha}_1,\boldsymbol{\alpha}_2,\cdots,\boldsymbol{\alpha}_r$ 满足

(1)$\boldsymbol{\alpha}_1,\boldsymbol{\alpha}_2,\cdots,\boldsymbol{\alpha}_r$ 线性无关；

(2)$\boldsymbol{V}$ 中任意一个向量都可由 $\boldsymbol{\alpha}_1,\boldsymbol{\alpha}_2,\cdots,\boldsymbol{\alpha}_r$ 线性表示，

则称向量组 $\boldsymbol{\alpha}_1,\boldsymbol{\alpha}_2,\cdots,\boldsymbol{\alpha}_r$ 是向量空间 $\boldsymbol{V}$ 的一个基，r 称为向量空间 $\boldsymbol{V}$ 的维数，并称 $\boldsymbol{V}$ 为 r 维向量空间.

注:若向量空间 $\boldsymbol{V}$ 没有基，则 $\boldsymbol{V}$ 的维数为 0,0 维向量空间只含一个零向量.

若把向量空间 $\boldsymbol{V}$ 看作向量组，则由最大无关组的等价定义知，$\boldsymbol{V}$ 的基就是向量组的最大无关组，$\boldsymbol{V}$ 的维数就是向量组的秩.

例 25　(1)$\boldsymbol{V}=\{\boldsymbol{x}=(0,x_2,\cdots,x_n)^{\mathrm{T}}\mid x_2,\cdots,x_n\in\mathbf{R}\}$ 是 $n-1$ 维向量空间,它的一个基可取为

$$\boldsymbol{\varepsilon}_2=\begin{pmatrix}0\\1\\0\\\vdots\\0\end{pmatrix},\boldsymbol{\varepsilon}_3=\begin{pmatrix}0\\0\\1\\\vdots\\0\end{pmatrix},\cdots,\boldsymbol{\varepsilon}_n=\begin{pmatrix}0\\0\\0\\\vdots\\1\end{pmatrix}.$$

(2)齐次线性方程组 $\boldsymbol{A}\boldsymbol{x}=\boldsymbol{0}$ 的解空间的维数是 $R_S=n-R(\boldsymbol{A})$,其基础解系就是解空间的基.

例 26　若向量组 $\boldsymbol{\alpha}_1,\boldsymbol{\alpha}_2,\cdots,\boldsymbol{\alpha}_r$ 是向量空间 $\boldsymbol{V}$ 的一个基,则 $\boldsymbol{V}$ 中任一向量都可由 $\boldsymbol{\alpha}_1,\boldsymbol{\alpha}_2,\cdots,\boldsymbol{\alpha}_r$ 线性表示,即 $\boldsymbol{V}$ 可以表示为

$$\boldsymbol{V}=\{\boldsymbol{x}=k_1\boldsymbol{\alpha}_1+\cdots+k_m\boldsymbol{\alpha}_m\mid k_1,k_2,\cdots,k_m\in\mathbf{R}\},$$

显然 $\boldsymbol{V}$ 是基所生成的向量空间.由此可以清楚地看出向量空间 $\boldsymbol{V}$ 的构造.

定义 17　设 $\boldsymbol{\alpha}_1,\boldsymbol{\alpha}_2,\cdots,\boldsymbol{\alpha}_r$ 是向量空间 $\boldsymbol{V}$ 的一个基,则对 $\boldsymbol{V}$ 中任一向量 $\boldsymbol{\alpha}$,存在唯一一组数 $x_1,x_2,\cdots,x_r$,使得

$$\boldsymbol{\alpha}=x_1\boldsymbol{\alpha}_1+x_2\boldsymbol{\alpha}_2+\cdots+x_r\boldsymbol{\alpha}_r,$$

称 $x_1,x_2,\cdots,x_r$ 是向量 $\boldsymbol{\alpha}$ 在基 $\boldsymbol{\alpha}_1,\boldsymbol{\alpha}_2,\cdots,\boldsymbol{\alpha}_r$ 中的坐标,记作

$$\boldsymbol{\alpha}=(x_1,x_2,\cdots,x_r)^{\mathrm{T}}.$$

特别地,若在 $\boldsymbol{R}^n$ 中取单位坐标向量组 $\boldsymbol{e}_1,\boldsymbol{e}_2,\cdots,\boldsymbol{e}_n$ 为基,则对于任意向量 $\boldsymbol{x}=(x_1,x_2,\cdots,x_n)^{\mathrm{T}}$,有 $\boldsymbol{x}=x_1\boldsymbol{e}_1+x_2\boldsymbol{e}_2+\cdots+x_n\boldsymbol{e}_n$,所以 $(x_1,x_2,\cdots,x_n)^{\mathrm{T}}$ 就是向量 $\boldsymbol{x}$ 在这组基中的坐标,因此单位坐标向量组 $\boldsymbol{e}_1,\boldsymbol{e}_2,\cdots,\boldsymbol{e}_n$ 称为 $\boldsymbol{R}^n$ 的自然基.

例 27　给定向量

$$\boldsymbol{\alpha}_1=\begin{pmatrix}-2\\4\\1\end{pmatrix},\boldsymbol{\alpha}_2=\begin{pmatrix}-1\\3\\5\end{pmatrix},\boldsymbol{\alpha}_3=\begin{pmatrix}2\\-3\\1\end{pmatrix},\boldsymbol{\beta}_1=\begin{pmatrix}1\\1\\3\end{pmatrix},\boldsymbol{\beta}_2=\begin{pmatrix}3\\-4\\5\end{pmatrix},$$

试证明:向量组 $\boldsymbol{\alpha}_1,\boldsymbol{\alpha}_2,\boldsymbol{\alpha}_3$ 是 $\boldsymbol{R}^3$ 的一个基,并求向量 $\boldsymbol{\beta}_1,\boldsymbol{\beta}_2$ 在这个基中的坐标.

解　要证 $\boldsymbol{\alpha}_1,\boldsymbol{\alpha}_2,\boldsymbol{\alpha}_3$ 是 $\boldsymbol{R}^3$ 的一个基,只要证 $\boldsymbol{\alpha}_1,\boldsymbol{\alpha}_2,\boldsymbol{\alpha}_3$ 线性无关,即只要证 $(\boldsymbol{\alpha}_1,\boldsymbol{\alpha}_2,\boldsymbol{\alpha}_3)\sim\boldsymbol{E}$.

设 $\boldsymbol{\beta}_1=x_{11}\boldsymbol{\alpha}_1+x_{21}\boldsymbol{\alpha}_2+x_{31}\boldsymbol{\alpha}_3,\boldsymbol{\beta}_2=x_{12}\boldsymbol{\alpha}_1+x_{22}\boldsymbol{\alpha}_2+x_{32}\boldsymbol{\alpha}_3$,则

$$(\boldsymbol{\beta}_1,\boldsymbol{\beta}_2)=(\boldsymbol{\alpha}_1,\boldsymbol{\alpha}_2,\boldsymbol{\alpha}_3)\begin{pmatrix}x_{11}&x_{12}\\x_{21}&x_{22}\\x_{31}&x_{32}\end{pmatrix}.$$

记 $\boldsymbol{A}=(\boldsymbol{\alpha}_1,\boldsymbol{\alpha}_2,\boldsymbol{\alpha}_3),\boldsymbol{B}=(\boldsymbol{\beta}_1,\boldsymbol{\beta}_2)$,则 $\boldsymbol{B}=\boldsymbol{A}\boldsymbol{X}$.

对矩阵 $(\boldsymbol{A},\boldsymbol{B})$ 施行初等行变换,若 $\boldsymbol{A}$ 能变成 $\boldsymbol{E}$,则 $\boldsymbol{\alpha}_1,\boldsymbol{\alpha}_2,\boldsymbol{\alpha}_3$ 是 $\boldsymbol{R}^3$ 的一个基,且当 $\boldsymbol{A}$

变成$\boldsymbol{E}$时,$\boldsymbol{B}$变为$\boldsymbol{X}=\boldsymbol{A}^{-1}\boldsymbol{B}$.

由

$$(\boldsymbol{A},\boldsymbol{B})=\begin{pmatrix}-2&-1&2&1&3\\4&3&-3&1&-4\\1&5&1&3&5\end{pmatrix}\overset{r}{\sim}\begin{pmatrix}1&5&1&3&5\\0&1&1&3&2\\0&0&1&4&1\end{pmatrix}\overset{r}{\sim}\begin{pmatrix}1&0&0&4&-1\\0&1&0&-1&1\\0&0&1&4&1\end{pmatrix}$$

知$\boldsymbol{A}\sim\boldsymbol{E}$,故$\boldsymbol{\alpha}_1,\boldsymbol{\alpha}_2,\boldsymbol{\alpha}_3$是$\boldsymbol{R}^3$的一个基,且

$$(\boldsymbol{\beta}_1,\boldsymbol{\beta}_2)=(\boldsymbol{\alpha}_1,\boldsymbol{\alpha}_2,\boldsymbol{\alpha}_3)\begin{pmatrix}4&-1\\-1&1\\4&1\end{pmatrix},$$

即$\boldsymbol{\beta}_1,\boldsymbol{\beta}_2$在基$\boldsymbol{\alpha}_1,\boldsymbol{\alpha}_2,\boldsymbol{\alpha}_3$中的坐标依次为$(4,-1,4)^{\mathrm{T}}$和$(-1,1,1)^{\mathrm{T}}$.

4.6.3 规范正交基

定理 13 若$\boldsymbol{\alpha}_1,\boldsymbol{\alpha}_2,\cdots,\boldsymbol{\alpha}_r$是一组两两正交的非零向量组,则$\boldsymbol{\alpha}_1,\boldsymbol{\alpha}_2,\cdots,\boldsymbol{\alpha}_r$线性无关.

证明 设有数$k_1,k_2,\cdots,k_r$使

$$k_1\boldsymbol{\alpha}_1+k_2\boldsymbol{\alpha}_2+\cdots+k_r\boldsymbol{\alpha}_r=\boldsymbol{0},$$

以$\boldsymbol{\alpha}_i^{\mathrm{T}}$左乘上式两端,因$\boldsymbol{\alpha}_i^{\mathrm{T}}\boldsymbol{\alpha}_j=\boldsymbol{0}(i\neq j)$,故得$k_i\boldsymbol{\alpha}_i^{\mathrm{T}}\boldsymbol{\alpha}_i=\boldsymbol{0}(i=1,2,\cdots,r)$.

又因为$\boldsymbol{\alpha}_i\neq\boldsymbol{0}$,所以$\boldsymbol{\alpha}_i^{\mathrm{T}}\boldsymbol{\alpha}_i=\|\boldsymbol{\alpha}_i\|^2\neq 0$,于是$k_i=0(i=1,2,\cdots,r)$,故向量组$\boldsymbol{\alpha}_1,\boldsymbol{\alpha}_2,\cdots,\boldsymbol{\alpha}_r$线性无关.

一组两两正交的非零向量组称为正交向量组,因此正交向量组是线性无关的.

正交向量组若是向量空间的基,则称为向量空间的正交基.例如n个两两正交的n维非零向量,可构成向量空间$\boldsymbol{R}^n$的一个正交基.

例 28 已知3维向量空间$\boldsymbol{R}^3$中两个向量$\boldsymbol{\alpha}_1=\begin{pmatrix}1\\1\\1\end{pmatrix}$与$\boldsymbol{\alpha}_2=\begin{pmatrix}1\\-2\\1\end{pmatrix}$正交,试求一个非零向量$\boldsymbol{\alpha}_3$,使$\boldsymbol{\alpha}_1,\boldsymbol{\alpha}_2,\boldsymbol{\alpha}_3$两两正交.

解 设与$\boldsymbol{\alpha}_1,\boldsymbol{\alpha}_2$正交的向量是$\boldsymbol{x}=(x_1,x_2,x_3)^{\mathrm{T}}$,则$\boldsymbol{\alpha}_1^{\mathrm{T}}\boldsymbol{x}=\boldsymbol{0},\boldsymbol{\alpha}_2^{\mathrm{T}}\boldsymbol{x}=\boldsymbol{0}$,即$\begin{pmatrix}\boldsymbol{\alpha}_1^{\mathrm{T}}\\\boldsymbol{\alpha}_2^{\mathrm{T}}\end{pmatrix}\boldsymbol{x}=\boldsymbol{0}$.

记$\boldsymbol{A}=\begin{pmatrix}\boldsymbol{\alpha}_1^{\mathrm{T}}\\\boldsymbol{\alpha}_2^{\mathrm{T}}\end{pmatrix}$,则$\boldsymbol{A}\boldsymbol{x}=\boldsymbol{0}$,显然$\boldsymbol{\alpha}_3$是齐次线性方程组$\boldsymbol{A}\boldsymbol{x}=\boldsymbol{0}$的非零解.

由$\boldsymbol{A}=\begin{pmatrix}1&1&1\\1&-2&1\end{pmatrix}\sim\begin{pmatrix}1&0&1\\0&1&0\end{pmatrix}$,得$\begin{cases}x_1=-x_3,\\x_2=0,\end{cases}$从而有基础解系$\begin{pmatrix}-1\\0\\1\end{pmatrix}$,取$\boldsymbol{\alpha}_3=$

$\begin{pmatrix}-1\\0\\1\end{pmatrix}$即合所求.

定义 18 设 n 维向量$\boldsymbol{e}_1,\boldsymbol{e}_2,\cdots,\boldsymbol{e}_r$ 是向量空间 $\boldsymbol{V}(\boldsymbol{V}\subset\boldsymbol{R}^n)$ 的一个基，如果$\boldsymbol{e}_1,\boldsymbol{e}_2,\cdots,\boldsymbol{e}_r$ 两两正交，且都是单位向量，则称$\boldsymbol{e}_1,\boldsymbol{e}_2,\cdots,\boldsymbol{e}_r$ 是 $\boldsymbol{V}$ 的一个规范正交基.

若$\boldsymbol{e}_1,\boldsymbol{e}_2,\cdots,\boldsymbol{e}_r$ 是$\boldsymbol{V}$ 的一个规范正交基，那么$\boldsymbol{V}$ 中任一向量$\boldsymbol{\alpha}$ 都可由$\boldsymbol{e}_1,\boldsymbol{e}_2,\cdots,\boldsymbol{e}_r$ 线性表示，设表示式为

$$\boldsymbol{\alpha}=\boldsymbol{\lambda}_1\boldsymbol{e}_1+\boldsymbol{\lambda}_2\boldsymbol{e}_2+\cdots+\boldsymbol{\lambda}_r\boldsymbol{e}_r.$$

为求其中的系数 $\lambda_i(i=1,2,\cdots,r)$，可用$\boldsymbol{e}_i^{\mathrm{T}}$ 左乘上式两端，得$\boldsymbol{e}_i^{\mathrm{T}}\boldsymbol{\alpha}=\lambda_i\boldsymbol{e}_i^{\mathrm{T}}\boldsymbol{e}_i=\lambda_i$，即 $\lambda_i=\boldsymbol{e}_i^{\mathrm{T}}\boldsymbol{\alpha}=[\boldsymbol{\alpha},\boldsymbol{e}_i]$.

利用此式可方便求得向量在规范正交基中的坐标，因此取基时常取规范正交基.

下面介绍如何从向量空间的一个基出发得到该向量空间的一个规范正交基.

设$\boldsymbol{\alpha}_1,\boldsymbol{\alpha}_2,\cdots,\boldsymbol{\alpha}_r$ 是向量空间$\boldsymbol{V}$ 的一个基，要求$\boldsymbol{V}$ 的一个规范正交基，也就是找一组两两正交的单位向量$\boldsymbol{e}_1,\boldsymbol{e}_2,\cdots,\boldsymbol{e}_r$，使$\boldsymbol{e}_1,\boldsymbol{e}_2,\cdots,\boldsymbol{e}_r$ 与$\boldsymbol{\alpha}_1,\boldsymbol{\alpha}_2,\cdots,\boldsymbol{\alpha}_r$ 等价.这样一个问题，称为把 $\boldsymbol{\alpha}_1,\boldsymbol{\alpha}_2,\cdots,\boldsymbol{\alpha}_r$ 规范正交化.

以下办法可把 $\boldsymbol{\alpha}_1,\boldsymbol{\alpha}_2,\cdots,\boldsymbol{\alpha}_r$ 规范正交化：取

$$\boldsymbol{\beta}_1=\boldsymbol{\alpha}_1,$$

$$\boldsymbol{\beta}_2=\boldsymbol{\alpha}_2-\frac{[\boldsymbol{\beta}_1,\boldsymbol{\alpha}_2]}{[\boldsymbol{\beta}_1,\boldsymbol{\beta}_1]}\boldsymbol{\beta}_1,$$

$$\boldsymbol{\beta}_3=\boldsymbol{\alpha}_3-\frac{[\boldsymbol{\beta}_1,\boldsymbol{\alpha}_3]}{[\boldsymbol{\beta}_1,\boldsymbol{\beta}_1]}\boldsymbol{\beta}_1-\frac{[\boldsymbol{\beta}_2,\boldsymbol{\alpha}_3]}{[\boldsymbol{\beta}_2,\boldsymbol{\beta}_2]}\boldsymbol{\beta}_2,$$

$$\vdots$$

$$\boldsymbol{\beta}_r=\boldsymbol{\alpha}_r-\frac{[\boldsymbol{\beta}_1,\boldsymbol{\alpha}_r]}{[\boldsymbol{\beta}_1,\boldsymbol{\beta}_1]}\boldsymbol{\beta}_1-\frac{[\boldsymbol{\beta}_2,\boldsymbol{\alpha}_r]}{[\boldsymbol{\beta}_2,\boldsymbol{\beta}_2]}\boldsymbol{\beta}_2-\cdots-\frac{[\boldsymbol{\beta}_{r-1},\boldsymbol{\alpha}_r]}{[\boldsymbol{\beta}_{r-1},\boldsymbol{\beta}_{r-1}]}\boldsymbol{\beta}_{r-1}.$$

容易验证$\boldsymbol{\beta}_1,\boldsymbol{\beta}_2,\cdots,\boldsymbol{\beta}_r$ 两两正交，且$\boldsymbol{\beta}_1,\boldsymbol{\beta}_2,\cdots,\boldsymbol{\beta}_r$ 与$\boldsymbol{\alpha}_1,\boldsymbol{\alpha}_2,\cdots,\boldsymbol{\alpha}_r$ 等价. 然后只要把它们单位化，即取$\boldsymbol{e}_1=\dfrac{\boldsymbol{\beta}_1}{\|\boldsymbol{\beta}_1\|}$，$\boldsymbol{e}_2=\dfrac{\boldsymbol{\beta}_2}{\|\boldsymbol{\beta}_2\|}$，$\cdots$，$\boldsymbol{e}_r=\dfrac{\boldsymbol{\beta}_r}{\|\boldsymbol{\beta}_r\|}$，就得到$V$ 的一个规范正交基.

上述从线性无关向量组$\boldsymbol{\alpha}_1,\boldsymbol{\alpha}_2,\cdots,\boldsymbol{\alpha}_r$ 导出正交向量组$\boldsymbol{\beta}_1,\boldsymbol{\beta}_2,\cdots,\boldsymbol{\beta}_r$ 的过程称为施密特(Schimidt)正交化过程.它不仅满足$\boldsymbol{\beta}_1,\boldsymbol{\beta}_2,\cdots,\boldsymbol{\beta}_r$ 与$\boldsymbol{\alpha}_1,\boldsymbol{\alpha}_2,\cdots,\boldsymbol{\alpha}_r$ 等价，还满足：对任何 $k(1\leqslant k\leqslant r)$，向量组 $\boldsymbol{\beta}_1,\boldsymbol{\beta}_2,\cdots,\boldsymbol{\beta}_k$ 与$\boldsymbol{\alpha}_1,\boldsymbol{\alpha}_2,\cdots,\boldsymbol{\alpha}_k$ 等价.

例 29 已知$\boldsymbol{\alpha}_1=\begin{pmatrix}1\\1\\1\end{pmatrix}$，求一组非零向量 $\boldsymbol{\alpha}_2,\boldsymbol{\alpha}_3$，使 $\boldsymbol{\alpha}_1,\boldsymbol{\alpha}_2,\boldsymbol{\alpha}_3$ 两两正交.

解 依题意 $\boldsymbol{\alpha}_2,\boldsymbol{\alpha}_3$ 应满足方程 $\boldsymbol{\alpha}_1^{\mathrm{T}}\boldsymbol{x}=\boldsymbol{0}$，即 $x_1+x_2+x_3=0$.其基础解系可取为

$$\xi_1=\begin{pmatrix}1\\0\\-1\end{pmatrix},\xi_2=\begin{pmatrix}0\\1\\-1\end{pmatrix}.$$

把基础解系正交化,即合所求,亦即取

$$\alpha_2=\xi_1=\begin{pmatrix}1\\0\\-1\end{pmatrix},\quad \alpha_3=\xi_2-\frac{[\xi_1,\xi_2]}{[\xi_1,\xi_1]}\xi_1=\frac{1}{2}\begin{pmatrix}-1\\2\\-1\end{pmatrix}.$$

例 30 已知向量空间 **V** 的基为

$$\alpha_1=(1,1,0,0)^{\mathrm T},\alpha_2=(1,0,1,0)^{\mathrm T},\alpha_3=(-1,0,0,1)^{\mathrm T},$$

求 **V** 的一个正交基和规范正交基.

解 令 $\beta_1=\alpha_1$,

$$\beta_2=\alpha_2-\frac{[\beta_1,\alpha_2]}{[\beta_1,\beta_1]}\beta_1=\alpha_2-\frac{1}{2}\beta_1=\frac{1}{2}\begin{pmatrix}1\\-1\\2\\0\end{pmatrix},$$

$$\beta_3=\alpha_3-\frac{[\beta_1,\alpha_3]}{[\beta_1,\beta_1]}\beta_1-\frac{[\beta_2,\alpha_3]}{[\beta_2,\beta_2]}\beta_2=\alpha_3+\frac{1}{3}\beta_2+\frac{1}{2}\beta_1=\frac{1}{3}\begin{pmatrix}-1\\1\\1\\3\end{pmatrix},$$

则 β_1,β_2,β_3 是 **V** 的一个正交基.

再将 β_1,β_2,β_3 单位化,得

$$e_1=\frac{1}{\sqrt2}\begin{pmatrix}1\\1\\0\\0\end{pmatrix},\quad e_2=\frac{1}{\sqrt6}\begin{pmatrix}1\\-1\\2\\0\end{pmatrix},\quad e_3=\frac{\sqrt3}{6}\begin{pmatrix}-1\\1\\1\\3\end{pmatrix},$$

则 e_1,e_2,e_3 是 **V** 的一个规范正交基.

定义 19 若 n 阶方阵 $\mathbf A$ 满足 $\mathbf A^{\mathrm T}\mathbf A=\mathbf E$(即 $\mathbf A^{-1}=\mathbf A^{\mathrm T}$),则称 $\mathbf A$ 为正交矩阵.

将 $\mathbf A$ 按列分块,记 $\mathbf A=(\alpha_1,\alpha_2,\cdots,\alpha_n)$,则

$$\mathbf A^{\mathrm T}\mathbf A=\begin{pmatrix}\alpha_1^{\mathrm T}\\\alpha_2^{\mathrm T}\\\vdots\\\alpha_n^{\mathrm T}\end{pmatrix}(\alpha_1,\alpha_2,\cdots,\alpha_n)=\mathbf E,$$

即

$$(\alpha_i{}^{\mathrm T}\alpha_j)=(\delta_{ij}),$$

其中

$$\delta_{ij}=\begin{cases}1, i=j,\\0, i\neq j\end{cases}\quad (i,j=1,2,\cdots,n).$$

这就说明：方阵 $\boldsymbol{A}$ 为正交矩阵的充分必要条件是 $\boldsymbol{A}$ 的列向量两两正交且都是单位向量.又 $\boldsymbol{A}^{\mathrm{T}}\boldsymbol{A}=\boldsymbol{E}$ 与 $\boldsymbol{A}\boldsymbol{A}^{\mathrm{T}}=\boldsymbol{E}$ 等价，所以上述结论对 $\boldsymbol{A}$ 的行向量亦成立.由此可见，正交矩阵的 n 个列(或行) 向量构成向量空间 $\boldsymbol{R}^n$ 的一个规范正交基.例如：

$$\begin{pmatrix}0&1\\1&0\end{pmatrix},\begin{pmatrix}\frac{1}{\sqrt{2}}&-\frac{1}{\sqrt{2}}\\\frac{1}{\sqrt{2}}&\frac{1}{\sqrt{2}}\end{pmatrix},\begin{pmatrix}\frac{1}{2}&-\frac{1}{2}&\frac{1}{2}&-\frac{1}{2}\\\frac{1}{2}&-\frac{1}{2}&-\frac{1}{2}&\frac{1}{2}\\\frac{1}{\sqrt{2}}&\frac{1}{\sqrt{2}}&0&0\\0&0&\frac{1}{\sqrt{2}}&\frac{1}{\sqrt{2}}\end{pmatrix}$$

都是正交矩阵.

由正交矩阵的定义，很容易得到正交矩阵的如下性质.

设 $\boldsymbol{A},\boldsymbol{B}$ 均为正交矩阵，则：

(1) $|\boldsymbol{A}|=\pm 1$，因此 $\boldsymbol{A}$ 为满秩矩阵；

(2) $\boldsymbol{A}^{\mathrm{T}}=\boldsymbol{A}^{-1}$，并且 $\boldsymbol{A}^{\mathrm{T}}$ 也是正交矩阵；

(3) $\boldsymbol{AB}$ 也是正交矩阵.

定义 20 若 $\boldsymbol{P}$ 为正交矩阵，则称线性变换 $\boldsymbol{y}=\boldsymbol{Px}$ 为正交变换.

设 $\boldsymbol{y}=\boldsymbol{Px}$ 为正交变换，则有

$$\|\boldsymbol{y}\|=\sqrt{\boldsymbol{y}^{\mathrm{T}}\boldsymbol{y}}=\sqrt{\boldsymbol{x}^{\mathrm{T}}\boldsymbol{P}^{\mathrm{T}}\boldsymbol{P}x}=\sqrt{\boldsymbol{x}^{\mathrm{T}}\boldsymbol{x}}=\|\boldsymbol{x}\|.$$

$\|\boldsymbol{x}\|$ 表示向量的长度，相当于线段的长度. $\|\boldsymbol{y}\|=\|\boldsymbol{x}\|$ 说明经正交变换线段长度保持不变，这正是正交变换的优良特性.

小　　结

本章在介绍 n 维向量概念的基础上，介绍了向量的线性运算和内积运算(内积是计算向量的长度、夹角的基础)，接着介绍了线性组合与线性表示的概念，给出了向量线性表示的判定方法，讨论了向量组的线性相关和线性无关，向量组线性组合与线性相关性间的关系及判定方法.在判断(或证明) 一个向量组的线性相关性时，若是给定的具体数值的向量组，一般通过构造矩阵，利用矩阵的秩与向量组中向量的个数比较大小来判断(或证明) 向量组的线性相关性；若是抽象的向量组，一般用定义，结合齐次线性方程组的解或利用

性质定理来判断(或证明).

在最大无关组这个概念的基础上,定义了向量组的秩,介绍了向量组的秩和矩阵的秩之间的关系.在求向量组的秩、最大无关组时,只需构造矩阵 $\boldsymbol{A}$,通过初等行变换将矩阵 $\boldsymbol{A}$ 化为行阶梯形矩阵,非零行的行数就是矩阵的秩,也等于向量组的秩,而矩阵的一个最高阶非零子式所在列就是向量组的一个最大无关组.若要把其余向量用最大无关组线性表示,则只需把行阶梯形矩阵再化成行最简形 $\boldsymbol{B}$,因为初等行变换不改变列之间的线性关系,由 $\boldsymbol{B}$ 的列向量的线性关系,易知 $\boldsymbol{A}$ 的列向量的线性关系.

利用向量组的线性相关性理论,讨论线性方程组的解的性质与通解结构,并给出向量空间的概念,讨论了向量空间的构造,介绍了规范正交基,把线性无关的向量组正交规范化,须先正交化,后单位化.

本章最后还介绍了正交矩阵,正交矩阵是一类重要的矩阵,一个矩阵 $\boldsymbol{A}$ 是正交矩阵的充分必要条件是 $\boldsymbol{A}$ 的行(列)向量组是正交规范组,这是实际计算中求正交矩阵的根据.

习 题 四

A

1. 填空题.

(1) 设 $\boldsymbol{v}_1=\begin{pmatrix}1\\1\\0\end{pmatrix},\boldsymbol{v}_2=\begin{pmatrix}0\\1\\1\end{pmatrix},\boldsymbol{v}_3=\begin{pmatrix}3\\4\\0\end{pmatrix}$,则 $3\boldsymbol{v}_1+2\boldsymbol{v}_2-\boldsymbol{v}_3=$ ________.

(2) 向量 $\begin{pmatrix}1\\1\\-2\end{pmatrix}$ 可由向量组 $\begin{pmatrix}a\\1\\1\end{pmatrix},\begin{pmatrix}1\\a\\1\end{pmatrix},\begin{pmatrix}1\\1\\a\end{pmatrix}$ 线性表示的充分必要条件是 ________.

(3) 设 $\boldsymbol{\alpha}_1,\boldsymbol{\alpha}_2,\boldsymbol{\alpha}_3,\boldsymbol{\alpha}_4$ 是线性无关的 4 维列向量,若 4 阶方阵 $\boldsymbol{A}$,使 $\boldsymbol{A}\boldsymbol{\alpha}_1,\boldsymbol{A}\boldsymbol{\alpha}_2,\boldsymbol{A}\boldsymbol{\alpha}_3,\boldsymbol{A}\boldsymbol{\alpha}_4$ 线性无关,则 $R(\boldsymbol{A})=$ ________.

(4) 设行向量组 $(2,1,1,1),(2,1,a,a),(3,2,1,a),(4,3,2,1)$ 线性相关,且 $a\neq1$,则 $a=$ ________.

(5) 设 $\boldsymbol{\alpha}_1=\begin{pmatrix}1\\2\\-1\\0\end{pmatrix},\boldsymbol{\alpha}_2=\begin{pmatrix}1\\1\\0\\2\end{pmatrix},\boldsymbol{\alpha}_3=\begin{pmatrix}2\\1\\1\\a\end{pmatrix}$,若由 $\boldsymbol{\alpha}_1,\boldsymbol{\alpha}_2,\boldsymbol{\alpha}_3$ 所生成的向量空间维数是 2,则 $a=$ ________.

(6) 设 $\boldsymbol{A}$ 是三阶方阵,若 $\boldsymbol{A}$ 的每行元素之和都是零,且 $R(\boldsymbol{A})=2$,则方程组 $\boldsymbol{Ax}=\boldsymbol{0}$ 的

通解是 ____________________ .

2. 判断下列向量组的线性相关性：

(1)$\boldsymbol{\alpha}_1=\begin{pmatrix}1\\0\\1\end{pmatrix},\boldsymbol{\alpha}_2=\begin{pmatrix}1\\2\\2\end{pmatrix},\boldsymbol{\alpha}_3=\begin{pmatrix}1\\2\\4\end{pmatrix}$；(2)$\boldsymbol{\alpha}_1=\begin{pmatrix}3\\5\\1\end{pmatrix},\boldsymbol{\alpha}_2=\begin{pmatrix}1\\0\\4\end{pmatrix},\boldsymbol{\alpha}_3=\begin{pmatrix}5\\-7\\-6\end{pmatrix},\boldsymbol{\alpha}_4=\begin{pmatrix}1\\2\\0\end{pmatrix}$；

(3)$\boldsymbol{\alpha}_1=\begin{pmatrix}6\\4\\1\\-1\end{pmatrix},\boldsymbol{\alpha}_2=\begin{pmatrix}1\\0\\2\\3\end{pmatrix},\boldsymbol{\alpha}_3=\begin{pmatrix}1\\4\\-9\\-16\end{pmatrix}$.

3. 设向量组 $\boldsymbol{\alpha}_1=\begin{pmatrix}1\\1\\1\\3\end{pmatrix},\boldsymbol{\alpha}_2=\begin{pmatrix}-1\\-3\\5\\1\end{pmatrix},\boldsymbol{\alpha}_3=\begin{pmatrix}3\\3\\-1\\p+2\end{pmatrix},\boldsymbol{\alpha}_4=\begin{pmatrix}-2\\-6\\10\\p\end{pmatrix}$，问 p 为何值时

(1) 向量组线性无关？

(2) 向量组线性相关？

4. 已知向量组

$$\boldsymbol{A}:\boldsymbol{\alpha}_1=\begin{pmatrix}1\\0\\2\\3\end{pmatrix},\boldsymbol{\alpha}_2=\begin{pmatrix}0\\3\\1\\2\end{pmatrix},\boldsymbol{\alpha}_3=\begin{pmatrix}3\\2\\0\\1\end{pmatrix};\boldsymbol{B}:\boldsymbol{\beta}_1=\begin{pmatrix}1\\2\\1\\2\end{pmatrix},\boldsymbol{\beta}_2=\begin{pmatrix}-2\\0\\1\\1\end{pmatrix},\boldsymbol{\beta}_3=\begin{pmatrix}4\\4\\1\\3\end{pmatrix}.$$

证明：向量组 $\boldsymbol{B}$ 能由向量组 $\boldsymbol{A}$ 线性表示，但向量组 $\boldsymbol{A}$ 不能由向量组 $\boldsymbol{B}$ 线性表示.

5. 已知向量组

$$\boldsymbol{A}:\boldsymbol{\alpha}_1=\begin{pmatrix}0\\1\\1\end{pmatrix},\boldsymbol{\alpha}_2=\begin{pmatrix}1\\1\\0\end{pmatrix};\boldsymbol{B}:\boldsymbol{\beta}_1=\begin{pmatrix}-1\\0\\1\end{pmatrix},\boldsymbol{\beta}_2=\begin{pmatrix}1\\2\\1\end{pmatrix},\boldsymbol{\beta}_3=\begin{pmatrix}3\\2\\-1\end{pmatrix}.$$

证明：向量组 $\boldsymbol{A}$ 与向量组 $\boldsymbol{B}$ 等价.

6. 设向量组 $R(\boldsymbol{\alpha}_1,\boldsymbol{\alpha}_2,\boldsymbol{\alpha}_3)=2,R(\boldsymbol{\alpha}_2,\boldsymbol{\alpha}_3,\boldsymbol{\alpha}_4)=3$，证明：

(1)$\boldsymbol{\alpha}_1$ 能由 $\boldsymbol{\alpha}_2,\boldsymbol{\alpha}_3$ 线性表示；

(2)$\boldsymbol{\alpha}_4$ 不能由 $\boldsymbol{\alpha}_1,\boldsymbol{\alpha}_2,\boldsymbol{\alpha}_3$ 线性表示.

7. 设向量组 $\boldsymbol{A}:\boldsymbol{\alpha}_1=(1,3,0,5),\boldsymbol{\alpha}_2=(1,2,1,4),\boldsymbol{\alpha}_3=(1,1,2,3),\boldsymbol{\alpha}_4=(1,-3,6,-1),\boldsymbol{\alpha}_5=(1,a,3,b)$，确定 a,b 的值，使向量组 $\boldsymbol{A}$ 的秩为 2，并求该向量组的一个最大无关组.

8. 设 $\boldsymbol{\beta}_1=\boldsymbol{\alpha}_1+\boldsymbol{\alpha}_2,\boldsymbol{\beta}_2=\boldsymbol{\alpha}_2+\boldsymbol{\alpha}_3,\boldsymbol{\beta}_3=\boldsymbol{\alpha}_3+\boldsymbol{\alpha}_4,\boldsymbol{\beta}_4=\boldsymbol{\alpha}_4+\boldsymbol{\alpha}_1$，证明：向量组 $\boldsymbol{\beta}_1,\boldsymbol{\beta}_2,\boldsymbol{\beta}_3,\boldsymbol{\beta}_4$ 线性相关.

9. 设$\boldsymbol{\beta}_1=\boldsymbol{\alpha}_1$,$\boldsymbol{\beta}_2=\boldsymbol{\alpha}_1+\boldsymbol{\alpha}_2$,…,$\boldsymbol{\beta}_n=\boldsymbol{\alpha}_1+\cdots+\boldsymbol{\alpha}_n$且$\boldsymbol{\alpha}_1,\cdots,\boldsymbol{\alpha}_n$线性无关,证明:$\boldsymbol{\beta}_1,\cdots,\boldsymbol{\beta}_n$线性无关.

10. 设向量组$\boldsymbol{\alpha}_1,\boldsymbol{\alpha}_2,\boldsymbol{\alpha}_3$线性无关,问$l,m$满足什么条件,向量组$l\boldsymbol{\alpha}_2-\boldsymbol{\alpha}_1,m\boldsymbol{\alpha}_3-\boldsymbol{\alpha}_2,\boldsymbol{\alpha}_1-\boldsymbol{\alpha}_3$线性相关.

11. 设向量组$\boldsymbol{A}:\boldsymbol{\alpha}_1,\boldsymbol{\alpha}_2,\cdots,\boldsymbol{\alpha}_m$线性无关,向量$\boldsymbol{\beta}_1$可由向量组$\boldsymbol{A}$线性表示,而向量$\boldsymbol{\beta}_2$不能由向量组$\boldsymbol{A}$线性表示.证明:$m+1$个向量$\boldsymbol{\alpha}_1,\boldsymbol{\alpha}_2,\cdots,\boldsymbol{\alpha}_m,l\boldsymbol{\beta}_1+\boldsymbol{\beta}_2$必线性无关.

12. 已知向量组$\boldsymbol{\beta}_1=\begin{pmatrix}0\\1\\-1\end{pmatrix}$,$\boldsymbol{\beta}_2=\begin{pmatrix}a\\2\\1\end{pmatrix}$,$\boldsymbol{\beta}_3=\begin{pmatrix}b\\1\\0\end{pmatrix}$与向量组$\boldsymbol{\alpha}_1=\begin{pmatrix}1\\2\\-3\end{pmatrix}$,$\boldsymbol{\alpha}_2=\begin{pmatrix}3\\0\\1\end{pmatrix}$,$\boldsymbol{\alpha}_3=\begin{pmatrix}9\\6\\-7\end{pmatrix}$具有相同的秩,且$\boldsymbol{\beta}_3$可由$\boldsymbol{\alpha}_1,\boldsymbol{\alpha}_2,\boldsymbol{\alpha}_3$线性表示,求$a,b$的值.

13. 求下列向量组的秩,并求一个最大无关组:

(1)$\boldsymbol{\alpha}_1=\begin{pmatrix}1\\2\\-1\\4\end{pmatrix}$,$\boldsymbol{\alpha}_2=\begin{pmatrix}9\\100\\10\\4\end{pmatrix}$,$\boldsymbol{\alpha}_3=\begin{pmatrix}-2\\-4\\2\\-8\end{pmatrix}$;(2)$\boldsymbol{\alpha}_1=\begin{pmatrix}1\\2\\1\\3\end{pmatrix}$,$\boldsymbol{\alpha}_2=\begin{pmatrix}4\\-1\\-5\\-6\end{pmatrix}$,$\boldsymbol{\alpha}_3=\begin{pmatrix}1\\-3\\-4\\-7\end{pmatrix}$.

14. 设向量组$\boldsymbol{A}:\boldsymbol{\alpha}_1=\begin{pmatrix}1\\4\\1\\0\end{pmatrix}$,$\boldsymbol{\alpha}_2=\begin{pmatrix}2\\1\\-1\\-3\end{pmatrix}$,$\boldsymbol{\alpha}_3=\begin{pmatrix}1\\0\\-3\\-1\end{pmatrix}$,$\boldsymbol{\alpha}_4=\begin{pmatrix}0\\2\\-6\\3\end{pmatrix}$,求向量组$\boldsymbol{A}$的秩及一个最大无关组,并将其余向量用此最大无关组线性表示.

15. 设$\boldsymbol{\alpha}_1,\boldsymbol{\alpha}_2,\cdots,\boldsymbol{\alpha}_n$是一组$n$维向量,已知单位坐标向量$\boldsymbol{e}_1,\boldsymbol{e}_2,\cdots,\boldsymbol{e}_n$能由它们线性表示,证明$\boldsymbol{\alpha}_1,\boldsymbol{\alpha}_2,\cdots,\boldsymbol{\alpha}_n$线性无关.

16. 设$\boldsymbol{\alpha}_1,\boldsymbol{\alpha}_2,\cdots,\boldsymbol{\alpha}_n$是一组$n$维向量,证明它们线性无关的充分必要条件是:任一$n$维向量都可由它们线性表示.

17. 设向量组$\boldsymbol{\alpha}_1,\boldsymbol{\alpha}_2,\cdots,\boldsymbol{\alpha}_m$线性相关,且$\boldsymbol{\alpha}_1\neq\boldsymbol{0}$,证明存在某个向量$\boldsymbol{\alpha}_k(2\leqslant k\leqslant m)$,使$\boldsymbol{\alpha}_k$能由$\boldsymbol{\alpha}_1,\boldsymbol{\alpha}_2,\cdots,\boldsymbol{\alpha}_{k-1}$线性表示.

18. 已知3阶矩阵$\boldsymbol{A}$与3维列向量$\boldsymbol{x}$满足$\boldsymbol{A}^3\boldsymbol{x}=3\boldsymbol{A}\boldsymbol{x}-\boldsymbol{A}^2\boldsymbol{x}$,且向量组$\boldsymbol{x},\boldsymbol{A}\boldsymbol{x},\boldsymbol{A}^2\boldsymbol{x}$线性无关:

(1) 记$\boldsymbol{y}=\boldsymbol{A}\boldsymbol{x},\boldsymbol{z}=\boldsymbol{A}\boldsymbol{y},\boldsymbol{P}=(\boldsymbol{x},\boldsymbol{y},\boldsymbol{z})$,求3阶矩阵$\boldsymbol{B}$,使$\boldsymbol{A}\boldsymbol{P}=\boldsymbol{P}\boldsymbol{B}$;(2) 求$|\boldsymbol{A}|$.

19. 求下列齐次线性方程组的基础解系:

(1)$\begin{cases}x_1-8x_2+10x_3+2x_4=0,\\2x_1+4x_2+5x_3-x_4=0,\\3x_1+8x_2+6x_3-2x_4=0;\end{cases}$　(2)$\begin{cases}2x_1-3x_2-2x_3+x_4=0,\\3x_1+5x_2+4x_3-2x_4=0,\\8x_1+7x_2+6x_3-3x_4=0;\end{cases}$

(3)$nx_1+(n-1)x_2+\cdots+2x_{n-1}+x_n=0$.

20. 设四元齐次线性方程组(Ⅰ)

$$\begin{cases}2x_1+3x_2-x_3=0,\\x_1+2x_2+x_3-x_4=0.\end{cases}$$

已知另一个四元齐次方程组(Ⅱ)的基础解系为

$$\boldsymbol{\alpha}_1=(2,-1,a+2,1)^{\mathrm{T}},\quad \boldsymbol{\alpha}_2=(-1,2,4,a+8)^{\mathrm{T}}.$$

(1) 求方程组(Ⅰ)的一个基础解系.

(2) 当 a 为何值时,方程组(Ⅰ)与(Ⅱ)有非零公共解?

21. 设 $\boldsymbol{A}=\begin{pmatrix}2&-2&1&3\\9&-5&2&8\end{pmatrix}$,求一个 4×2 矩阵 $\boldsymbol{B}$,使 $\boldsymbol{AB}=\boldsymbol{0}$,且 $R(\boldsymbol{B})=2$.

22. 设 n 阶矩阵 $\boldsymbol{A}$ 满足 $\boldsymbol{A}^2=\boldsymbol{A}$,$\boldsymbol{E}$ 为 n 阶单位矩阵,证明

$$R(\boldsymbol{A})+R(\boldsymbol{A}-\boldsymbol{E})=n.$$

23. 设 $\boldsymbol{A}$ 为 $n(n>3)$ 阶矩阵,$\boldsymbol{A}^*$ 为 $\boldsymbol{A}$ 的伴随矩阵,证明

$$R(\boldsymbol{A}^*)=\begin{cases}n, & R(\boldsymbol{A})=n,\\1, & R(\boldsymbol{A})=n-1,\\0, & R(\boldsymbol{A})\leqslant n-2.\end{cases}$$

24. 设 $\boldsymbol{A}$ 为 $m\times n$ 矩阵,$\boldsymbol{\alpha}_1,\boldsymbol{\alpha}_2,\boldsymbol{\alpha}_3,\boldsymbol{\alpha}_4$ 是 $\boldsymbol{Ax}=\boldsymbol{b}$ 的 4 个不同的解,$R(\boldsymbol{A})=n-2$,证明 $\boldsymbol{\alpha}_1-\boldsymbol{\alpha}_2,\boldsymbol{\alpha}_2-\boldsymbol{\alpha}_3,\boldsymbol{\alpha}_3-\boldsymbol{\alpha}_4$ 必线性相关.

25. 已知$\boldsymbol{\alpha}_1,\boldsymbol{\alpha}_2,\boldsymbol{\alpha}_3$ 是 $\boldsymbol{Ax}=\boldsymbol{0}$ 的基础解系,证明$\boldsymbol{\alpha}_1+2\boldsymbol{\alpha}_2,\boldsymbol{\alpha}_2+3\boldsymbol{\alpha}_3,\boldsymbol{\alpha}_3+4\boldsymbol{\alpha}_1$ 是 $\boldsymbol{Ax}=\boldsymbol{0}$ 的基础解系.

26. 设 $\boldsymbol{A}$ 是 n 阶矩阵,$\boldsymbol{\alpha}$ 是 n 维列向量,若 $\boldsymbol{A}^{m-1}\boldsymbol{\alpha}\neq\boldsymbol{0}$,$\boldsymbol{A}^m\boldsymbol{\alpha}=\boldsymbol{0}$,证明向量组 $\boldsymbol{\alpha},\boldsymbol{A\alpha},\boldsymbol{A}^2\boldsymbol{\alpha},\cdots,\boldsymbol{A}^{m-1}\boldsymbol{\alpha}$ 线性无关.

27. 设 $\boldsymbol{A}$ 为三阶方阵,$\boldsymbol{\alpha}_1,\boldsymbol{\alpha}_2$ 是 $\boldsymbol{Ax}=\boldsymbol{0}$ 的基础解系,又 $\boldsymbol{b},\boldsymbol{\beta}$ 为三维非零列向量,$\boldsymbol{A\beta}=\boldsymbol{b}$,证明:

(1)$\boldsymbol{\beta},\boldsymbol{\alpha}_1+\boldsymbol{\beta},\boldsymbol{\alpha}_2+\boldsymbol{\beta}$ 线性无关;(2) 存在可逆矩阵 $\boldsymbol{B}$,使 $\boldsymbol{AB}=(\boldsymbol{b},\boldsymbol{b},\boldsymbol{b})$.

28. 设三元非齐次线性方程组 $\boldsymbol{Ax}=\boldsymbol{b}$,$R(\boldsymbol{A})=1$,$\boldsymbol{\alpha}_1,\boldsymbol{\alpha}_2,\boldsymbol{\alpha}_3$ 是它的三个解,满足条件:$\boldsymbol{\alpha}_1+\boldsymbol{\alpha}_2=\begin{pmatrix}1\\2\\3\end{pmatrix}$,$\boldsymbol{\alpha}_2+\boldsymbol{\alpha}_3=\begin{pmatrix}0\\-1\\1\end{pmatrix}$,$\boldsymbol{\alpha}_3+\boldsymbol{\alpha}_1=\begin{pmatrix}1\\0\\-1\end{pmatrix}$.求方程组的通解.

29. 已知4阶方阵$\boldsymbol{A}=(\boldsymbol{\alpha}_1,\boldsymbol{\alpha}_2,\boldsymbol{\alpha}_3,\boldsymbol{\alpha}_4)$，其中$\boldsymbol{\alpha}_2,\boldsymbol{\alpha}_3,\boldsymbol{\alpha}_4$线性无关，$\boldsymbol{\alpha}_1=2\boldsymbol{\alpha}_2-\boldsymbol{\alpha}_3$，如果$\boldsymbol{\beta}=\boldsymbol{\alpha}_1+\boldsymbol{\alpha}_2+\boldsymbol{\alpha}_3+\boldsymbol{\alpha}_4$，求线性方程组$\boldsymbol{Ax}=\boldsymbol{\beta}$的通解.

30. 设$\boldsymbol{A}=\begin{pmatrix}\lambda & 1 & 1\\ 0 & \lambda-1 & 0\\ 1 & 1 & \lambda\end{pmatrix}$，$\boldsymbol{b}=\begin{pmatrix}a\\1\\1\end{pmatrix}$，已知线性方程组$\boldsymbol{Ax}=\boldsymbol{b}$存在2个不同的解.

(1) 求λ,a；

(2) 求方程组$\boldsymbol{Ax}=\boldsymbol{b}$的通解.

31. 齐次线性方程组$\begin{cases}x_1+2x_2+x_3+2x_4=0,\\ x_2+tx_3+tx_4=0,\\ x_1+tx_2+x_4=0\end{cases}$的解空间维数为2，求$\boldsymbol{Ax}=\boldsymbol{0}$的通解及一个基础解系.

32. 验证$\boldsymbol{a}_1=\begin{pmatrix}1\\-1\\0\end{pmatrix}$，$\boldsymbol{a}_2=\begin{pmatrix}2\\1\\3\end{pmatrix}$，$\boldsymbol{a}_3=\begin{pmatrix}3\\1\\2\end{pmatrix}$为$\boldsymbol{R}^3$的一个基，并把$\boldsymbol{v}_1=\begin{pmatrix}5\\0\\7\end{pmatrix}$，$\boldsymbol{v}_2=\begin{pmatrix}-9\\-8\\-13\end{pmatrix}$用这个基线性表示.

33. 设$\boldsymbol{\alpha}_1=\begin{pmatrix}1\\0\\-2\end{pmatrix}$，$\boldsymbol{\alpha}_2=\begin{pmatrix}-4\\3\\3\end{pmatrix}$，$\boldsymbol{c}$与$\boldsymbol{\alpha}_1$正交，且$\boldsymbol{\alpha}_2=k\boldsymbol{\alpha}_1+\boldsymbol{c}$，求$k$和$\boldsymbol{c}$.

34. 用施密特正交法把下列矩阵的列向量组正交化：

(1)$(\boldsymbol{a}_1,\boldsymbol{a}_2,\boldsymbol{a}_3)=\begin{pmatrix}1 & 1 & 1\\ 1 & 2 & 4\\ 1 & 3 & 9\end{pmatrix}$；　(2)$(\boldsymbol{a}_1,\boldsymbol{a}_2,\boldsymbol{a}_3)=\begin{pmatrix}1 & 1 & -1\\ 0 & -1 & 1\\ -1 & 0 & 1\\ 1 & 1 & 0\end{pmatrix}$.

35. 用施密特正交法把向量组$\boldsymbol{\alpha}_1=(1,1,2)^{\mathrm{T}}$，$\boldsymbol{\alpha}_2=(-2,0,1)^{\mathrm{T}}$，$\boldsymbol{\alpha}_3=(0,1,1)^{\mathrm{T}}$化为规范正交向量组.

36. 判断下列矩阵是不是正交矩阵.

(1)$\begin{pmatrix}1 & -\frac{1}{2} & \frac{1}{3}\\ -\frac{1}{2} & 1 & \frac{1}{2}\\ \frac{1}{3} & \frac{1}{2} & -1\end{pmatrix}$；　(2)$\begin{pmatrix}\frac{1}{9} & -\frac{8}{9} & -\frac{4}{9}\\ -\frac{8}{9} & \frac{1}{9} & -\frac{4}{9}\\ -\frac{4}{9} & -\frac{4}{9} & \frac{7}{9}\end{pmatrix}$.

B

37. 设向量组 $\boldsymbol{\alpha}_1=\begin{pmatrix}1\\0\\1\end{pmatrix},\boldsymbol{\alpha}_2=\begin{pmatrix}0\\1\\1\end{pmatrix},\boldsymbol{\alpha}_3=\begin{pmatrix}1\\3\\5\end{pmatrix}$ 不能由向量组 $\boldsymbol{\beta}_1=\begin{pmatrix}1\\1\\1\end{pmatrix},\boldsymbol{\beta}_2=\begin{pmatrix}1\\2\\3\end{pmatrix},\boldsymbol{\beta}_3=\begin{pmatrix}3\\4\\a\end{pmatrix}$ 线性表示.

(1) 求 a 的值；

(2) 将 $\boldsymbol{\beta}_1,\boldsymbol{\beta}_2,\boldsymbol{\beta}_3$ 用 $\boldsymbol{\alpha}_1,\boldsymbol{\alpha}_2,\boldsymbol{\alpha}_3$ 线性表示.

38. 设 $\boldsymbol{\alpha}_1=\begin{pmatrix}1\\2\\0\end{pmatrix},\boldsymbol{\alpha}_2=\begin{pmatrix}1\\a+2\\-3a\end{pmatrix},\boldsymbol{\alpha}_3=\begin{pmatrix}-1\\-b-2\\a+2b\end{pmatrix},\boldsymbol{\beta}=\begin{pmatrix}1\\3\\-3\end{pmatrix}$，试讨论当 a,b 为何值时：

(1) $\boldsymbol{\beta}$ 不能由 $\boldsymbol{\alpha}_1,\boldsymbol{\alpha}_2,\boldsymbol{\alpha}_3$ 线性表示；

(2) $\boldsymbol{\beta}$ 可由 $\boldsymbol{\alpha}_1,\boldsymbol{\alpha}_2,\boldsymbol{\alpha}_3$ 唯一地线性表示，并求出表示式；

(3) $\boldsymbol{\beta}$ 可由 $\boldsymbol{\alpha}_1,\boldsymbol{\alpha}_2,\boldsymbol{\alpha}_3$ 线性表示，但表示不唯一，并求出表示式.

39. 设向量组 $\boldsymbol{B}:\boldsymbol{\beta}_1,\boldsymbol{\beta}_2,\cdots,\boldsymbol{\beta}_r$ 能由向量组 $\boldsymbol{A}:\boldsymbol{\alpha}_1,\boldsymbol{\alpha}_2,\cdots,\boldsymbol{\alpha}_s$ 线性表示为

$$(\boldsymbol{\beta}_1,\boldsymbol{\beta}_2,\cdots,\boldsymbol{\beta}_r)=(\boldsymbol{\alpha}_1,\boldsymbol{\alpha}_2,\cdots,\boldsymbol{\alpha}_s)\boldsymbol{K},$$

其中 $\boldsymbol{K}$ 为 $s\times r$ 矩阵，且向量组 $\boldsymbol{A}$ 线性无关.证明：向量组 $\boldsymbol{B}$ 线性无关的充分必要条件是 $R(\boldsymbol{K})=r$.

40. 设 $\begin{cases}\boldsymbol{\beta}_1=\boldsymbol{\alpha}_2+\boldsymbol{\alpha}_3+\cdots+\boldsymbol{\alpha}_n,\\ \boldsymbol{\beta}_2=\boldsymbol{\alpha}_1+\boldsymbol{\alpha}_3+\cdots+\boldsymbol{\alpha}_n,\\ \quad\vdots\\ \boldsymbol{\beta}_n=\boldsymbol{\alpha}_1+\boldsymbol{\alpha}_2+\cdots+\boldsymbol{\alpha}_{n-1},\end{cases}$ 证明：向量组 $\boldsymbol{\alpha}_1,\boldsymbol{\alpha}_2,\cdots,\boldsymbol{\alpha}_n$ 与向量组 $\boldsymbol{\beta}_1,\boldsymbol{\beta}_2,\cdots,\boldsymbol{\beta}_n$ 等价.

41. 设三平面方程 $\begin{cases}\lambda x+y+3z=8,\\ 2x+y+2z=6,\\ 3x+2y+3z=u,\end{cases}$ 问 λ,u 取何值时：

(1) 三平面交于一点；(2) 无公共交点；(3) 交于一直线，求出此直线.

42. 设 $R(\boldsymbol{A}_{n\times n})=r(r<n)$，$\boldsymbol{\eta}_0,\boldsymbol{\eta}_1,\cdots,\boldsymbol{\eta}_{n-r}$ 是 $\boldsymbol{Ax}=\boldsymbol{b}(\boldsymbol{b}\neq\boldsymbol{0})$ 的解，证明：

$\boldsymbol{\eta}_1-\boldsymbol{\eta}_0,\cdots,\boldsymbol{\eta}_{n-r}-\boldsymbol{\eta}_0$ 是 $\boldsymbol{Ax}=\boldsymbol{0}$ 的基础解系 $\Leftrightarrow\boldsymbol{\eta}_0,\boldsymbol{\eta}_1,\cdots,\boldsymbol{\eta}_{n-r}$ 线性无关.

43. 已知非齐次线性方程组

$$\begin{cases}x_1+x_2+x_3+x_4=-1,\\4x_1+3x_2+5x_3-x_4=-1,\\ax_1+x_2+3x_3+bx_4=1\end{cases}$$

有 3 个线性无关解.

(1) 证明方程组系数矩阵 $\boldsymbol{A}$ 的秩 $R(\boldsymbol{A})=2$;

(2) 求 a,b 的值及方程组的通解.

44. 设向量组 $\boldsymbol{\alpha}_1=\begin{pmatrix}1+a\\1\\1\\1\end{pmatrix},\boldsymbol{\alpha}_2=\begin{pmatrix}2\\2+a\\2\\2\end{pmatrix},\boldsymbol{\alpha}_3=\begin{pmatrix}3\\3\\3+a\\3\end{pmatrix},\boldsymbol{\alpha}_4=\begin{pmatrix}4\\4\\4\\4+a\end{pmatrix}$,问 a 为何值时,$\boldsymbol{\alpha}_1,\boldsymbol{\alpha}_2,\boldsymbol{\alpha}_3,\boldsymbol{\alpha}_4$ 线性相关?当 $\boldsymbol{\alpha}_1,\boldsymbol{\alpha}_2,\boldsymbol{\alpha}_3,\boldsymbol{\alpha}_4$ 线性相关时,求其一个最大线性无关组,并将其余向量用该最大线性无关组线性表示.

45. 设线性方程组 $\begin{cases}x_1+x_2+x_3=0,\\x_1+2x_2+ax_3=0,\\x_1+4x_2+a^2x_3=0\end{cases}$ 与方程 $x_1+2x_2+x_3=a-1$ 有公共解,求 a 的值及所有公共解.

46. 设 $\boldsymbol{A}=\begin{pmatrix}1&-1&-1\\-1&1&1\\0&-4&-2\end{pmatrix},\boldsymbol{\xi}_1=\begin{pmatrix}-1\\1\\-2\end{pmatrix}$.

(1) 求满足 $\boldsymbol{A}\boldsymbol{\xi}_2=\boldsymbol{\xi}_1,\boldsymbol{A}^2\boldsymbol{\xi}_3=\boldsymbol{\xi}_1$ 的所有向量 $\boldsymbol{\xi}_2,\boldsymbol{\xi}_3$.

(2) 对(1) 中的任意向量 $\boldsymbol{\xi}_2,\boldsymbol{\xi}_3$ 证明 $\boldsymbol{\xi}_1,\boldsymbol{\xi}_2,\boldsymbol{\xi}_3$ 线性无关.

47. 设 n 元线性方程组 $\boldsymbol{Ax}=\boldsymbol{b}$,其中 $\boldsymbol{A}=\begin{pmatrix}2a&1&&\\a^2&2a&\ddots&\\&\ddots&\ddots&1\\&&a^2&2a\end{pmatrix}_{n\times n},\boldsymbol{x}=\begin{pmatrix}x_1\\x_2\\\vdots\\x_n\end{pmatrix},\boldsymbol{b}=\begin{pmatrix}1\\0\\\vdots\\0\end{pmatrix}$.

(1) 证明行列式 $|\boldsymbol{A}|=(n+1)a^n$;

(2) 当 a 为何值时,该方程组有唯一解,求 x_1;

(3) 当 a 为何值时,该方程组有无穷多解,求通解.

48. 设向量组 $\boldsymbol{\alpha}_1,\boldsymbol{\alpha}_2,\boldsymbol{\alpha}_3$ 是 3 维向量空间 $\boldsymbol{R}^3$ 的一个基,$\boldsymbol{\beta}_1=2\boldsymbol{\alpha}_1+2k\boldsymbol{\alpha}_3,\boldsymbol{\beta}_2=2\boldsymbol{\alpha}_2,\boldsymbol{\beta}_3=\boldsymbol{\alpha}_1+(k+1)\boldsymbol{\alpha}_3$.

(1) 证明向量组 $\boldsymbol{\beta}_1,\boldsymbol{\beta}_2,\boldsymbol{\beta}_3$ 是 $\boldsymbol{R}^3$ 的一个基;

(2) 当 k 为何值时,存在非零向量 $\boldsymbol{\xi}$ 在基 $\boldsymbol{\alpha}_1,\boldsymbol{\alpha}_2,\boldsymbol{\alpha}_3$ 与基 $\boldsymbol{\beta}_1,\boldsymbol{\beta}_2,\boldsymbol{\beta}_3$ 下的坐标相同,并

求出所有的 $\boldsymbol{\xi}$.

49. 设 $\boldsymbol{A}=\begin{pmatrix}1 & -2 & 3 & -4\\0 & 1 & -1 & 1\\1 & 2 & 0 & -3\end{pmatrix}$，$\boldsymbol{E}$ 为 3 阶单位矩阵.

(1) 求方程组 $\boldsymbol{Ax}=\boldsymbol{0}$ 的一个基础解系；(2) 求满足 $\boldsymbol{AB}=\boldsymbol{E}$ 的所有矩阵 $\boldsymbol{B}$.

习题四部分参考答案

A

1. (1)$(0,\ 1,\ 2)^{\mathrm{T}}$；(2)$a\neq 1$；(3)4；(4)$\dfrac{1}{2}$；(5)6；(6)$\boldsymbol{x}=k(1,1,1)^{\mathrm{T}}(k\in\mathbf{R})$.

2. (1) 线性无关；(2) 线性相关；(3) 线性相关.

3. (1)$p\neq 2$；(2)$p=2$.

7. $a=0,b=2$，最大无关组为 $\boldsymbol{\alpha}_1,\boldsymbol{\alpha}_2$ 或者 $\boldsymbol{\alpha}_1,\boldsymbol{\alpha}_3$ 等.

10. $lm=1$.

12. $a=15,b=5$.

13. (1) 秩为 2，一个最大无关组为 $\boldsymbol{a}_1,\boldsymbol{a}_2$.(2) 秩为 2，最大无关组为 $\boldsymbol{\alpha}_1,\boldsymbol{\alpha}_2$.

14. $\boldsymbol{\alpha}_1,\boldsymbol{\alpha}_2,\boldsymbol{\alpha}_3$ 构成一个极大无关组，且 $\boldsymbol{\alpha}_4=\boldsymbol{\alpha}_1-2\boldsymbol{\alpha}_2+3\boldsymbol{\alpha}_3$.

18. (1)$\boldsymbol{B}=\begin{pmatrix}0 & 0 & 0\\1 & 0 & 3\\0 & 1 & -1\end{pmatrix}$；(2)$|\boldsymbol{A}|=0$.

19. (1)$\boldsymbol{\xi}_1=\begin{pmatrix}-4\\0\\1\\-3\end{pmatrix}$，$\boldsymbol{\xi}_2=\begin{pmatrix}0\\1\\0\\4\end{pmatrix}$；(2)$\boldsymbol{\xi}_1=\begin{pmatrix}0\\0\\1\\2\end{pmatrix}$，$\boldsymbol{\xi}_2=\begin{pmatrix}1\\7\\0\\19\end{pmatrix}$；

(3)$(\boldsymbol{\xi}_1,\boldsymbol{\xi}_2,\cdots,\boldsymbol{\xi}_{n-1})=\begin{pmatrix}1 & 0 & \cdots & 0\\0 & 1 & \cdots & 0\\\vdots & \vdots & & \vdots\\0 & 0 & \cdots & 1\\-n & -n+1 & \cdots & -2\end{pmatrix}$.

20. (1)$\boldsymbol{\xi}_1=(5,-3,1,0)^{\mathrm{T}}$，$\boldsymbol{\xi}_2=(-3,2,0,1)^{\mathrm{T}}$；(2)$a=-1$，$\boldsymbol{x}=k_1(2,-1,1,1)^{\mathrm{T}}+k_2(-1,2,4,7)^{\mathrm{T}}(k_1,k_2$ 不全为零).

21. $\begin{pmatrix} c_1 & -c_2 \\ 5c_1 & 11c_2 \\ 8c_1 & 0 \\ 0 & 8c_2 \end{pmatrix}$, $c_1, c_2 \in \mathbf{R}, c_1c_2 \neq 0$.

28. $\boldsymbol{x} = k_1(1,3,2)^{\mathrm{T}} + k_2(-1,-1,2)^{\mathrm{T}} + \frac{1}{2}(2,3,1)^{\mathrm{T}}$.

29. $\boldsymbol{x} = k(1,-2,1,0)^{\mathrm{T}} + (1,1,1,1)^{\mathrm{T}}$.

30. $\lambda = -1, a = -2$，通解为 $\boldsymbol{x} = k(1,0,1)^{\mathrm{T}} + \left(\frac{3}{2}, -\frac{1}{2}, 0\right)^{\mathrm{T}}, k \in \mathbf{R}$.

31. $\boldsymbol{x} = k_1\begin{pmatrix} 1 \\ -1 \\ 1 \\ 0 \end{pmatrix} + k_2\begin{pmatrix} 0 \\ -1 \\ 0 \\ 1 \end{pmatrix}$，基础解系为 $\begin{pmatrix} 1 \\ -1 \\ 1 \\ 0 \end{pmatrix}, \begin{pmatrix} 0 \\ -1 \\ 0 \\ 1 \end{pmatrix}$.

32. $\boldsymbol{v}_1 = 2\boldsymbol{a}_1 + 3\boldsymbol{a}_2 - \boldsymbol{a}_3, \boldsymbol{v}_2 = 3\boldsymbol{a}_1 - 3\boldsymbol{a}_2 - 2\boldsymbol{a}_3$.

33. $k = -2, \boldsymbol{c} = (-2, 3, -1)^{\mathrm{T}}$.

34. (1) $(\boldsymbol{\beta}_1, \boldsymbol{\beta}_2, \boldsymbol{\beta}_3) = \begin{pmatrix} 1 & -1 & \frac{1}{3} \\ 1 & 0 & -\frac{2}{3} \\ 1 & 1 & \frac{1}{3} \end{pmatrix}$；(2) $(\boldsymbol{\beta}_1, \boldsymbol{\beta}_2, \boldsymbol{\beta}_3) = \begin{pmatrix} 1 & \frac{1}{3} & -\frac{1}{5} \\ 0 & -1 & \frac{3}{5} \\ -1 & \frac{2}{3} & \frac{3}{5} \\ 1 & \frac{1}{3} & \frac{4}{5} \end{pmatrix}$.

35. $\boldsymbol{\varepsilon}_1 = \frac{1}{\sqrt{6}}\begin{pmatrix} 1 \\ 1 \\ 2 \end{pmatrix}, \boldsymbol{\varepsilon}_2 = \frac{1}{\sqrt{5}}\begin{pmatrix} -2 \\ 0 \\ 1 \end{pmatrix}, \boldsymbol{\varepsilon}_3 = \frac{1}{\sqrt{30}}\begin{pmatrix} -1 \\ 5 \\ -2 \end{pmatrix}$.

36. (1) 不是；(2) 是.

B

37. (1) $a = 5$；(2) $\boldsymbol{\beta}_1 = 2\boldsymbol{\alpha}_1 + 4\boldsymbol{\alpha}_2 - \boldsymbol{\alpha}_3, \boldsymbol{\beta}_2 = \boldsymbol{\alpha}_1 + 2\boldsymbol{\alpha}_2, \boldsymbol{\beta}_3 = 5\boldsymbol{\alpha}_1 + 10\boldsymbol{\alpha}_2 - 2\boldsymbol{\alpha}_3$.

38. (1) $a = 0, b \in \mathbf{R}$；(2) $a \neq 0$ 且 $a \neq b$，$\boldsymbol{\beta} = \left(1 - \frac{1}{a}\right)\boldsymbol{\alpha}_1 + \frac{1}{a}\boldsymbol{\alpha}_2$；(3) 当 $a = b \neq 0$ 时，$\boldsymbol{\beta} = \left(1 - \frac{1}{a}\right)\boldsymbol{\alpha}_1 + \left(\frac{1}{a} + k\right)\boldsymbol{\alpha}_2 + k\boldsymbol{\alpha}_3$.

41. (1) $\lambda \neq 3$；(2) $\lambda = 3$ 且 $u \neq 10$；(3) $\lambda = 3$ 且 $u = 10$.

43. (2) $a=2,b=-3,\boldsymbol{x}=k_1(-2,1,1,0)^{\mathrm{T}}+k_2(4,-5,0,1)^{\mathrm{T}}+(2,-3,0,0)^{\mathrm{T}}$.

44. 当 $a=0$ 或 $a=-10$ 时,$\boldsymbol{\alpha}_1,\boldsymbol{\alpha}_2,\boldsymbol{\alpha}_3,\boldsymbol{\alpha}_4$ 线性相关.

当 $a=0$ 时,$\boldsymbol{\alpha}_1$ 为 $\boldsymbol{\alpha}_1,\boldsymbol{\alpha}_2,\boldsymbol{\alpha}_3,\boldsymbol{\alpha}_4$ 的一个极大线性无关组,且 $\boldsymbol{\alpha}_2=2\boldsymbol{\alpha}_1,\boldsymbol{\alpha}_3=3\boldsymbol{\alpha}_1,\boldsymbol{\alpha}_4=4\boldsymbol{\alpha}_1$.

当 $a=-10$ 时,$\boldsymbol{\alpha}_2,\boldsymbol{\alpha}_3,\boldsymbol{\alpha}_4$ 为 $\boldsymbol{\alpha}_1,\boldsymbol{\alpha}_2,\boldsymbol{\alpha}_3,\boldsymbol{\alpha}_4$ 的一个极大线性无关组,且 $\boldsymbol{\alpha}_1=-\boldsymbol{\alpha}_2-\boldsymbol{\alpha}_3-\boldsymbol{\alpha}_4$.

45. $a=1$ 或 $a=2$.当 $a=1$ 时,$\boldsymbol{x}=k\begin{pmatrix}-1\\0\\1\end{pmatrix}$;当 $a=2$ 时,$\boldsymbol{x}=k\begin{pmatrix}0\\1\\-1\end{pmatrix}$.

46. (1) $\boldsymbol{\xi}_2=k\begin{pmatrix}1\\-1\\2\end{pmatrix}+\begin{pmatrix}0\\0\\1\end{pmatrix},\boldsymbol{\xi}_3=k_1\begin{pmatrix}1\\-1\\0\end{pmatrix}+k_2\begin{pmatrix}0\\0\\1\end{pmatrix}+\begin{pmatrix}-\frac{1}{2}\\0\\0\end{pmatrix}$.

47. (2) $a\neq 0$ 时,$x_1=\dfrac{D_{n-1}}{D_n}=\dfrac{n}{(n+1)a}$.

(3) 当 $a=0$ 时,$\boldsymbol{x}=(0,1,0,\cdots,0)^{\mathrm{T}}+k(1,0,0,\cdots,0)^{\mathrm{T}}$,其中 $k\in\mathbf{R}$.

48. (2) $k=0$,并解得 $\boldsymbol{x}=c\begin{pmatrix}-1\\0\\1\end{pmatrix},c\in\mathbf{R},\boldsymbol{\xi}=-c\boldsymbol{\alpha}_1+c\boldsymbol{\alpha}_3,c\in\mathbf{R}$.

49. 基础解系为 $\begin{pmatrix}-1\\2\\3\\1\end{pmatrix},\boldsymbol{B}=\begin{pmatrix}-k_1+2 & -k_2+6 & -k_3-1\\2k_1-1 & 2k_2-3 & 2k_3+1\\3k_1-1 & 3k_2-4 & 3k_3+1\\k_1 & k_2 & k_3\end{pmatrix}$.

第 5 章　方阵的特征值与对角化

矩阵的特征值与特征向量是矩阵论中的一个重要部分，在理论学习中有着重要作用，并且有着广泛的实际应用背景.例如，数学及物理中涉及的微分方程问题、方阵的对角化问题，动力学系统和结构系统中的振动问题、稳定性问题等，常常都可归结为求一个矩阵的特征值和特征向量的问题.方阵的对角化是线性代数的一个重要内容，它与矩阵相似有着密切的联系，在实际中也有着广泛的应用.本章介绍矩阵的特征值与特征向量的概念、性质及相似矩阵，并研究实对称矩阵的对角化问题.

5.1　方阵的特征值与特征向量

5.1.1　特征值与特征向量的基本概念

定义 1　设 $\boldsymbol{A}$ 是 n 阶方阵，如果存在数 λ 和非零的 n 维列向量 $\boldsymbol{x}$，使得

$$\boldsymbol{A}\boldsymbol{x}=\lambda\boldsymbol{x}, \tag{5.1}$$

就称数 λ 是方阵 $\boldsymbol{A}$ 的特征值，非零向量 $\boldsymbol{x}$ 称为方阵 $\boldsymbol{A}$ 的对应于特征值 λ 的特征向量.

注意：特征向量 $\boldsymbol{x}\neq\boldsymbol{0}$；特征值问题是针对方阵而言的.

根据定义 1，n 阶矩阵 $\boldsymbol{A}$ 的特征值就是使式(5.1) 即齐次线性方程组

$$(\boldsymbol{A}-\lambda\boldsymbol{E})\boldsymbol{x}=\boldsymbol{0} \tag{5.2}$$

有非零解的 λ 值，而方程组(5.2) 有非零解的充分必要条件是其系数行列式为零，即

$$|\boldsymbol{A}-\lambda\boldsymbol{E}|=0, \tag{5.3}$$

从而满足方程(5.3) 的 λ 都是 $\boldsymbol{A}$ 的特征值.因此，$\boldsymbol{A}$ 的特征值是方程(5.3) 的根，$\boldsymbol{A}$ 的对应于特征值 λ 的特征向量是齐次线性方程组(5.2) 的非零解.

定义 2　设 $\boldsymbol{A}=(a_{ij})_{n\times n}$，称

$$f(\lambda)=|\boldsymbol{A}-\lambda\boldsymbol{E}|=\begin{vmatrix} a_{11}-\lambda & a_{12} & \cdots & a_{1n} \\ a_{21} & a_{22}-\lambda & \cdots & a_{2n} \\ \vdots & \vdots & & \vdots \\ a_{n1} & a_{n2} & \cdots & a_{nn}-\lambda \end{vmatrix}$$

为方阵 $\boldsymbol{A}$ 的特征多项式，方程(5.3) 称为 $\boldsymbol{A}$ 的特征方程.

由 n 阶行列式的定义知，方阵 $\boldsymbol{A}$ 的特征多项式是 λ 的 n 次多项式，$\boldsymbol{A}$ 的特征值就是特征方程的根.根据代数基本定理知，n 次多项式在复数范围内恒有解，其解的个数为方程

的次数(重根按重数计算).因此,n 阶方阵在复数范围内有 n 个特征值.

例 1 求矩阵 $\boldsymbol{A}=\begin{pmatrix}3&1\\1&3\end{pmatrix}$ 的特征值和特征向量.

解 矩阵 $\boldsymbol{A}$ 的特征方程为

$$|\boldsymbol{A}-\lambda\boldsymbol{E}|=\begin{vmatrix}3-\lambda&1\\1&3-\lambda\end{vmatrix}=(2-\lambda)(4-\lambda)=0,$$

所以 $\boldsymbol{A}$ 的特征值为 $\lambda_1=2,\lambda_2=4$.

当 $\lambda_1=2$ 时,对应的特征向量应满足方程 $(\boldsymbol{A}-2\boldsymbol{E})\boldsymbol{x}=\boldsymbol{0}$,即

$$\begin{pmatrix}3-2&1\\1&3-2\end{pmatrix}\begin{pmatrix}x_1\\x_2\end{pmatrix}=\begin{pmatrix}0\\0\end{pmatrix},$$

亦即

$$\begin{pmatrix}1&1\\1&1\end{pmatrix}\begin{pmatrix}x_1\\x_2\end{pmatrix}=\begin{pmatrix}0\\0\end{pmatrix},$$

解得 $x_1=-x_2$,所以对应的特征向量可取为

$$\boldsymbol{p}_1=\begin{pmatrix}1\\-1\end{pmatrix}.$$

当 $\lambda_2=4$ 时,对应的特征向量应满足方程 $(\boldsymbol{A}-4\boldsymbol{E})\boldsymbol{x}=\boldsymbol{0}$,即

$$\begin{pmatrix}3-4&1\\1&3-4\end{pmatrix}\begin{pmatrix}x_1\\x_2\end{pmatrix}=\begin{pmatrix}0\\0\end{pmatrix},$$

亦即

$$\begin{pmatrix}-1&1\\1&-1\end{pmatrix}\begin{pmatrix}x_1\\x_2\end{pmatrix}=\begin{pmatrix}0\\0\end{pmatrix},$$

解得 $x_1=x_2$,所以对应的特征向量可取为

$$\boldsymbol{p}_2=\begin{pmatrix}1\\1\end{pmatrix}.$$

注:(1) $(\boldsymbol{A}-\lambda\boldsymbol{E})\boldsymbol{x}=\boldsymbol{0}$ 的基础解系中的向量是它的非零解,因此要求对应于特征值 λ 的特征向量,只需求出它的基础解系即可.

(2) 若 $\boldsymbol{\xi}$ 是 $\boldsymbol{A}$ 的对应于特征值 λ 的特征向量,则当 $k\neq0$ 时,由 $\boldsymbol{A}(k\boldsymbol{\xi})=k(\boldsymbol{A}\boldsymbol{\xi})=k(\lambda\boldsymbol{\xi})=\lambda(k\boldsymbol{\xi})$,知 $k\boldsymbol{\xi}$ 也是对应于 λ 的特征向量,因而特征向量不能由特征值唯一确定.反过来,不同特征值对应的特征向量不会相等,亦即一个特征向量只能对应于一个特征值.

例 2 求矩阵 $\boldsymbol{A}=\begin{pmatrix}1&0&0\\1&2&2\\1&1&3\end{pmatrix}$ 的特征值和特征向量.

解　矩阵 $\boldsymbol{A}$ 的特征方程为

$$|\boldsymbol{A}-\lambda\boldsymbol{E}|=\begin{vmatrix}1-\lambda & 0 & 0\\ 1 & 2-\lambda & 2\\ 1 & 1 & 3-\lambda\end{vmatrix}=(4-\lambda)(1-\lambda)^2=0,$$

所以 $\boldsymbol{A}$ 的特征值为 $\lambda_1=4,\lambda_2=\lambda_3=1$.

当 $\lambda_1=4$ 时,解方程 $(\boldsymbol{A}-4\boldsymbol{E})\boldsymbol{x}=\boldsymbol{0}$,由

$$\boldsymbol{A}-4\boldsymbol{E}=\begin{pmatrix}-3 & 0 & 0\\ 1 & -2 & 2\\ 1 & 1 & -1\end{pmatrix}\overset{r}{\sim}\begin{pmatrix}1 & 0 & 0\\ 0 & 1 & -1\\ 0 & 0 & 0\end{pmatrix},$$

得基础解系

$$\boldsymbol{p}_1=\begin{pmatrix}0\\1\\1\end{pmatrix},$$

所以 $k_1\boldsymbol{p}_1(k_1\neq 0)$ 是对应于 $\lambda_1=4$ 的全部特征向量.

当 $\lambda_2=\lambda_3=1$ 时,解方程 $(\boldsymbol{A}-\boldsymbol{E})\boldsymbol{x}=\boldsymbol{0}$,由

$$\boldsymbol{A}-\boldsymbol{E}=\begin{pmatrix}0 & 0 & 0\\ 1 & 1 & 2\\ 1 & 1 & 2\end{pmatrix}\overset{r}{\sim}\begin{pmatrix}1 & 1 & 2\\ 0 & 0 & 0\\ 0 & 0 & 0\end{pmatrix},$$

得基础解系

$$\boldsymbol{p}_2=\begin{pmatrix}-1\\1\\0\end{pmatrix},\quad \boldsymbol{p}_3=\begin{pmatrix}-2\\0\\1\end{pmatrix},$$

所以 $k_2\boldsymbol{p}_2+k_3\boldsymbol{p}_3(k_2,k_3$ 不全为 0) 是对应于 $\lambda_2=\lambda_3=1$ 的全部特征向量.

例 3　求矩阵 $\boldsymbol{A}=\begin{pmatrix}2 & 3 & 2\\ 1 & 4 & 2\\ 1 & -3 & 1\end{pmatrix}$ 的特征值和特征向量.

解　矩阵 $\boldsymbol{A}$ 的特征方程为

$$|\boldsymbol{A}-\lambda\boldsymbol{E}|=\begin{vmatrix}2-\lambda & 3 & 2\\ 1 & 4-\lambda & 2\\ 1 & -3 & 1-\lambda\end{vmatrix}=(1-\lambda)(3-\lambda)^2=0,$$

所以 $\boldsymbol{A}$ 的特征值为 $\lambda_1=1,\lambda_2=\lambda_3=3$.

当 $\lambda_1=1$ 时,解方程 $(\boldsymbol{A}-\boldsymbol{E})\boldsymbol{x}=\boldsymbol{0}$,由

$$A - E = \begin{pmatrix} 1 & 3 & 2 \\ 1 & 3 & 2 \\ 1 & -3 & 0 \end{pmatrix} \overset{r}{\sim} \begin{pmatrix} 1 & 0 & 1 \\ 0 & 1 & \frac{1}{3} \\ 0 & 0 & 0 \end{pmatrix},$$

得基础解系

$$p_1 = \begin{pmatrix} -1 \\ -\frac{1}{3} \\ 1 \end{pmatrix},$$

所以 $k_1 p_1 (k_1 \neq 0)$ 是对应于 $\lambda_1 = 1$ 的全部特征向量.

当 $\lambda_2 = \lambda_3 = 3$ 时,解方程 $(A - 3E)x = 0$,由

$$A - 3E = \begin{pmatrix} -1 & 3 & 2 \\ 1 & 1 & 2 \\ 1 & -3 & -2 \end{pmatrix} \overset{r}{\sim} \begin{pmatrix} 1 & 0 & 1 \\ 0 & 1 & 1 \\ 0 & 0 & 0 \end{pmatrix},$$

得基础解系

$$p_2 = \begin{pmatrix} -1 \\ -1 \\ 1 \end{pmatrix},$$

所以 $k_2 p_2 (k_2 \neq 0)$ 是对应于 $\lambda_2 = \lambda_3 = 3$ 的全部特征向量.

注:在例 2 中,对应二重特征值 $\lambda_2 = \lambda_3 = 1$,有 2 个线性无关的特征向量;而在例 3 中,对应二重特征值 $\lambda_2 = \lambda_3 = 3$,只有 1 个线性无关的特征向量.

若 λ 为 A 的一个特征值,则 λ 一定是特征方程 $|A - \lambda E| = 0$ 的根,因此又称特征根.若 λ 为方程 $|A - \lambda E| = 0$ 的 n_i 重根,则称 λ 为 A 的 n_i 重特征根.方程 $(A - \lambda E)x = 0$ 的每一个非零解向量都是对应于 λ 的特征向量,于是我们可以得到求矩阵 A 的全部特征值和特征向量的方法:

第一步,计算 A 的特征多项式 $|A - \lambda E|$;

第二步,求出特征方程 $|A - \lambda E| = 0$ 的全部根,即为 A 的全部特征值;

第三步,对于 A 的每一个特征值 λ,求出齐次线性方程组

$$(A - \lambda E)x = 0$$

的一个基础解系 $\xi_1, \xi_2, \cdots, \xi_s$,则 A 的对应于特征值 λ 的全部特征向量是 $k_1\xi_1 + k_2\xi_2 + \cdots + k_s\xi_s$(其中 $k_1, k_2, \cdots, k_s$ 不全为零).

5.1.2　方阵的特征值与特征向量的基本性质

性质 1　若 λ 是方阵 A 的特征值,则:

(1) $k\lambda$ 是 $k\boldsymbol{A}$ 的特征值(k 是任意不为零的常数);

(2) λ^m 是 $\boldsymbol{A}^m$ 的特征值(m 是正整数);

(3) 当 $\boldsymbol{A}$ 可逆时,λ^{-1} 是 $\boldsymbol{A}^{-1}$ 的特征值.

证明 (1) 因 λ 是方阵 $\boldsymbol{A}$ 的特征值,故存在非零向量 $\boldsymbol{x}$,使得 $\boldsymbol{Ax}=\lambda\boldsymbol{x}$,于是

$$k\boldsymbol{Ax}=k\lambda\boldsymbol{x},\quad (k\boldsymbol{A})\boldsymbol{x}=(k\lambda)\boldsymbol{x},$$

所以 $k\lambda$ 是 $k\boldsymbol{A}$ 的特征值.

(2) 由 $\boldsymbol{Ax}=\lambda\boldsymbol{x}(\boldsymbol{x}\neq\boldsymbol{0})$,可得 $\boldsymbol{AAx}=\boldsymbol{A}\lambda\boldsymbol{x}$,即

$$\boldsymbol{A}^2\boldsymbol{x}=\lambda^2\boldsymbol{x},$$

再继续施行上述步骤,就可得

$$\boldsymbol{A}^m\boldsymbol{x}=\lambda^m\boldsymbol{x}(m\text{ 为正整数}),$$

故 λ^m 是 $\boldsymbol{A}^m$ 的特征值.

(3) 当 $\boldsymbol{A}$ 可逆时,由 $\boldsymbol{Ax}=\lambda\boldsymbol{x}$ 得 $\boldsymbol{x}=\lambda\boldsymbol{A}^{-1}\boldsymbol{x}$,显然 $\lambda\neq 0$(否则的话 $\boldsymbol{x}=\boldsymbol{0}$),故

$$\boldsymbol{A}^{-1}\boldsymbol{x}=\lambda^{-1}\boldsymbol{x},$$

所以 λ^{-1} 是 $\boldsymbol{A}^{-1}$ 的特征值.

性质 2 设 $\boldsymbol{A}=(a_{ij})_{n\times n}$ 的 n 个特征值为 $\lambda_1,\lambda_2,\cdots,\lambda_n$,则:

(1) $a_{11}+a_{22}+\cdots+a_{nn}=\lambda_1+\lambda_2+\cdots+\lambda_n$;

(2) $|\boldsymbol{A}|=\lambda_1\lambda_2\cdots\lambda_n$.

注:我们将 $a_{11}+a_{22}+\cdots+a_{nn}$ 称为矩阵 $\boldsymbol{A}$ 的迹,记作 $\mathrm{tr}\boldsymbol{A}$.

证明 (1) 由行列式的定义可得

$$\begin{aligned}\varphi(\lambda)=|\boldsymbol{A}-\lambda\boldsymbol{E}|&=\begin{vmatrix}a_{11}-\lambda & a_{12} & \cdots & a_{1n}\\ a_{21} & a_{22}-\lambda & \cdots & a_{2n}\\ \vdots & \vdots & & \vdots\\ a_{n1} & a_{n2} & \cdots & a_{nn}-\lambda\end{vmatrix}\\ &=(a_{11}-\lambda)(a_{22}-\lambda)\cdots(a_{nn}-\lambda)+f_{n-2}(\lambda)\\ &=(-1)^n\lambda^n+(-1)^{n-1}(a_{11}+a_{22}+\cdots+a_{nn})\lambda^{n-1}+g_{n-2}(\lambda)+f_{n-2}(\lambda),\end{aligned}\tag{5.4}$$

其中 $g_{n-2}(\lambda)$,$f_{n-2}(\lambda)$ 都是次数不超过 $n-2$ 的多项式.由题设,又有

$$\begin{aligned}\varphi(\lambda)=|\boldsymbol{A}-\lambda\boldsymbol{E}|&=(\lambda_1-\lambda)(\lambda_2-\lambda)\cdots(\lambda_n-\lambda)\\ &=(-1)^n\lambda^n+(-1)^{n-1}(\lambda_1+\lambda_2+\cdots+\lambda_n)\lambda^{n-1}+\cdots+\lambda_1\lambda_2\cdots\lambda_n,\end{aligned}\tag{5.5}$$

比较多项式(5.4)和多项式(5.5)同次幂的系数可得

$$a_{11}+a_{22}+\cdots+a_{nn}=\lambda_1+\lambda_2+\cdots+\lambda_n.$$

(2) 由式(5.5)有 $|\boldsymbol{A}|=\varphi(0)=\lambda_1\lambda_2\cdots\lambda_n$.

由性质 2 中的(2)很容易得到,$|\boldsymbol{A}|=0$ 的充分必要条件是 0 是 $\boldsymbol{A}$ 的特征值;而 $\boldsymbol{A}$ 可逆的充分必要条件是 $\boldsymbol{A}$ 的特征值都不为零.

性质 3 方阵 $\boldsymbol{A}$ 与其转置矩阵 $\boldsymbol{A}^{\mathrm{T}}$ 的特征值相同.

证明 因为 $\boldsymbol{A}^{\mathrm{T}}-\lambda\boldsymbol{E}=(\boldsymbol{A}-\lambda\boldsymbol{E})^{\mathrm{T}}$,所以

$$|\boldsymbol{A}^{\mathrm{T}}-\lambda\boldsymbol{E}|=|(\boldsymbol{A}-\lambda\boldsymbol{E})^{\mathrm{T}}|=|\boldsymbol{A}-\lambda\boldsymbol{E}|,$$

故 $\boldsymbol{A}$ 和 $\boldsymbol{A}^{\mathrm{T}}$ 的特征值相同.

由前面的例 1 ~ 例 3 可知,对于方阵 $\boldsymbol{A}$ 的每一个特征值,我们都可以求出其全部的特征向量.但对于属于不同特征值的特征向量,它们之间到底存在什么关系呢?这一问题的讨论在对角化理论中有着很重要的作用.对此我们给出以下结论.

定理 1 设 $\lambda_1,\lambda_2,\cdots,\lambda_m$ 是 $\boldsymbol{A}_n$ 的 m 个互异特征值,$\boldsymbol{p}_1,\boldsymbol{p}_2,\cdots,\boldsymbol{p}_m$ 是依次与之对应的特征向量,则向量组 $\boldsymbol{p}_1,\boldsymbol{p}_2,\cdots,\boldsymbol{p}_m$ 线性无关.

证明 设有一组数 $x_1,x_2,\cdots,x_m$,使得

$$x_1\boldsymbol{p}_1+x_2\boldsymbol{p}_2+\cdots+x_m\boldsymbol{p}_m=\boldsymbol{0}. \tag{5.6}$$

在式(5.6) 两端的左边乘以方阵 $\boldsymbol{A}$,得 $x_1\boldsymbol{A}\boldsymbol{p}_1+x_2\boldsymbol{A}\boldsymbol{p}_2+\cdots+x_m\boldsymbol{A}\boldsymbol{p}_m=\boldsymbol{0}$.

由题设有 $\boldsymbol{A}\boldsymbol{p}_i=\lambda_i\boldsymbol{p}_i(i=1,2,\cdots,m)$,代入上式得

$$x_1\lambda_1\boldsymbol{p}_1+x_2\lambda_2\boldsymbol{p}_2+\cdots+x_m\lambda_m\boldsymbol{p}_m=\boldsymbol{0}.$$

类推可得

$$\lambda_1^k(x_1\boldsymbol{p}_1)+\lambda_2^k(x_2\boldsymbol{p}_2)+\cdots+\lambda_m^k(x_m\boldsymbol{p}_m)=\boldsymbol{0}\quad(k=1,2,\cdots,m-1) \tag{5.7}$$

将式(5.6) 和式(5.7) 合写成矩阵形式,有

$$(x_1\boldsymbol{p}_1,x_2\boldsymbol{p}_2,\cdots,x_m\boldsymbol{p}_m)\begin{pmatrix}1 & \lambda_1 & \lambda_1^2 & \cdots & \lambda_1^{m-1}\\ 1 & \lambda_2 & \lambda_2^2 & \cdots & \lambda_2^{m-1}\\ 1 & \lambda_3 & \lambda_3^2 & \cdots & \lambda_3^{m-1}\\ \vdots & \vdots & \vdots & & \vdots\\ 1 & \lambda_m & \lambda_m^2 & \cdots & \lambda_m^{m-1}\end{pmatrix}=(\boldsymbol{0},\boldsymbol{0},\cdots,\boldsymbol{0})$$

将上式记作 $(x_1\boldsymbol{p}_1,x_2\boldsymbol{p}_2,\cdots,x_m\boldsymbol{p}_m)\boldsymbol{K}=(\boldsymbol{0},\boldsymbol{0},\cdots,\boldsymbol{0})$,则 $|\boldsymbol{K}|=\prod\limits_{1\leqslant j<i\leqslant m-1}(\lambda_i-\lambda_j)$.

因为 $\lambda_1,\lambda_2,\cdots,\lambda_{m-1}$ 互不相等,所以 $|\boldsymbol{K}|\neq 0$,$\boldsymbol{K}$ 可逆,于是 $x_k\boldsymbol{p}_k=\boldsymbol{0}(k=1,2,\cdots,m)$,而 $\boldsymbol{p}_k\neq\boldsymbol{0}$,故 $x_k=0(k=1,2,\cdots,m)$,所以向量组 $\boldsymbol{p}_1,\boldsymbol{p}_2,\cdots,\boldsymbol{p}_k$ 线性无关.

事实上,当 $\lambda_1,\lambda_2,\cdots,\lambda_m$ 是 $\boldsymbol{A}_n$ 的 m 个互异特征值时,若 $\boldsymbol{p}_1^{(i)},\boldsymbol{p}_2^{(i)},\cdots,\boldsymbol{p}_{t_i}^{(i)}$ 是对应于 λ_i 的特征向量,则向量组 $\boldsymbol{p}_1^{(1)},\boldsymbol{p}_2^{(1)},\cdots,\boldsymbol{p}_{t1}^{(1)},\boldsymbol{p}_1^{(2)},\boldsymbol{p}_2^{(2)},\cdots,\boldsymbol{p}_{t2}^{(2)},\cdots,\boldsymbol{p}_1^{(m)},\boldsymbol{p}_2^{(m)},\cdots,\boldsymbol{p}_{tm}^{(m)}$ 也线性无关.

由定理 1 知,当 n 阶方阵 $\boldsymbol{A}$ 的 n 个特征值互不相同时,$\boldsymbol{A}$ 有 n 个线性无关的特征向量.

定理 2 设 λ 是方阵 $\boldsymbol{A}$ 的特征值,则:

(1) $\varphi(\lambda)$ 是 $\varphi(\boldsymbol{A})$ 的特征值(其中 $\varphi(\lambda)=a_0+a_1\lambda+\cdots+a_m\lambda^m$ 是关于 λ 的一元多项式,$\varphi(\boldsymbol{A})=a_0\boldsymbol{E}+a_1\boldsymbol{A}+\cdots+a_m\boldsymbol{A}^m$ 是方阵 $\boldsymbol{A}$ 的多项式);

(2) 如果 $\varphi(\boldsymbol{A})=\boldsymbol{O}$,则有 $\varphi(\lambda)=0$.

证明 (1) 根据性质 1 可知 λ^m 是 $\boldsymbol{A}^m$ 的特征值(m 是正整数),故存在非零向量 $\boldsymbol{x}$,使得

$$\boldsymbol{A}^m\boldsymbol{x}=\lambda^m\boldsymbol{x},$$

因此

$$\begin{aligned}\varphi(\boldsymbol{A})\boldsymbol{x}&=(a_0\boldsymbol{E}+a_1\boldsymbol{A}+\cdots+a_m\boldsymbol{A}^m)\boldsymbol{x}=a_0\boldsymbol{E}\boldsymbol{x}+a_1\boldsymbol{A}\boldsymbol{x}+\cdots+a_m\boldsymbol{A}^m\boldsymbol{x}\\&=a_0\boldsymbol{x}+a_1\lambda\boldsymbol{x}+\cdots+a_m\lambda^m\boldsymbol{x}=(a_0+a_1\lambda+\cdots+a_m\lambda^m)\boldsymbol{x}=\varphi(\lambda)\boldsymbol{x},\end{aligned}$$

故 $\varphi(\lambda)$ 是 $\varphi(\boldsymbol{A})$ 的特征值.

(2) 由(1)知存在非零向量 $\boldsymbol{x}$,使 $\varphi(\boldsymbol{A})\boldsymbol{x}=\varphi(\lambda)\boldsymbol{x}$,若 $\varphi(\boldsymbol{A})=\boldsymbol{O}$,$\varphi(\lambda)\boldsymbol{x}=\varphi(\boldsymbol{A})\boldsymbol{x}=\boldsymbol{O}\boldsymbol{x}=\boldsymbol{0}$.又 $\boldsymbol{x}\neq\boldsymbol{0}$,故 $\varphi(\lambda)=0$.

例 4 设 3 阶方阵 $\boldsymbol{A}$ 的特征值是 $1,2,-3$,求:

(1) $|\boldsymbol{A}^2-2\boldsymbol{A}-\boldsymbol{E}|$;

(2) $|\boldsymbol{A}^*+3\boldsymbol{A}+2\boldsymbol{E}|$.

解 设 λ 是 $\boldsymbol{A}$ 的特征值,则 $\lambda=1,2,-3$.

(1) 设 $\varphi_1(\boldsymbol{A})=\boldsymbol{A}^2-2\boldsymbol{A}-\boldsymbol{E}$,则 $\varphi_1(\lambda)=\lambda^2-2\lambda-1$ 是 $\varphi_1(\boldsymbol{A})$ 的特征值,即 $\varphi_1(1)$,$\varphi_1(2)$,$\varphi_1(-3)$ 是 $\varphi_1(\boldsymbol{A})$ 的特征值,故

$$|\boldsymbol{A}^2-2\boldsymbol{A}-\boldsymbol{E}|=|\varphi_1(\boldsymbol{A})|=\varphi_1(1)\varphi_1(2)\varphi_1(-3)=(-2)\times(-1)\times14=28.$$

(2) 由 $|\boldsymbol{A}|=1\times2\times(-3)=-6\neq0$ 知 $\boldsymbol{A}$ 可逆,故得 $\boldsymbol{A}^*=|\boldsymbol{A}|\boldsymbol{A}^{-1}=-6\boldsymbol{A}^{-1}$,所以

$$\boldsymbol{A}^*+3\boldsymbol{A}+2\boldsymbol{E}=-6\boldsymbol{A}^{-1}+3\boldsymbol{A}+2\boldsymbol{E}.$$

记 $\varphi(\boldsymbol{A})=-6\boldsymbol{A}^{-1}+3\boldsymbol{A}+2\boldsymbol{E}$,并设 $\varphi(\lambda)=-6\lambda^{-1}+3\lambda+2$,显然当 λ 是 $\boldsymbol{A}$ 的特征值时,$\varphi(\lambda)$ 是 $\varphi(\boldsymbol{A})$ 的特征值,故 $\varphi(\boldsymbol{A})$ 的 3 个特征值分别为 $\varphi(1)$,$\varphi(2)$,$\varphi(-3)$.于是

$$|\boldsymbol{A}^*+3\boldsymbol{A}+2\boldsymbol{E}|=\varphi(1)\varphi(2)\varphi(-3)=-1\times5\times(-5)=25.$$

说明:这里 $\varphi(\boldsymbol{A})$ 虽然不是矩阵多项式,但也具有矩阵多项式的特性.

例 5 设 2 阶方阵 $\boldsymbol{A}$ 有两个不同的特征值,$\boldsymbol{p}_1$,$\boldsymbol{p}_2$ 是 $\boldsymbol{A}$ 的线性无关的特征向量,且 $\boldsymbol{A}^2(\boldsymbol{p}_1+\boldsymbol{p}_2)=\boldsymbol{p}_1+\boldsymbol{p}_2$,求 $|\boldsymbol{A}|$.

解 设与特征向量 $\boldsymbol{p}_1$,$\boldsymbol{p}_2$ 对应的特征值分别是 λ_1,λ_2,则 $\boldsymbol{A}^2\boldsymbol{p}_1=\lambda_1^2\boldsymbol{p}_1$,$\boldsymbol{A}^2\boldsymbol{p}_2=\lambda_2^2\boldsymbol{p}_2$.于是

$$\boldsymbol{A}^2(\boldsymbol{p}_1+\boldsymbol{p}_2)=\lambda_1^2\boldsymbol{p}_1+\lambda_2^2\boldsymbol{p}_2=\boldsymbol{p}_1+\boldsymbol{p}_2,$$

因此有

$$(\lambda_1^2-1)\boldsymbol{p}_1+(\lambda_2^2-1)\boldsymbol{p}_2=\boldsymbol{0}.$$

因 $\boldsymbol{p}_1$,$\boldsymbol{p}_2$ 线性无关,故 $\lambda_1^2-1=\lambda_2^2-1=0$,即 $\lambda_1^2=\lambda_2^2=1$.又 $\lambda_1\neq\lambda_2$,所以 $|\boldsymbol{A}|=\lambda_1\lambda_2=-1$.

5.2　相似矩阵

我们在这一节中要讨论矩阵之间的另一种关系——相似关系，其中介绍相似矩阵的概念和性质，并给出方阵相似于对角矩阵的条件.

5.2.1　相似矩阵

定义 3　设 $\boldsymbol{A}$、$\boldsymbol{B}$ 都是 n 阶方阵，若存在可逆矩阵 $\boldsymbol{P}$，使

$$\boldsymbol{P}^{-1}\boldsymbol{A}\boldsymbol{P}=\boldsymbol{B},$$

则称 $\boldsymbol{A}$ 是 $\boldsymbol{B}$ 的相似矩阵，或说矩阵 $\boldsymbol{A}$ 与 $\boldsymbol{B}$ 相似.对 $\boldsymbol{A}$ 进行的运算 $\boldsymbol{P}^{-1}\boldsymbol{A}\boldsymbol{P}$ 称为对 $\boldsymbol{A}$ 进行相似变换，可逆矩阵 $\boldsymbol{P}$ 称为把 $\boldsymbol{A}$ 变成 $\boldsymbol{B}$ 的相似变换矩阵.

矩阵的相似关系是一种等价关系，具有以下 3 条基本性质：

(1) 反身性，即 $\boldsymbol{A}$ 与 $\boldsymbol{A}$ 相似；

(2) 对称性，即若 $\boldsymbol{A}$ 与 $\boldsymbol{B}$ 相似，则 $\boldsymbol{B}$ 与 $\boldsymbol{A}$ 相似；

(3) 传递性，即若 $\boldsymbol{A}$ 与 $\boldsymbol{B}$ 相似，$\boldsymbol{B}$ 与 $\boldsymbol{C}$ 相似，则 $\boldsymbol{A}$ 与 $\boldsymbol{C}$ 相似.

相似矩阵还具有下列性质：

(1) 若 $\boldsymbol{A}$ 与 $\boldsymbol{B}$ 相似，则 $|\boldsymbol{A}|=|\boldsymbol{B}|$；

(2) 若 $\boldsymbol{A}$ 可逆，且 $\boldsymbol{A}$ 与 $\boldsymbol{B}$ 相似，则 $\boldsymbol{B}$ 可逆，且 $\boldsymbol{A}^{-1}$ 与 $\boldsymbol{B}^{-1}$ 也相似；

(3) 若 $\boldsymbol{A}$ 与 $\boldsymbol{B}$ 相似，则 $k\boldsymbol{A}$ 与 $k\boldsymbol{B}$ 相似，$\boldsymbol{A}^m$ 与 $\boldsymbol{B}^m$（m 为整数）相似.

定理 3　若 n 阶方阵 $\boldsymbol{A}$ 与 $\boldsymbol{B}$ 相似，则 $\boldsymbol{A}$ 与 $\boldsymbol{B}$ 的特征多项式相同，从而 $\boldsymbol{A}$ 与 $\boldsymbol{B}$ 的特征值也相同.

证明　因为 $\boldsymbol{A}$ 与 $\boldsymbol{B}$ 相似，所以存在可逆方阵 $\boldsymbol{P}$，使

$$\boldsymbol{P}^{-1}\boldsymbol{A}\boldsymbol{P}=\boldsymbol{B},$$

故

$$\begin{aligned}|\boldsymbol{B}-\lambda\boldsymbol{E}|&=|\boldsymbol{P}^{-1}\boldsymbol{A}\boldsymbol{P}-\boldsymbol{P}^{-1}(\lambda\boldsymbol{E})\boldsymbol{P}|=|\boldsymbol{P}^{-1}(\boldsymbol{A}-\lambda\boldsymbol{E})\boldsymbol{P}|\\&=|\boldsymbol{P}^{-1}|\,|\boldsymbol{A}-\lambda\boldsymbol{E}|\,|\boldsymbol{P}|=|\boldsymbol{A}-\lambda\boldsymbol{E}|,\end{aligned}$$

这表明 $\boldsymbol{A}$ 与 $\boldsymbol{B}$ 的特征多项式相同，所以它们的特征值也相同.

由定理 3 知，相似矩阵的特征值相同，但特征值相同的矩阵不一定相似.例如 $\boldsymbol{A}=\begin{pmatrix}1&2\\0&1\end{pmatrix}$，$\boldsymbol{E}=\begin{pmatrix}1&0\\0&1\end{pmatrix}$，1 是 $\boldsymbol{E}$ 和 $\boldsymbol{A}$ 的二重特征值，但对任何可逆矩阵 $\boldsymbol{P}$，都有 $\boldsymbol{P}^{-1}\boldsymbol{E}\boldsymbol{P}=\boldsymbol{E}\neq\boldsymbol{A}$，即 $\boldsymbol{A}$ 与 $\boldsymbol{E}$ 不相似.

推论 1　若 n 阶方阵 $\boldsymbol{A}$ 与对角阵

$$\boldsymbol{\Lambda}=\begin{pmatrix}\lambda_1 & & & \\ & \lambda_2 & & \\ & & \ddots & \\ & & & \lambda_n\end{pmatrix}$$

相似,则 $\lambda_1,\lambda_2,\cdots,\lambda_n$ 是 $\boldsymbol{A}$ 的 n 个特征值.

证明　因

$$|\boldsymbol{\Lambda}-\lambda\boldsymbol{E}|=\begin{vmatrix}\lambda_1-\lambda & & & \\ & \lambda_2-\lambda & & \\ & & \ddots & \\ & & & \lambda_n-\lambda\end{vmatrix}=(\lambda_1-\lambda)(\lambda_2-\lambda)\cdots(\lambda_n-\lambda),$$

所以 $\lambda_1,\lambda_2,\cdots,\lambda_n$ 是 $\boldsymbol{\Lambda}$ 的 n 个特征值.由定理 3 知,$\lambda_1,\lambda_2,\cdots,\lambda_n$ 也是 $\boldsymbol{A}$ 的 n 个特征值.

定理 4　设 $\boldsymbol{\xi}$ 是方阵 $\boldsymbol{A}$ 的对应于特征值 λ 的特征向量,且 $\boldsymbol{A}$ 与 $\boldsymbol{B}$ 相似,即存在可逆矩阵 $\boldsymbol{P}$,使

$$\boldsymbol{P}^{-1}\boldsymbol{A}\boldsymbol{P}=\boldsymbol{B},$$

则 $\boldsymbol{\eta}=\boldsymbol{P}^{-1}\boldsymbol{\xi}$ 是方阵 $\boldsymbol{B}$ 的对应于特征值 λ 的特征向量.

证明　因 $\boldsymbol{\xi}$ 是方阵 $\boldsymbol{A}$ 的对应于特征值 λ 的特征向量,则有

$$\boldsymbol{A}\boldsymbol{\xi}=\lambda\boldsymbol{\xi},$$

于是

$$\boldsymbol{B}\boldsymbol{\eta}=(\boldsymbol{P}^{-1}\boldsymbol{A}\boldsymbol{P})(\boldsymbol{P}^{-1}\boldsymbol{\xi})=\boldsymbol{P}^{-1}\boldsymbol{A}\boldsymbol{\xi}=\boldsymbol{P}^{-1}\lambda\boldsymbol{\xi}=\lambda(\boldsymbol{P}^{-1}\boldsymbol{\xi})=\lambda\boldsymbol{\eta},$$

所以 $\boldsymbol{\eta}=\boldsymbol{P}^{-1}\boldsymbol{\xi}$ 是方阵 $\boldsymbol{B}$ 的对应于特征值 λ 的特征向量.

5.2.2　相似对角化

在矩阵运算中,对角矩阵的运算相对来说比较简便,如果一个矩阵能够相似于一个对角阵,那么我们就说它可以相似对角化.利用矩阵的相似对角化可以简化某些运算.

例如,取 $\boldsymbol{A}=\begin{pmatrix}-1 & 1\\ -6 & 4\end{pmatrix}$,$\boldsymbol{P}=\begin{pmatrix}2 & 1\\ 4 & 3\end{pmatrix}$,则

$$\boldsymbol{P}^{-1}\boldsymbol{A}\boldsymbol{P}=\begin{pmatrix}1 & 0\\ 0 & 2\end{pmatrix}=\boldsymbol{\Lambda},$$

由此得

$$\boldsymbol{A}=\boldsymbol{P}\boldsymbol{\Lambda}\boldsymbol{P}^{-1},\quad \boldsymbol{A}^n=\boldsymbol{P}\boldsymbol{\Lambda}^n\boldsymbol{P}^{-1}.$$

对一般情形,如果 $\boldsymbol{P}^{-1}\boldsymbol{A}\boldsymbol{P}=\boldsymbol{B}$,那么

$$\boldsymbol{A}=\boldsymbol{P}\boldsymbol{B}\boldsymbol{P}^{-1},\quad \boldsymbol{A}^k=\boldsymbol{P}\boldsymbol{B}^k\boldsymbol{P}^{-1},\quad \varphi(\boldsymbol{A})=\boldsymbol{P}\varphi(\boldsymbol{B})\boldsymbol{P}^{-1}.$$

特别地,若有可逆矩阵 $\boldsymbol{P}$,使 $\boldsymbol{P}^{-1}\boldsymbol{A}\boldsymbol{P}=\boldsymbol{\Lambda}$ 为对角阵,则

$$\boldsymbol{A}^k=\boldsymbol{P}\boldsymbol{\Lambda}^k\boldsymbol{P}^{-1},\quad \varphi(\boldsymbol{A})=\boldsymbol{P}\varphi(\boldsymbol{\Lambda})\boldsymbol{P}^{-1},$$

其中

$$\boldsymbol{\Lambda}^k=\begin{pmatrix}\lambda_1^k & & & \\ & \lambda_2^k & & \\ & & \ddots & \\ & & & \lambda_n^k\end{pmatrix},\quad \varphi(\boldsymbol{\Lambda})=\begin{pmatrix}\varphi(\lambda_1) & & & \\ & \varphi(\lambda_2) & & \\ & & \ddots & \\ & & & \varphi(\lambda_n)\end{pmatrix}.$$

若 $\varphi(\lambda)=f(\lambda)$ 是矩阵 $\boldsymbol{A}$ 的特征多项式，则 $f(\boldsymbol{A})=\boldsymbol{O}$.下面就 $\boldsymbol{A}$ 可相似对角化时，证明这个结论.

证明　设 $\boldsymbol{A}$ 与对角阵 $\boldsymbol{\Lambda}=\mathrm{diag}(\lambda_1,\lambda_2,\cdots,\lambda_n)$ 相似，则有可逆矩阵 $\boldsymbol{P}$，使

$$\boldsymbol{P}^{-1}\boldsymbol{AP}=\boldsymbol{\Lambda}=\mathrm{diag}(\lambda_1,\lambda_2,\cdots,\lambda_n),$$

其中 $\lambda_i(i=1,2,\cdots,n)$ 为 $\boldsymbol{A}$ 的特征值，且 $f(\lambda_i)=0$.

于是由 $\boldsymbol{A}=\boldsymbol{P\Lambda P}^{-1}$，有

$$f(\boldsymbol{A})=\boldsymbol{P}f(\boldsymbol{\Lambda})\boldsymbol{P}^{-1}=\boldsymbol{P}\begin{pmatrix}f(\lambda_1) & & & \\ & f(\lambda_2) & & \\ & & \ddots & \\ & & & f(\lambda_n)\end{pmatrix}\boldsymbol{P}^{-1}$$

$$=\boldsymbol{POP}^{-1}=\boldsymbol{O}.$$

我们下面要讨论的主要问题是：对 n 阶方阵 $\boldsymbol{A}$，寻求相似变换矩阵 $\boldsymbol{P}$，使 $\boldsymbol{P}^{-1}\boldsymbol{AP}=\boldsymbol{\Lambda}$ 为对角阵.

定理 5　n 阶方阵 $\boldsymbol{A}$ 与对角阵相似（即 $\boldsymbol{A}$ 能对角化）的充分必要条件是 $\boldsymbol{A}$ 有 n 个线性无关的特征向量.

证明　必要性.设 $\boldsymbol{A}$ 与对角阵相似，则存在可逆矩阵 $\boldsymbol{P}$，使

$$\boldsymbol{P}^{-1}\boldsymbol{AP}=\boldsymbol{\Lambda}=\begin{pmatrix}\lambda_1 & & & \\ & \lambda_2 & & \\ & & \ddots & \\ & & & \lambda_n\end{pmatrix}, \tag{5.8}$$

其中 $\lambda_1,\lambda_2,\cdots,\lambda_n$ 为 $\boldsymbol{A}$ 的特征值.

将式(5.8)左乘 $\boldsymbol{P}$，得

$$\boldsymbol{AP}=\boldsymbol{P\Lambda},$$

再将矩阵 $\boldsymbol{P}$ 按列进行分块，表示成 $\boldsymbol{P}=(\boldsymbol{p}_1,\boldsymbol{p}_2,\cdots,\boldsymbol{p}_n)$，则

$$\boldsymbol{A}(\boldsymbol{p}_1,\boldsymbol{p}_2,\cdots,\boldsymbol{p}_n)=(\boldsymbol{p}_1,\boldsymbol{p}_2,\cdots,\boldsymbol{p}_n)\begin{pmatrix}\lambda_1 & & & \\ & \lambda_2 & & \\ & & \ddots & \\ & & & \lambda_n\end{pmatrix}$$

$$= (\lambda_1 \boldsymbol{p}_1, \lambda_2 \boldsymbol{p}_2, \cdots, \lambda_n \boldsymbol{p}_n),$$

于是

$$\boldsymbol{A}\boldsymbol{p}_i = \lambda_i \boldsymbol{p}_i \quad (i = 1, 2, \cdots, n). \tag{5.9}$$

由于 $\boldsymbol{P}$ 可逆,所以 $\boldsymbol{p}_1, \boldsymbol{p}_2, \cdots, \boldsymbol{p}_n$ 都是非零向量且线性无关.再由式(5.9)知,$\boldsymbol{p}_1, \boldsymbol{p}_2, \cdots, \boldsymbol{p}_n$ 是 $\boldsymbol{A}$ 的分别对应于特征值 $\lambda_1, \lambda_2, \cdots, \lambda_n$ 的特征向量,故 $\boldsymbol{A}$ 有 n 个线性无关的特征向量.

充分性.设矩阵 $\boldsymbol{A}$ 有 n 个线性无关的特征向量 $\boldsymbol{p}_1, \boldsymbol{p}_2, \cdots, \boldsymbol{p}_n$,它们分别对应于特征值 $\lambda_1, \lambda_2, \cdots, \lambda_n$,即

$$\boldsymbol{A}\boldsymbol{p}_i = \lambda_i \boldsymbol{p}_i \quad (i = 1, 2, \cdots, n).$$

以特征向量 $\boldsymbol{p}_1, \boldsymbol{p}_2, \cdots, \boldsymbol{p}_n$ 为列向量构造矩阵 $\boldsymbol{P}$,即 $\boldsymbol{P} = (\boldsymbol{p}_1, \boldsymbol{p}_2, \cdots, \boldsymbol{p}_n)$,因为 $\boldsymbol{p}_1, \boldsymbol{p}_2, \cdots, \boldsymbol{p}_n$ 线性无关,故 $\boldsymbol{P}$ 为可逆矩阵,$\boldsymbol{P}^{-1}$ 存在.又

$$\begin{aligned}\boldsymbol{AP} &= \boldsymbol{A}(\boldsymbol{p}_1, \boldsymbol{p}_2, \cdots, \boldsymbol{p}_n) = (\boldsymbol{A}\boldsymbol{p}_1, \boldsymbol{A}\boldsymbol{p}_2, \cdots, \boldsymbol{A}\boldsymbol{p}_n) = (\lambda_1 \boldsymbol{p}_1, \lambda_2 \boldsymbol{p}_2, \cdots, \lambda_n \boldsymbol{p}_n) \\ &= (\boldsymbol{p}_1, \boldsymbol{p}_2, \cdots, \boldsymbol{p}_n)\begin{pmatrix}\lambda_1 & & & \\ & \lambda_2 & & \\ & & \ddots & \\ & & & \lambda_n\end{pmatrix} = \boldsymbol{P}\begin{pmatrix}\lambda_1 & & & \\ & \lambda_2 & & \\ & & \ddots & \\ & & & \lambda_n\end{pmatrix} = \boldsymbol{P\Lambda},\end{aligned} \tag{5.10}$$

用 $\boldsymbol{P}^{-1}$ 左乘式(5.10)两端,得

$$\boldsymbol{P}^{-1}\boldsymbol{AP} = \boldsymbol{\Lambda},$$

故矩阵 $\boldsymbol{A}$ 与对角阵相似.

由定理5可知,对于 n 阶方阵 $\boldsymbol{A}$ 能否与对角阵相似,关键在于 $\boldsymbol{A}$ 是否有 n 个线性无关的特征向量.如果 $\boldsymbol{A}$ 有 n 个线性无关的特征向量 $\boldsymbol{p}_1, \boldsymbol{p}_2, \cdots, \boldsymbol{p}_n$,则以这 n 个向量 $\boldsymbol{p}_1, \boldsymbol{p}_2, \cdots, \boldsymbol{p}_n$ 为列向量构成的可逆矩阵 $\boldsymbol{P}$,可使得 $\boldsymbol{P}^{-1}\boldsymbol{AP} = \boldsymbol{\Lambda}$ 为对角阵,并且 $\boldsymbol{\Lambda}$ 的对角元就是这些特征向量依次所对应的特征值.但是并不是每一个 n 阶方阵都有 n 个线性无关的特征向量,也就是说,并不是每一个 n 阶方阵都可以对角化.

推论2 若 n 阶方阵 $\boldsymbol{A}$ 有 n 个互不相同的特征值,则 $\boldsymbol{A}$ 可以对角化.

注:n 阶方阵 $\boldsymbol{A}$ 有 n 个互不相同的特征值是可以对角化的充分条件而不是必要条件.

就特征方程来考虑,当 $\boldsymbol{A}$ 的特征方程都是单根时,$\boldsymbol{A}$ 可以对角化;当 $\boldsymbol{A}$ 的特征方程有重根时,就不一定有 n 个线性无关的特征向量,从而不一定能对角化.例如例3中 $\boldsymbol{A}$ 的特征方程有重根,但找不到3个线性无关的特征向量,因此例3中的 $\boldsymbol{A}$ 不能对角化;而在例2中 $\boldsymbol{A}$ 的特征方程有重根,但能找到3个线性无关的特征向量,因此例2中的 $\boldsymbol{A}$ 能对角化.

例6 设 $\boldsymbol{A} = \begin{pmatrix} 2 & -1 & 2 \\ 5 & -3 & 3 \\ -1 & 0 & -2 \end{pmatrix}$,问 $\boldsymbol{A}$ 能否对角化?

解 因为

$$|\boldsymbol{A}-\lambda\boldsymbol{E}|=\begin{vmatrix}2-\lambda & -1 & 2\\ 5 & -3-\lambda & 3\\ -1 & 0 & -2-\lambda\end{vmatrix}=-(\lambda+1)^3,$$

所以 $\boldsymbol{A}$ 的特征值是 $\lambda_1=\lambda_2=\lambda_3=-1$.

当 $\lambda_1=\lambda_2=\lambda_3=-1$ 时,解方程 $(\boldsymbol{A}+\boldsymbol{E})\boldsymbol{x}=\boldsymbol{0}$,由

$$\boldsymbol{A}+\boldsymbol{E}=\begin{pmatrix}3 & -1 & 2\\ 5 & -2 & 3\\ -1 & 0 & -1\end{pmatrix}\overset{r}{\sim}\begin{pmatrix}1 & 0 & 1\\ 0 & 1 & 1\\ 0 & 0 & 0\end{pmatrix},$$

得基础解系

$$\boldsymbol{p}=\begin{pmatrix}-1\\ -1\\ 1\end{pmatrix}.$$

由于 $\boldsymbol{A}$ 只有一个线性无关的特征向量,故 $\boldsymbol{A}$ 不能对角化.

例 7　设 $\boldsymbol{A}=\begin{pmatrix}2 & 0 & 1\\ 3 & 1 & x\\ 4 & 0 & 5\end{pmatrix}$,问 x 为何值时,矩阵 $\boldsymbol{A}$ 能对角化?

解　由

$$|\boldsymbol{A}-\lambda\boldsymbol{E}|=\begin{vmatrix}2-\lambda & 0 & 1\\ 3 & 1-\lambda & x\\ 4 & 0 & 5-\lambda\end{vmatrix}=(1-\lambda)^2(6-\lambda),$$

得 $\boldsymbol{A}$ 的特征值为 $\lambda_1=6,\lambda_2=\lambda_3=1$.

对应单根 $\lambda_1=6$,可求得线性无关的特征向量恰有 1 个,故 $\boldsymbol{A}$ 可对角化的充分必要条件是对应重根 $\lambda_2=\lambda_3=1$ 有 2 个线性无关的特征向量,即方程 $(\boldsymbol{A}-\boldsymbol{E})\boldsymbol{x}=\boldsymbol{0}$ 有 2 个线性无关的解向量,因此 $R(\boldsymbol{A}-\boldsymbol{E})=1$.由于

$$\boldsymbol{A}-\boldsymbol{E}=\begin{pmatrix}1 & 0 & 1\\ 3 & 0 & x\\ 4 & 0 & 4\end{pmatrix}\overset{r}{\sim}\begin{pmatrix}1 & 0 & 1\\ 0 & 0 & x-3\\ 0 & 0 & 0\end{pmatrix},$$

要使 $R(\boldsymbol{A}-\boldsymbol{E})=1$,则 $x-3=0$,即 $x=3$.

因此当 $x=3$ 时,矩阵 $\boldsymbol{A}$ 能对角化.

例 8　设矩阵 $\boldsymbol{A}=\begin{pmatrix}2 & 2 & 1\\ 2 & 5 & 2\\ 3 & 6 & 4\end{pmatrix}$,问 $\boldsymbol{A}$ 是否能对角化?若能对角化,找一可逆矩阵 $\boldsymbol{P}$,使 $\boldsymbol{P}^{-1}\boldsymbol{A}\boldsymbol{P}$ 为对角阵.

解　因为

$$|\boldsymbol{A}-\lambda\boldsymbol{E}|=\begin{vmatrix}2-\lambda & 2 & 1\\ 2 & 5-\lambda & 2\\ 3 & 6 & 4-\lambda\end{vmatrix}=(1-\lambda)^2(9-\lambda),$$

所以 $\boldsymbol{A}$ 的特征值是 $\lambda_1=\lambda_2=1,\lambda_3=9$.

当 $\lambda_1=\lambda_2=1$ 时,解方程 $(\boldsymbol{A}-\boldsymbol{E})\boldsymbol{x}=\boldsymbol{0}$,由

$$\boldsymbol{A}-\boldsymbol{E}=\begin{pmatrix}1 & 2 & 1\\ 2 & 4 & 2\\ 3 & 6 & 3\end{pmatrix}\overset{r}{\sim}\begin{pmatrix}1 & 2 & 1\\ 0 & 0 & 0\\ 0 & 0 & 0\end{pmatrix},$$

得基础解系

$$\boldsymbol{p}_1=\begin{pmatrix}-2\\ 1\\ 0\end{pmatrix},\quad \boldsymbol{p}_2=\begin{pmatrix}-1\\ 0\\ 1\end{pmatrix}.$$

当 $\lambda_3=9$ 时,解方程 $(\boldsymbol{A}-9\boldsymbol{E})\boldsymbol{x}=\boldsymbol{0}$,由

$$\boldsymbol{A}-9\boldsymbol{E}=\begin{pmatrix}-7 & 2 & 1\\ 2 & -4 & 2\\ 3 & 6 & -5\end{pmatrix}\overset{r}{\sim}\begin{pmatrix}1 & 0 & -\frac{1}{3}\\ 0 & 1 & -\frac{2}{3}\\ 0 & 0 & 0\end{pmatrix},$$

得基础解系

$$\boldsymbol{p}_3=\begin{pmatrix}1\\ 2\\ 3\end{pmatrix}.$$

显然 $\boldsymbol{p}_1,\boldsymbol{p}_2,\boldsymbol{p}_3$ 线性无关,即 $\boldsymbol{A}$ 有 3 个线性无关的特征向量,故 $\boldsymbol{A}$ 可以对角化.

令 $\boldsymbol{P}=(\boldsymbol{p}_1,\boldsymbol{p}_2,\boldsymbol{p}_3)=\begin{pmatrix}-2 & -1 & 1\\ 1 & 0 & 2\\ 0 & 1 & 3\end{pmatrix}$,则 $\boldsymbol{P}$ 为可逆矩阵,且使得

$$\boldsymbol{P}^{-1}\boldsymbol{A}\boldsymbol{P}=\begin{pmatrix}1 & & \\ & 1 & \\ & & 9\end{pmatrix}.$$

例 9 设三阶矩阵 $\boldsymbol{A}$ 的特征值 $\lambda_1=2,\lambda_2=-2,\lambda_3=1$ 对应的特征向量依次为

$$\boldsymbol{p}_1=\begin{pmatrix}0\\ 1\\ 1\end{pmatrix},\quad \boldsymbol{p}_2=\begin{pmatrix}1\\ 1\\ 1\end{pmatrix},\quad \boldsymbol{p}_3=\begin{pmatrix}1\\ 1\\ 0\end{pmatrix},$$

求 $\boldsymbol{A}$ 及 $\boldsymbol{A}^{10}$.

解　由题设知 $\boldsymbol{A}$ 的 3 个特征值互不相等，所以对应的特征向量线性无关.

以特征向量 $\boldsymbol{p}_1,\boldsymbol{p}_2,\boldsymbol{p}_3$ 为列向量构造矩阵 $\boldsymbol{P}$，即

$$\boldsymbol{P}=(\boldsymbol{p}_1,\boldsymbol{p}_2,\boldsymbol{p}_3)=\begin{pmatrix}0&1&1\\1&1&1\\1&1&0\end{pmatrix},$$

则 $\boldsymbol{P}$ 为可逆矩阵，且

$$\boldsymbol{P}^{-1}\boldsymbol{A}\boldsymbol{P}=\begin{pmatrix}\lambda_1&&\\&\lambda_2&\\&&\lambda_3\end{pmatrix},$$

所以

$$\boldsymbol{A}=\boldsymbol{P}\begin{pmatrix}\lambda_1&&\\&\lambda_2&\\&&\lambda_3\end{pmatrix}\boldsymbol{P}^{-1},\quad \boldsymbol{A}^{10}=\boldsymbol{P}\begin{pmatrix}\lambda_1^{10}&&\\&\lambda_2^{10}&\\&&\lambda_3^{10}\end{pmatrix}\boldsymbol{P}^{-1}.$$

由矩阵 $\boldsymbol{P}$ 可算得其逆矩阵为 $\boldsymbol{P}^{-1}=\begin{pmatrix}-1&1&0\\1&-1&1\\0&1&-1\end{pmatrix}$，于是

$$\boldsymbol{A}=\begin{pmatrix}0&1&1\\1&1&1\\1&1&0\end{pmatrix}\begin{pmatrix}2&&\\&-2&\\&&1\end{pmatrix}\begin{pmatrix}-1&1&0\\1&-1&1\\0&1&-1\end{pmatrix}=\begin{pmatrix}-2&3&-3\\-4&5&-3\\-4&4&-2\end{pmatrix},$$

$$\boldsymbol{A}^{10}=\boldsymbol{P}\boldsymbol{\Lambda}^{10}\boldsymbol{P}^{-1}=\begin{pmatrix}0&1&1\\1&1&1\\1&1&0\end{pmatrix}\begin{pmatrix}2^{10}&&\\&(-2)^{10}&\\&&1\end{pmatrix}\begin{pmatrix}-1&1&0\\1&-1&1\\0&1&-1\end{pmatrix}$$

$$=\begin{pmatrix}1024&-1023&1023\\0&1&1023\\0&0&1024\end{pmatrix}.$$

5.3　实对称矩阵的对角化

上一节我们已指出，不是任何方阵都可以与对角阵相似，也就是说不是所有的方阵都可以相似对角化，那么一个 n 阶方阵要具备什么条件才能对角化呢？这是一个较复杂的问题，对此不进行一般性的讨论，仅讨论 n 阶矩阵 $\boldsymbol{A}$ 为实对称矩阵的情形.实对称矩阵一定可以对角化，且可以要求相似变换矩阵为正交矩阵.

5.3.1 实对称矩阵的特征值与特征向量

实矩阵的特征多项式虽说是实系数多项式,但其特征值可能是复数,所对应的特征向量也可能是复向量.但是,实对称矩阵的特征值全是实数,相应的特征向量可以取为实向量,并且不同特征值所对应的特征向量是正交的.下面给予证明.

定理 6 实对称矩阵的特征值为实数.

证明 设复数 λ 是实对称矩阵 $\boldsymbol{A}$ 的特征值,复向量 $\boldsymbol{x}$ 是其对应的特征向量,即

$$\boldsymbol{Ax}=\lambda\boldsymbol{x}\ (\boldsymbol{x}\neq\boldsymbol{0}),$$

用 $\overline{\lambda}$ 表示 λ 的共轭复数,$\overline{\boldsymbol{x}}$ 表示 $\boldsymbol{x}$ 的共轭复向量,则 $\overline{\boldsymbol{x}}^{\mathrm{T}}\boldsymbol{Ax}=\overline{\boldsymbol{x}}^{\mathrm{T}}(\boldsymbol{Ax})=\overline{\boldsymbol{x}}^{\mathrm{T}}(\lambda\boldsymbol{x})=\lambda(\overline{\boldsymbol{x}}^{\mathrm{T}}\boldsymbol{x})$.

由 $\boldsymbol{A}$ 为实矩阵,得 $\overline{\boldsymbol{A}}=\boldsymbol{A}$,所以

$$\boldsymbol{A}\overline{\boldsymbol{x}}=\overline{\boldsymbol{A}}\,\overline{\boldsymbol{x}}=(\overline{\boldsymbol{Ax}})=\overline{\lambda\boldsymbol{x}}=\overline{\lambda}\,\overline{\boldsymbol{x}}. \tag{5.11}$$

又 $\boldsymbol{A}$ 为对称矩阵,所以

$$\overline{\boldsymbol{x}}^{\mathrm{T}}\boldsymbol{Ax}=(\overline{\boldsymbol{x}}^{\mathrm{T}}\boldsymbol{A}^{\mathrm{T}})\boldsymbol{x}=(\boldsymbol{A}\overline{\boldsymbol{x}})^{\mathrm{T}}\boldsymbol{x}=(\overline{\lambda}\,\overline{\boldsymbol{x}})^{\mathrm{T}}\boldsymbol{x}=\overline{\lambda}(\overline{\boldsymbol{x}}^{\mathrm{T}}\boldsymbol{x}). \tag{5.12}$$

式(5.11)减去式(5.12)并移项,得

$$(\lambda-\overline{\lambda})\overline{\boldsymbol{x}}^{\mathrm{T}}\boldsymbol{x}=\boldsymbol{0}.$$

设 $\boldsymbol{x}=(x_1,x_2,\cdots,x_n)^{\mathrm{T}}$,由 $\boldsymbol{x}\neq\boldsymbol{0}$,得

$$\overline{\boldsymbol{x}}^{\mathrm{T}}\boldsymbol{x}=\sum_{i=1}^{n}\overline{x}_i x_i=\sum_{i=1}^{n}|x_i|^2\neq 0,$$

故 $\lambda-\overline{\lambda}=0$,即 $\lambda=\overline{\lambda}$,这就说明 $\boldsymbol{A}$ 的特征值 λ 是实数.

定理 7 设 $\boldsymbol{A}$ 是一个实对称矩阵,则 $\boldsymbol{A}$ 的不同特征值所对应的特征向量一定正交.

证明 设 λ_1,λ_2 是 $\boldsymbol{A}$ 的 2 个不同特征值,$\boldsymbol{p}_1,\boldsymbol{p}_2$ 是对应的特征向量,则

$$\boldsymbol{Ap}_1=\lambda_1\boldsymbol{p}_1,\quad \boldsymbol{Ap}_2=\lambda_2\boldsymbol{p}_2,$$

且

$$(\boldsymbol{Ap}_1)^{\mathrm{T}}\boldsymbol{p}_2=(\lambda_1\boldsymbol{p}_1)^{\mathrm{T}}\boldsymbol{p}_2=\lambda_1(\boldsymbol{p}_1^{\mathrm{T}}\boldsymbol{p}_2). \tag{5.13}$$

由 $\boldsymbol{A}$ 为对称矩阵得

$$(\boldsymbol{Ap}_1)^{\mathrm{T}}\boldsymbol{p}_2=\boldsymbol{p}_1^{\mathrm{T}}\boldsymbol{A}^{\mathrm{T}}\boldsymbol{p}_2=\boldsymbol{p}_1^{\mathrm{T}}(\boldsymbol{Ap}_2)=\boldsymbol{p}_1^{\mathrm{T}}\lambda_2\boldsymbol{p}_2=\lambda_2(\boldsymbol{p}_1^{\mathrm{T}}\boldsymbol{p}_2). \tag{5.14}$$

式(5.13)减去式(5.14)并移项,得

$$(\lambda_1-\lambda_2)(\boldsymbol{p}_1^{\mathrm{T}}\boldsymbol{p}_2)=0.$$

因 $\lambda_1\neq\lambda_2$,故 $\boldsymbol{p}_1^{\mathrm{T}}\boldsymbol{p}_2=0$,即 $\boldsymbol{p}_1$ 与 $\boldsymbol{p}_2$ 正交.

5.3.2 实对称矩阵的对角化

定理 8 设 $\boldsymbol{A}$ 为 n 阶实对称矩阵,则存在 n 阶正交矩阵 $\boldsymbol{P}$,使

$$\boldsymbol{P}^{-1}\boldsymbol{AP}=\boldsymbol{P}^{\mathrm{T}}\boldsymbol{AP}=\boldsymbol{\Lambda}=\mathrm{diag}(\lambda_1,\lambda_2,\cdots,\lambda_n),$$

其中 $\lambda_1,\lambda_2,\cdots,\lambda_n$ 是 $\boldsymbol{A}$ 的全部特征值.

推论3　设A为n阶实对称矩阵，λ是A的k重特征根，则$R(A-\lambda E)=n-k$，从而对应特征值λ恰有k个线性无关的特征向量.

证明　由定理8知，存在正交矩阵P，使

$$P^{-1}AP=\Lambda=\mathrm{diag}(\lambda_1,\lambda_2,\cdots,\lambda_n),$$

于是

$$P^{-1}(A-\lambda E)P=P^{-1}AP-\lambda E=\Lambda-\lambda E,$$

由此得

$$R(A-\lambda E)=R(\Lambda-\lambda E).$$

当λ是A的k重特征值时，$\lambda_1,\lambda_2,\cdots,\lambda_n$这$n$个特征值中有$k$个等于$\lambda$，有$n-k$个不等于$\lambda$，从而对角阵$\Lambda-\lambda E$的对角元中恰有$k$个等于零，$n-k$个不等于零，所以$R(A-\lambda E)=R(\Lambda-\lambda E)=n-k$.因齐次线性方程组$(A-\lambda E)x=0$的基础解系中含有$k$个解向量，故对应于特征值$\lambda$恰有$k$个线性无关的特征向量.

根据定理8和推论3，对于给定的实对称矩阵A，求正交矩阵P，使$P^{-1}AP=P^{\mathrm{T}}AP=\Lambda$为对角阵的方法归纳如下：

(1) 求出A的全部互不相等的特征值$\lambda_1,\lambda_2,\cdots,\lambda_s$，它们的重数依次为$k_1,k_2,\cdots,k_s(k_1+k_2+\cdots+k_s=n)$；

(2) 对每个k_i重特征值λ_i，求方程$(A-\lambda_iE)x=0$的基础解系，得k_i个线性无关的特征向量；

(3) 将每个λ_i对应的k_i个线性无关的特征向量正交化、单位化，得k_i个两两正交的单位特征向量(若对应λ_i只有一个线性无关的特征向量，则只需将这个向量单位化就可以了，由于$k_1+k_2+\cdots+k_s=n$，故总共可得n个两两正交的单位特征向量)；

(4) 以这n个两两正交的单位特征向量为列向量构成一个矩阵，就是要求的正交矩阵P，且有$P^{-1}AP=\Lambda$为对角阵.

注：对角阵中对角元的排列顺序与矩阵P中列向量的排列顺序保持一致.

例10　已知矩阵

$$A=\begin{pmatrix}1&2&3\\2&1&3\\3&3&6\end{pmatrix},$$

(1) 求可逆矩阵P，使$P^{-1}AP$为对角阵；

(2) 求正交矩阵Q，使$Q^{-1}AQ=Q^{\mathrm{T}}AQ$为对角阵.

解　(1) 因为

$$|A-\lambda E|=\begin{vmatrix}1-\lambda&2&3\\2&1-\lambda&3\\3&3&6-\lambda\end{vmatrix}=\lambda(\lambda+1)(9-\lambda),$$

所以 $\boldsymbol{A}$ 的特征值是 $\lambda_1=-1,\lambda_2=0,\lambda_3=9$.

当 $\lambda_1=-1$ 时,解方程 $(\boldsymbol{A}+\boldsymbol{E})\boldsymbol{x}=\boldsymbol{0}$,由

$$\boldsymbol{A}+\boldsymbol{E}=\begin{pmatrix}2&2&3\\2&2&3\\3&3&7\end{pmatrix}\overset{r}{\sim}\begin{pmatrix}1&1&0\\0&0&1\\0&0&0\end{pmatrix},$$

得基础解系

$$\boldsymbol{p}_1=\begin{pmatrix}-1\\1\\0\end{pmatrix}.$$

当 $\lambda_2=0$ 时,解方程 $\boldsymbol{A}\boldsymbol{x}=\boldsymbol{0}$,由

$$\boldsymbol{A}=\begin{pmatrix}1&2&3\\2&1&3\\3&3&6\end{pmatrix}\overset{r}{\sim}\begin{pmatrix}1&0&1\\0&1&1\\0&0&0\end{pmatrix},$$

得基础解系

$$\boldsymbol{p}_2=\begin{pmatrix}-1\\-1\\1\end{pmatrix}.$$

当 $\lambda_3=9$ 时,解方程 $(\boldsymbol{A}-9\boldsymbol{E})\boldsymbol{x}=\boldsymbol{0}$,由

$$\boldsymbol{A}-9\boldsymbol{E}=\begin{pmatrix}-8&2&3\\2&-8&3\\3&3&-3\end{pmatrix}\overset{r}{\sim}\begin{pmatrix}1&0&-\frac{1}{2}\\0&1&-\frac{1}{2}\\0&0&0\end{pmatrix},$$

得基础解系

$$\boldsymbol{p}_3=\begin{pmatrix}1\\1\\2\end{pmatrix}.$$

以 $\boldsymbol{p}_1,\boldsymbol{p}_2,\boldsymbol{p}_3$ 为列向量构造矩阵 $\boldsymbol{P}$,即 $\boldsymbol{P}=(\boldsymbol{p}_1,\boldsymbol{p}_2,\boldsymbol{p}_3)=\begin{pmatrix}-1&-1&1\\1&-1&1\\0&1&2\end{pmatrix}$,则 $\boldsymbol{P}$ 为可逆矩阵,且使得

$$\boldsymbol{P}^{-1}\boldsymbol{A}\boldsymbol{P}=\begin{pmatrix}-1&&\\&0&\\&&9\end{pmatrix}.$$

(2) 对于(1)中的 $\boldsymbol{p}_1,\boldsymbol{p}_2,\boldsymbol{p}_3$，因为 $\boldsymbol{p}_1,\boldsymbol{p}_2,\boldsymbol{p}_3$ 两两正交，故只需将 $\boldsymbol{p}_1,\boldsymbol{p}_2,\boldsymbol{p}_3$ 单位化，得单位特征向量

$$\boldsymbol{q}_1=\frac{1}{\sqrt{2}}\begin{pmatrix}-1\\1\\0\end{pmatrix}=\begin{pmatrix}-\frac{1}{\sqrt{2}}\\\frac{1}{\sqrt{2}}\\0\end{pmatrix},\quad \boldsymbol{q}_2=\frac{1}{\sqrt{3}}\begin{pmatrix}-1\\-1\\1\end{pmatrix}=\begin{pmatrix}-\frac{1}{\sqrt{3}}\\-\frac{1}{\sqrt{3}}\\\frac{1}{\sqrt{3}}\end{pmatrix},\quad \boldsymbol{q}_3=\frac{1}{\sqrt{6}}\begin{pmatrix}1\\1\\2\end{pmatrix}=\begin{pmatrix}\frac{1}{\sqrt{6}}\\\frac{1}{\sqrt{6}}\\\frac{2}{\sqrt{6}}\end{pmatrix},$$

于是得正交矩阵

$$\boldsymbol{Q}=(\boldsymbol{q}_1,\boldsymbol{q}_2,\boldsymbol{q}_3)=\begin{pmatrix}-\frac{1}{\sqrt{2}} & -\frac{1}{\sqrt{3}} & \frac{1}{\sqrt{6}}\\\frac{1}{\sqrt{2}} & -\frac{1}{\sqrt{3}} & \frac{1}{\sqrt{6}}\\0 & \frac{1}{\sqrt{3}} & \frac{2}{\sqrt{6}}\end{pmatrix},$$

且有

$$\boldsymbol{Q}^{-1}\boldsymbol{A}\boldsymbol{Q}=\boldsymbol{Q}^{\mathrm{T}}\boldsymbol{A}\boldsymbol{Q}=\begin{pmatrix}-1 & & \\ & 0 & \\ & & 9\end{pmatrix}.$$

例 11　设 $\boldsymbol{A}=\begin{pmatrix}0 & -1 & 1\\-1 & 0 & 1\\1 & 1 & 0\end{pmatrix}$，求一个正交矩阵 $\boldsymbol{P}$，使 $\boldsymbol{P}^{-1}\boldsymbol{A}\boldsymbol{P}=\boldsymbol{\Lambda}$ 为对角阵.

解法一　由

$$|\boldsymbol{A}-\lambda\boldsymbol{E}|=\begin{vmatrix}-\lambda & -1 & 1\\-1 & -\lambda & 1\\1 & 1 & -\lambda\end{vmatrix}=-(\lambda-1)^2(\lambda+2),$$

得 $\boldsymbol{A}$ 的特征值 $\lambda_1=-2,\lambda_2=\lambda_3=1$.

对应 $\lambda_1=-2$，解方程 $(\boldsymbol{A}+2\boldsymbol{E})\boldsymbol{x}=\boldsymbol{0}$，由

$$\boldsymbol{A}+2\boldsymbol{E}=\begin{pmatrix}2 & -1 & 1\\-1 & 2 & 1\\1 & 1 & 2\end{pmatrix}\overset{r}{\sim}\begin{pmatrix}1 & 0 & 1\\0 & 1 & 1\\0 & 0 & 0\end{pmatrix},$$

得基础解系 $\boldsymbol{\xi}_1=\begin{pmatrix}-1\\-1\\1\end{pmatrix}$.将 $\boldsymbol{\xi}_1$ 单位化，得 $\boldsymbol{p}_1=\frac{1}{\sqrt{3}}\begin{pmatrix}-1\\-1\\1\end{pmatrix}$.

对应 $\lambda_2=\lambda_3=1$,解方程$(\boldsymbol{A}-\boldsymbol{E})\boldsymbol{x}=\boldsymbol{0}$,由

$$\boldsymbol{A}-\boldsymbol{E}=\begin{pmatrix}-1&-1&1\\-1&-1&1\\1&1&-1\end{pmatrix}\overset{r}{\sim}\begin{pmatrix}1&1&-1\\0&0&0\\0&0&0\end{pmatrix},$$

得基础解系 $\boldsymbol{\xi}_2=\begin{pmatrix}-1\\1\\0\end{pmatrix}$,$\boldsymbol{\xi}_3=\begin{pmatrix}1\\0\\1\end{pmatrix}$.

下面使用施密特(Schimidt) 正交化过程,将 $\boldsymbol{\xi}_2,\boldsymbol{\xi}_3$ 正交化,取 $\boldsymbol{\eta}_2=\boldsymbol{\xi}_2$,

$$\boldsymbol{\eta}_3=\boldsymbol{\xi}_3-\frac{[\boldsymbol{\eta}_2,\boldsymbol{\xi}_3]}{[\boldsymbol{\eta}_2,\boldsymbol{\eta}_2]}\boldsymbol{\eta}_2=\begin{pmatrix}1\\0\\1\end{pmatrix}+\frac{1}{2}\begin{pmatrix}-1\\1\\0\end{pmatrix}=\frac{1}{2}\begin{pmatrix}1\\1\\2\end{pmatrix},$$

再将 $\boldsymbol{\eta}_2,\boldsymbol{\eta}_3$ 单位化,得 $\boldsymbol{p}_2=\frac{1}{\sqrt{2}}\begin{pmatrix}-1\\1\\0\end{pmatrix}$,$\boldsymbol{p}_3=\frac{1}{\sqrt{6}}\begin{pmatrix}1\\1\\2\end{pmatrix}$.

于是得正交矩阵

$$\boldsymbol{P}=(\boldsymbol{p}_1,\boldsymbol{p}_2,\boldsymbol{p}_3)=\begin{pmatrix}-\frac{1}{\sqrt{3}}&-\frac{1}{\sqrt{2}}&\frac{1}{\sqrt{6}}\\-\frac{1}{\sqrt{3}}&\frac{1}{\sqrt{2}}&\frac{1}{\sqrt{6}}\\\frac{1}{\sqrt{3}}&0&\frac{2}{\sqrt{6}}\end{pmatrix},$$

且有

$$\boldsymbol{P}^{-1}\boldsymbol{A}\boldsymbol{P}=\boldsymbol{P}^{\mathrm{T}}\boldsymbol{A}\boldsymbol{P}=\boldsymbol{\Lambda}=\begin{pmatrix}-2&&\\&1&\\&&1\end{pmatrix}.$$

解法二　由

$$|\boldsymbol{A}-\lambda\boldsymbol{E}|=\begin{vmatrix}-\lambda&-1&1\\-1&-\lambda&1\\1&1&-\lambda\end{vmatrix}=-(\lambda-1)^2(\lambda+2),$$

得 $\boldsymbol{A}$ 的特征值 $\lambda_1=-2,\lambda_2=\lambda_3=1$.

对应 $\lambda_1=-2$,解方程$(\boldsymbol{A}+2\boldsymbol{E})\boldsymbol{x}=\boldsymbol{0}$,得基础解系 $\boldsymbol{w}_1=\begin{pmatrix}-1\\-1\\1\end{pmatrix}$.将 $\boldsymbol{w}_1$ 单位化,得 $\boldsymbol{q}_1$

$$=\frac{1}{\sqrt{3}}\begin{pmatrix}-1\\-1\\1\end{pmatrix}.$$

对应 $\lambda_2=\lambda_3=1$，解方程 $(\boldsymbol{A}-\boldsymbol{E})\boldsymbol{x}=\boldsymbol{0}$，得基础解系 $\boldsymbol{w}_2=\begin{pmatrix}0\\1\\1\end{pmatrix}$，$\boldsymbol{w}_3=\begin{pmatrix}2\\-1\\1\end{pmatrix}$.

显然 $\boldsymbol{w}_2,\boldsymbol{w}_3$ 正交，下面只需将它们单位化，得 $\boldsymbol{q}_2=\frac{1}{\sqrt{2}}\begin{pmatrix}0\\1\\1\end{pmatrix}$，$\boldsymbol{q}_3=\frac{1}{\sqrt{6}}\begin{pmatrix}2\\-1\\1\end{pmatrix}$.

于是得正交矩阵

$$\boldsymbol{Q}=(\boldsymbol{q}_1,\boldsymbol{q}_2,\boldsymbol{q}_3)=\begin{pmatrix}-\frac{1}{\sqrt{3}} & 0 & \frac{2}{\sqrt{6}}\\-\frac{1}{\sqrt{3}} & \frac{1}{\sqrt{2}} & -\frac{1}{\sqrt{6}}\\\frac{1}{\sqrt{3}} & \frac{1}{\sqrt{2}} & \frac{1}{\sqrt{6}}\end{pmatrix},$$

且有

$$\boldsymbol{Q}^{-1}\boldsymbol{A}\boldsymbol{Q}=\boldsymbol{Q}^{\mathrm{T}}\boldsymbol{A}\boldsymbol{Q}=\begin{pmatrix}-2 & & \\ & 1 & \\ & & 1\end{pmatrix}.$$

显然，上述2个矩阵 $\boldsymbol{P},\boldsymbol{Q}$ 都是矩阵 $\boldsymbol{A}$ 的正交相似变换矩阵.由此可见，所求的正交矩阵并不是唯一的.另外在上面的2种解法中，显然后一种解法要简单些.因此，对于矩阵 $\boldsymbol{A}$ 的 k_i 重特征值 λ_i，在求方程 $(\boldsymbol{A}-\lambda_i\boldsymbol{E})\boldsymbol{x}=\boldsymbol{0}$ 的基础解系时，一般可考虑直接求出对应于特征值 λ_i 的 k_i 个两两正交的特征向量，这样就可省略向量组的正交化过程，从而简化运算.

例 12　设3阶实对称矩阵 $\boldsymbol{A}$ 的特征值是 $-1,1,1$，其对应于特征值 -1 的特征向量是 $\boldsymbol{\xi}_1=(0,1,1)^{\mathrm{T}}$，求矩阵 $\boldsymbol{A}$.

解　设 $\boldsymbol{x}=(x_1,x_2,x_3)^{\mathrm{T}}$ 是对应于 $\lambda_1=\lambda_2=1$ 的特征向量，由于实对称矩阵 $\boldsymbol{A}$ 的不同特征值所对应的特征向量正交，所以有 $\boldsymbol{\xi}_1^{\mathrm{T}}\boldsymbol{x}=0$，即

$$x_2+x_3=0,$$

由此可得该方程的基础解系 $\boldsymbol{\xi}_2=\begin{pmatrix}1\\0\\0\end{pmatrix}$，$\boldsymbol{\xi}_3=\begin{pmatrix}0\\1\\-1\end{pmatrix}$，显然 $\boldsymbol{\xi}_2,\boldsymbol{\xi}_3$ 正交.

将 $\boldsymbol{\xi}_1,\boldsymbol{\xi}_2,\boldsymbol{\xi}_3$ 单位化，得 $\boldsymbol{p}_1=\frac{1}{\sqrt{2}}\begin{pmatrix}0\\1\\1\end{pmatrix}$，$\boldsymbol{p}_2=\begin{pmatrix}1\\0\\0\end{pmatrix}$，$\boldsymbol{p}_3=\frac{1}{\sqrt{2}}\begin{pmatrix}0\\1\\-1\end{pmatrix}$，令

$$P=(p_1,p_2,p_3)=\begin{pmatrix}0&1&0\\ \frac{1}{\sqrt{2}}&0&\frac{1}{\sqrt{2}}\\ \frac{1}{\sqrt{2}}&0&-\frac{1}{\sqrt{2}}\end{pmatrix},$$

显然 P 是正交矩阵,且

$$P^{-1}AP=P^{\mathrm{T}}AP=\Lambda=\begin{pmatrix}-1&&\\&1&\\&&1\end{pmatrix}.$$

故

$$A=P\Lambda P^{-1}=P\Lambda P^{\mathrm{T}}=\begin{pmatrix}0&1&0\\ \frac{1}{\sqrt{2}}&0&\frac{1}{\sqrt{2}}\\ \frac{1}{\sqrt{2}}&0&-\frac{1}{\sqrt{2}}\end{pmatrix}\begin{pmatrix}-1&&\\&1&\\&&1\end{pmatrix}\begin{pmatrix}0&\frac{1}{\sqrt{2}}&\frac{1}{\sqrt{2}}\\1&0&0\\0&\frac{1}{\sqrt{2}}&-\frac{1}{\sqrt{2}}\end{pmatrix}=\begin{pmatrix}1&0&0\\0&0&-1\\0&-1&0\end{pmatrix}.$$

注:例 12 中,若令 $Q=(\xi_1,\xi_2,\xi_3)$,则有 $Q^{-1}AQ=\Lambda$,$A=Q\Lambda Q^{-1}$,而构造正交矩阵 P,则 $A=P\Lambda P^{\mathrm{T}}$,就不用求逆矩阵了.

例 13 设某城市 2002 年城市和农村的人口数分别是 500 万和 780 万,假设每年大约有 5% 的城市人口迁移到农村(95% 仍然留在城市),有 12% 的农村人口迁移到城市(88% 仍然留在农村),忽略其他因素对人口规模的影响,求 2022 年的人口分布.

解 用 r_i 和 s_i 分别表示第 $i+2002$ 年城市人口数和农村人口数,记 $x_i=\begin{pmatrix}r_i\\s_i\end{pmatrix}$ $(i=0,1,2,\cdots)$,则 x_i 为人口向量,且 2003 年人口的分布为

$$\begin{pmatrix}r_1\\s_1\end{pmatrix}=r_0\begin{pmatrix}0.95\\0.05\end{pmatrix}+s_0\begin{pmatrix}0.12\\0.88\end{pmatrix}=\begin{pmatrix}0.95&0.12\\0.05&0.88\end{pmatrix}\begin{pmatrix}r_0\\s_0\end{pmatrix},$$

即 $x_1=Ax_0$ 其中 $A=\begin{pmatrix}0.95&0.12\\0.05&0.88\end{pmatrix}$ 称为迁移矩阵.

依此类推可得 $x_2=Ax_1=A^2x_0$,$x_3=Ax_2=A^3x_0$,$\cdots$,$x_n=A^nx_0$.

由 $|A-\lambda E|=0$,得特征值 $\lambda_1=1$,$\lambda_2=0.83$,其对应的特征向量可分别取为

$$p_1=\begin{pmatrix}2.4\\1\end{pmatrix},\quad p_2=\begin{pmatrix}1\\-1\end{pmatrix}.$$

因 A 有两个线性无关的特征向量,故 A 可对角化.

令 $P=(p_1,p_2)=\begin{pmatrix}2.4&1\\1&-1\end{pmatrix}$,有 $P^{-1}AP=\begin{pmatrix}1&0\\0&0.83\end{pmatrix}=\Lambda$,则 $A=P\Lambda P^{-1}$.

因 2002 年的初始人口为 $x_0=\begin{pmatrix}5000000\\7800000\end{pmatrix}$，故对 2022 年，有

$$\boldsymbol{x}_{20}=\boldsymbol{A}^{20}\boldsymbol{x}_0=\boldsymbol{P}\boldsymbol{\Lambda}^{20}\boldsymbol{P}^{-1}\boldsymbol{x}_0$$

$$=\begin{pmatrix}2.4&1\\1&-1\end{pmatrix}\begin{pmatrix}1&0\\0&0.83^{20}\end{pmatrix}\begin{pmatrix}2.4&1\\1&-1\end{pmatrix}^{-1}\begin{pmatrix}5000000\\7800000\end{pmatrix}\approx\begin{pmatrix}8938145\\3861855\end{pmatrix},$$

即 2022 年该城市的城市人口约为 8938145 人，农村人口为 3861855 人.

注：如果一个人口迁移模型经验证基本符合实际情况的话，我们就可以利用它进一步预测未来一段时间内人口分布变化的情况，从而为政府决策提供有力的依据.

小　　结

本章引入了矩阵的特征值与特征向量的概念，介绍了其性质及计算方法，给出了矩阵相似对角化的条件和方法.

方阵 $\boldsymbol{A}$ 的相似对角化问题作为线性变换理论中的一个重要基础，实际上可归结为求 $\boldsymbol{A}$ 的特征值和特征向量，即由特征方程 $|\boldsymbol{A}-\lambda\boldsymbol{E}|=0$，求出 $\boldsymbol{A}$ 的全部特征值；对于 $\boldsymbol{A}$ 的每一个特征值 λ，求解齐次线性方程组 $(\boldsymbol{A}-\lambda\boldsymbol{E})\boldsymbol{x}=\boldsymbol{0}$，得其基础解系，也就得到了特征值 λ 所对应的特征向量.如果 $\boldsymbol{A}$ 有 n 个线性无关的特征向量，那么 $\boldsymbol{A}$ 就可以相似对角化.以 $\boldsymbol{A}$ 的这 n 个线性无关的特征向量为列向量构成的可逆矩阵 $\boldsymbol{P}$，可使得 $\boldsymbol{P}^{-1}\boldsymbol{A}\boldsymbol{P}=\boldsymbol{\Lambda}$ 为对角阵，并且 $\boldsymbol{\Lambda}$ 的对角元就是这些特征向量依次所对应的特征值.但是，对于一般的方阵不一定能相似对角化.

n 阶实对称矩阵是一类特殊的、重要的矩阵，它的特征值都是实数，并且一定有 n 个线性无关的特征向量，将这 n 个线性无关的特征向量采用施密特(Schimidt) 正交化方法(实际上只需要把重根对应的特征向量正交化) 就可以得到 n 个两两正交的特征向量，再单位化就可得到正交矩阵 $\boldsymbol{P}$，使得 $\boldsymbol{P}^{-1}\boldsymbol{A}\boldsymbol{P}=\boldsymbol{P}^{\mathrm{T}}\boldsymbol{A}\boldsymbol{P}=\boldsymbol{\Lambda}$.也就是说，实对称矩阵不仅可以对角化，而且可以用正交变换来实现.

另外，一般来说，求一个方阵的高次幂是一件比较麻烦的事情，尤其是当方阵的阶数和(或) 方幂的次数较高时，计算十分烦琐，但是，如果矩阵能与对角阵相似，就能简化高次方幂的计算.

习　题　五

A

1. 填空题.

(1) 设 3 阶矩阵 $\boldsymbol{A}$ 的特征值是 1,2,2,$\boldsymbol{E}$ 为 3 阶单位矩阵，则 $|4\boldsymbol{A}^{-1}-\boldsymbol{E}|=$ __________.

(2) 设 3 阶矩阵 $\boldsymbol{A}$ 的特征值是 $\lambda,2,3$.若行列式 $|2\boldsymbol{A}|=-48$,则 $\lambda=$ ________.

(3) 若矩阵 $\boldsymbol{A}=\begin{pmatrix}0&0&1\\1&1&x\\1&0&0\end{pmatrix}$ 可相似对角化,则 $x=$ ________.

(4) 设 $\boldsymbol{A}=\begin{pmatrix}2&-1&-1\\-1&2&-1\\-1&-1&2\end{pmatrix}$,$\boldsymbol{B}=\begin{pmatrix}1&0&0\\0&1&0\\0&0&0\end{pmatrix}$,则 $\boldsymbol{A}$ 与 $\boldsymbol{B}$ ________.(填“相似”或“不相似”)

(5) 设 $\boldsymbol{A}$ 为 2 阶方阵,$\boldsymbol{\alpha}_1,\boldsymbol{\alpha}_2$ 为线性无关的 2 维列向量,$\boldsymbol{A}\boldsymbol{\alpha}_1=\boldsymbol{0}$,$\boldsymbol{A}\boldsymbol{\alpha}_2=2\boldsymbol{\alpha}_1+\boldsymbol{\alpha}_2$,则 $\boldsymbol{A}$ 的非零特征值为 ________.

2. 求下列矩阵的特征值和特征向量:

(1) $\begin{pmatrix}0&1&1\\1&0&1\\1&1&0\end{pmatrix}$;　　(2) $\begin{pmatrix}1&2&3\\2&1&3\\3&3&6\end{pmatrix}$;

(3) $\begin{pmatrix}0&0&0&1\\0&0&1&0\\0&1&0&0\\1&0&0&0\end{pmatrix}$.

3. 设方阵 $\boldsymbol{A}$ 满足 $\boldsymbol{A}^2=\boldsymbol{A}$,证明:$\boldsymbol{A}$ 的特征值只能取 0 或 1.

4. 设 $\boldsymbol{A}$ 为 3 阶矩阵,$\boldsymbol{\alpha}_1,\boldsymbol{\alpha}_2$ 为 $\boldsymbol{A}$ 的分别对应于特征值 $-1,1$ 的特征向量,向量 $\boldsymbol{\alpha}_3$ 满足 $\boldsymbol{A}\boldsymbol{\alpha}_3=\boldsymbol{\alpha}_2+\boldsymbol{\alpha}_3$.

(1) 证明 $\boldsymbol{\alpha}_1,\boldsymbol{\alpha}_2,\boldsymbol{\alpha}_3$ 线性无关;

(2) 令 $\boldsymbol{P}=(\boldsymbol{\alpha}_1,\boldsymbol{\alpha}_2,\boldsymbol{\alpha}_3)$,求 $\boldsymbol{P}^{-1}\boldsymbol{A}\boldsymbol{P}$.

5. 设 λ_1 和 λ_2 是方阵 $\boldsymbol{A}$ 的 2 个不同的特征值,$\boldsymbol{x}_1$ 和 $\boldsymbol{x}_2$ 分别是对应的特征向量,证明:$\boldsymbol{x}_1+\boldsymbol{x}_2$ 不是 $\boldsymbol{A}$ 的特征向量.

6. 已知三阶方阵 $\boldsymbol{A}$ 的特征值为 $1,-1,2$,求 $|\boldsymbol{A}^*-2\boldsymbol{A}+3\boldsymbol{E}|$.

7. 设 $\boldsymbol{A},\boldsymbol{B}$ 都是 n 阶矩阵,且 $\boldsymbol{A}$ 可逆,证明 $\boldsymbol{AB}$ 与 $\boldsymbol{BA}$ 相似.

8. 设 $\boldsymbol{B}=\begin{pmatrix}0&0&1\\0&1&0\\0&0&0\end{pmatrix}$,已知 $\boldsymbol{A}$ 与 $\boldsymbol{B}$ 相似,求 $R(\boldsymbol{A}-2\boldsymbol{E})+R(\boldsymbol{A}-\boldsymbol{E})$.

9. 设 $\boldsymbol{A}=\begin{pmatrix}2&-1&0\\1&x&0\\-1&0&2\end{pmatrix}$,$\boldsymbol{B}=\begin{pmatrix}y&1&0\\0&1&0\\0&0&2\end{pmatrix}$,并且 $\boldsymbol{A}$ 与 $\boldsymbol{B}$ 相似,求 x 和 y.

10. 设 $\boldsymbol{A}=\begin{pmatrix}4 & 6 & 0\\ -3 & -5 & 0\\ -3 & -6 & 1\end{pmatrix}$，问 $\boldsymbol{A}$ 能否对角化？若能对角化，则求出可逆矩阵 $\boldsymbol{P}$，使得 $\boldsymbol{P}^{-1}\boldsymbol{AP}$ 为对角阵.

11. 若矩阵 $\boldsymbol{A}=\begin{pmatrix}2 & 2 & 0\\ 8 & 2 & a\\ 0 & 0 & 6\end{pmatrix}$ 与对角矩阵 $\boldsymbol{\Lambda}$ 相似，试确定常数 a 的值，并求可逆矩阵 $\boldsymbol{P}$ 使 $\boldsymbol{P}^{-1}\boldsymbol{AP}$ 为对角阵.

12. 已知 $\boldsymbol{p}=\begin{pmatrix}1\\ 1\\ -1\end{pmatrix}$ 是矩阵 $\boldsymbol{A}=\begin{pmatrix}2 & -1 & 2\\ 5 & a & 3\\ -1 & b & -2\end{pmatrix}$ 的一个特征向量.

(1) 求参数 a,b 及特征向量 $\boldsymbol{p}$ 所对应的特征值；

(2) $\boldsymbol{A}$ 是否能对角化？说明理由.

13. 设矩阵 $\boldsymbol{A}=\begin{pmatrix}1 & 4 & 2\\ 0 & -3 & 4\\ 0 & 4 & 3\end{pmatrix}$，求 $\boldsymbol{A}^{100}$.

14. 试求一个正交相似变换矩阵，将下列对称阵化为对角阵：

(1) $\begin{pmatrix}2 & 0 & 0\\ 0 & 3 & 2\\ 0 & 2 & 3\end{pmatrix}$；　(2) $\begin{pmatrix}1 & 1 & 1 & 1\\ 1 & 1 & -1 & -1\\ 1 & -1 & 1 & -1\\ 1 & -1 & -1 & 1\end{pmatrix}$.

15. 设三阶方阵 $\boldsymbol{A}$ 的特征值 $\lambda_1=1,\lambda_2=2,\lambda_3=3$，对应的特征向量依次为

$$\boldsymbol{p}_1=\begin{pmatrix}1\\ 0\\ 1\end{pmatrix},\quad \boldsymbol{p}_2=\begin{pmatrix}0\\ 1\\ 1\end{pmatrix},\quad \boldsymbol{p}_3=\begin{pmatrix}-1\\ 1\\ 1\end{pmatrix},$$

求矩阵 $\boldsymbol{A}$.

16.设三阶对称阵 $\boldsymbol{A}$ 的特征值为 $\lambda_1=6,\lambda_2=\lambda_3=3$，与 $\lambda_1=6$ 对应的特征向量为 $\boldsymbol{p}_1=\begin{pmatrix}1\\ 1\\ 1\end{pmatrix}$，求矩阵 $\boldsymbol{A}$.

17. 设 $\boldsymbol{A}=\begin{pmatrix}3 & -2\\ -2 & 3\end{pmatrix}$，求 $\varphi(\boldsymbol{A})=\boldsymbol{A}^{10}-5\boldsymbol{A}^9$.

18. 设 $\boldsymbol{A}=\begin{pmatrix}2 & -1\\ -1 & 2\end{pmatrix}$，求 $\boldsymbol{A}^n$.

19. 设 $A=\begin{pmatrix}1&1&a\\1&a&1\\a&1&1\end{pmatrix}$，$\beta=\begin{pmatrix}1\\1\\-2\end{pmatrix}$. 已知线性方程组 $Ax=\beta$ 有解但是不唯一，试求：

(1) a 的值；

(2) 正交矩阵 P，使得 $P^{-1}AP$ 为对角阵.

20. 设三阶实对称矩阵 A 的秩为 2，$\lambda_1=\lambda_2=6$ 是 A 的二重特征值，若 $\alpha_1=(1,1,0)^T$，$\alpha_2=(2,1,1)^T$，$\alpha_3=(-1,2,-3)^T$ 都是 A 的对应于特征值 6 的特征向量，求：

(1) A 的另一特征值和对应的特征向量；

(2) 矩阵 A.

21.试证：n 阶方阵 A 是奇异矩阵的充分必要条件是 A 有一个特征值为零.

B

22. 设矩阵 $A=\begin{pmatrix}1&2&-3\\-1&4&-3\\1&a&5\end{pmatrix}$ 的特征方程有一个二重根，求 a 的值，并讨论 A 是否可相似对角化.

23. 设 $A=\begin{pmatrix}0&-1&4\\-1&3&a\\4&a&0\end{pmatrix}$，正交矩阵 Q 使得 Q^TAQ 为对角阵，若 Q 的第 1 列为 $\frac{1}{\sqrt{6}}(1,2,1)^T$，求 a，Q.

24. 设矩阵 $A=\begin{pmatrix}0&2&-3\\-1&3&-3\\1&-2&a\end{pmatrix}$ 相似于矩阵 $B=\begin{pmatrix}1&-2&0\\0&b&0\\0&3&1\end{pmatrix}$.

(1) 求 a，b 的值；(2) 求可逆矩阵 P，使得 $P^{-1}AP$ 为对角阵.

25. 设 A 为 3 阶实对称矩阵，A 的秩为 2，且 $A\begin{pmatrix}1&1\\0&0\\-1&1\end{pmatrix}=\begin{pmatrix}-1&1\\0&0\\1&1\end{pmatrix}$.

(1) 求 A 的所有特征值与特征向量；(2) 求矩阵 A.

26. 设矩阵 $A=\begin{pmatrix}3&2&2\\2&3&2\\2&2&3\end{pmatrix}$，$P=\begin{pmatrix}0&1&0\\1&0&1\\0&0&1\end{pmatrix}$，$B=P^{-1}A^*P$，求 $B+2E$ 的特征值与特征向量，其中 A^* 为 A 的伴随矩阵，E 为 3 阶单位矩阵.

27. 设 3 阶实对称矩阵 A 的特征值 $\lambda_1=1$，$\lambda_2=2$，$\lambda_3=-2$，$\alpha_1=(1,-1,1)^T$ 是 A 的对应于 λ_1 的一个特征向量，记 $B=A^5-4A^3+E$，其中 E 为 3 阶单位矩阵.

(1) 验证 α_1 是矩阵 B 的特征向量，并求 B 的全部特征值与特征向量；

(2) 求矩阵 $\boldsymbol{B}$.

28. 设 3 阶实对称矩阵 $\boldsymbol{A}$ 的各行元素之和均为 3,向量 $\boldsymbol{\alpha}_1=(-1,2,-1)^{\mathrm{T}}$,$\boldsymbol{\alpha}_2=(0,-1,1)^{\mathrm{T}}$ 是线性方程组 $\boldsymbol{Ax}=\boldsymbol{0}$ 的两个解.

(1) 求 $\boldsymbol{A}$ 的特征值与特征向量;

(2) 求正交矩阵 $\boldsymbol{Q}$ 和对角矩阵 $\boldsymbol{\Lambda}$,使得 $\boldsymbol{Q}^{\mathrm{T}}\boldsymbol{AQ}=\boldsymbol{\Lambda}$;

(3) 求 $\boldsymbol{A}$ 及 $\left(\boldsymbol{A}-\dfrac{3}{2}\boldsymbol{E}\right)^6$,其中 $\boldsymbol{E}$ 为 3 阶单位矩阵.

29. 设 n 阶矩阵 $\boldsymbol{A}=\begin{pmatrix}1 & b & \cdots & b\\ b & 1 & \cdots & b\\ \vdots & \vdots & & \vdots\\ b & b & \cdots & 1\end{pmatrix}$.

(1) 求 $\boldsymbol{A}$ 的特征值和特征向量;

(2) 求可逆矩阵 $\boldsymbol{P}$,使得 $\boldsymbol{P}^{-1}\boldsymbol{AP}$ 为对角矩阵.

30. 证明:n 阶矩阵 $\boldsymbol{A}=\begin{pmatrix}1 & 1 & \cdots & 1\\ 1 & 1 & \cdots & 1\\ \vdots & \vdots & & \vdots\\ 1 & 1 & \cdots & 1\end{pmatrix}$ 与 $\boldsymbol{B}=\begin{pmatrix}0 & \cdots & 0 & 1\\ 0 & \cdots & 0 & 2\\ \vdots & & \vdots & \vdots\\ 0 & \cdots & 0 & n\end{pmatrix}$ 相似.

31. 设 $\boldsymbol{\alpha}=(a_1,a_2,\cdots,a_n)^{\mathrm{T}}$,$a_1\neq 0$,$\boldsymbol{A}=\boldsymbol{\alpha\alpha}^{\mathrm{T}}$.

(1) 证明 $\lambda=0$ 是 $\boldsymbol{A}$ 的 $n-1$ 重特征值;

(2) 求 $\boldsymbol{A}$ 的非零特征值及 n 个线性无关的特征向量.

习题五部分参考答案

A

1.(1)3;(2) -1;(3) -1;(4) 不相似;(5)1.

2.(1) $\lambda_1=2,\lambda_2=\lambda_3=-1,\boldsymbol{p}_1=\begin{pmatrix}1\\1\\1\end{pmatrix},\boldsymbol{p}_2=\begin{pmatrix}-1\\1\\0\end{pmatrix},\boldsymbol{p}_3=\begin{pmatrix}-1\\0\\1\end{pmatrix}$.

(2) $\lambda_1=0,\lambda_2=-1,\lambda_3=9,\boldsymbol{p}_1=\begin{pmatrix}-1\\-1\\1\end{pmatrix},\boldsymbol{p}_2=\begin{pmatrix}1\\-1\\0\end{pmatrix},\boldsymbol{p}_3=\begin{pmatrix}1\\1\\2\end{pmatrix}$.

(3) $\lambda_1=\lambda_2=1,\lambda_3=\lambda_4=-1,\boldsymbol{p}_1=\begin{pmatrix}0\\1\\1\\0\end{pmatrix},\boldsymbol{p}_2=\begin{pmatrix}1\\0\\0\\1\end{pmatrix},\boldsymbol{p}_3=\begin{pmatrix}0\\-1\\1\\0\end{pmatrix},\boldsymbol{p}_4=\begin{pmatrix}-1\\0\\0\\1\end{pmatrix}$.

4. (2)$\boldsymbol{P}^{-1}\boldsymbol{AP}=\begin{pmatrix}-1&0&0\\0&1&1\\0&0&1\end{pmatrix}$.

6. 14.

8. 4.

9. $x=0, y=1$.

10. 能对角化,$\boldsymbol{P}=\begin{pmatrix}-2&0&-1\\1&0&1\\0&1&1\end{pmatrix}$.

11. $a=0$;$\boldsymbol{\xi}_1=\begin{pmatrix}0\\0\\1\end{pmatrix}$,$\boldsymbol{\xi}_2=\begin{pmatrix}1\\2\\0\end{pmatrix}$,$\boldsymbol{\xi}_3=\begin{pmatrix}1\\-2\\0\end{pmatrix}$.

12. (1)$a=-3, b=0, \lambda=-1$;(2) 不能.

13. $\boldsymbol{A}^{100}=\begin{pmatrix}1&0&5^{100}-1\\0&5^{100}&0\\0&0&5^{100}\end{pmatrix}$.

14. (1)$\boldsymbol{P}=\begin{pmatrix}0&1&0\\\frac{1}{\sqrt{2}}&0&\frac{1}{\sqrt{2}}\\-\frac{1}{\sqrt{2}}&0&\frac{1}{\sqrt{2}}\end{pmatrix}$,$\boldsymbol{P}^{-1}\boldsymbol{AP}=\begin{pmatrix}1&&\\&2&\\&&5\end{pmatrix}$;

(2) $\boldsymbol{P}=\begin{pmatrix}-\frac{1}{2}&\frac{1}{\sqrt{2}}&0&\frac{1}{2}\\\frac{1}{2}&\frac{1}{\sqrt{2}}&0&-\frac{1}{2}\\\frac{1}{2}&0&\frac{1}{\sqrt{2}}&\frac{1}{2}\\\frac{1}{2}&0&-\frac{1}{\sqrt{2}}&\frac{1}{2}\end{pmatrix}$,$\boldsymbol{P}^{-1}\boldsymbol{AP}=\begin{pmatrix}-2&&&\\&2&&\\&&2&\\&&&2\end{pmatrix}$.

15. $\boldsymbol{A}=\begin{pmatrix}3&2&-2\\-1&1&1\\-1&0&2\end{pmatrix}$.

16. $\boldsymbol{A}=\begin{pmatrix}4&1&1\\1&4&1\\1&1&4\end{pmatrix}$.

17. $\begin{pmatrix}-2&-2\\-2&-2\end{pmatrix}$.

18. $\boldsymbol{A}^n=\dfrac{1}{2}\begin{pmatrix}1+3^n&1-3^n\\1-3^n&1+3^n\end{pmatrix}$.

19. (1) $a=-2$；(2) $\boldsymbol{P}=\begin{pmatrix}\dfrac{1}{\sqrt{2}}&\dfrac{1}{\sqrt{6}}&\dfrac{1}{\sqrt{3}}\\0&-\dfrac{2}{\sqrt{6}}&\dfrac{1}{\sqrt{3}}\\-\dfrac{1}{\sqrt{2}}&\dfrac{1}{\sqrt{6}}&\dfrac{1}{\sqrt{3}}\end{pmatrix}$.

20. (1) $\lambda_3=0$，$\boldsymbol{p}=\begin{pmatrix}-1\\1\\1\end{pmatrix}$；(2) $\boldsymbol{A}=\begin{pmatrix}4&2&2\\2&4&-2\\2&-2&4\end{pmatrix}$.

B

22. 当 $a=-2$ 时，$\boldsymbol{A}$ 可相似对角化；当 $a=-\dfrac{2}{3}$ 时，$\boldsymbol{A}$ 不能相似对角化.

23. $a=-1$，$\boldsymbol{Q}=(\boldsymbol{\eta}_1,\boldsymbol{\eta}_2,\boldsymbol{\eta}_3)=\begin{pmatrix}\dfrac{1}{\sqrt{6}}&-\dfrac{1}{\sqrt{2}}&\dfrac{1}{\sqrt{3}}\\\dfrac{2}{\sqrt{6}}&0&-\dfrac{1}{\sqrt{3}}\\\dfrac{1}{\sqrt{6}}&\dfrac{1}{\sqrt{2}}&\dfrac{1}{\sqrt{3}}\end{pmatrix}$，$\boldsymbol{Q}^{\mathrm{T}}\boldsymbol{A}\boldsymbol{Q}=\boldsymbol{\Lambda}=\begin{pmatrix}2&&\\&-4&\\&&5\end{pmatrix}$.

24. (1) $a=4$，$b=5$；(2) $\boldsymbol{P}=\begin{pmatrix}2&-3&-1\\1&0&-1\\0&1&1\end{pmatrix}$，$\boldsymbol{P}^{-1}\boldsymbol{A}\boldsymbol{P}=\begin{pmatrix}1&0&0\\0&1&0\\0&0&5\end{pmatrix}$.

25. (1) $-1,1,0$；$k_1(1,0,-1)^{\mathrm{T}}$，$k_2(1,0,1)^{\mathrm{T}}$，$k_3(0,1,0)^{\mathrm{T}}$，其中 k_1,k_2,k_3 为任意非零常数.

(2) $\boldsymbol{A}=\begin{pmatrix}0&0&1\\0&0&0\\1&0&0\end{pmatrix}$.

26. $\lambda_1=\lambda_2=9,\lambda_3=3,\boldsymbol{p}_1=\begin{pmatrix}-1\\1\\0\end{pmatrix},\boldsymbol{p}_2=\begin{pmatrix}-2\\0\\1\end{pmatrix},\boldsymbol{p}_3=\begin{pmatrix}0\\1\\1\end{pmatrix}$.

27. (1) $-2,1,1,k_1(1,-1,1)^{\mathrm{T}}(k_1\neq 0),k_2(1,1,0)^{\mathrm{T}}+k_3(-1,1,2)^{\mathrm{T}}(k_2,k_3$ 不同时为 0)；

(2) $\boldsymbol{B}=\begin{pmatrix}0&1&-1\\1&0&1\\-1&1&0\end{pmatrix}$.

28. (1) 3,0,0; (2) $\boldsymbol{Q}=\begin{pmatrix}-\frac{1}{\sqrt{6}}&-\frac{1}{\sqrt{2}}&\frac{1}{\sqrt{3}}\\\frac{2}{\sqrt{6}}&0&\frac{1}{\sqrt{3}}\\-\frac{1}{\sqrt{6}}&\frac{1}{\sqrt{2}}&\frac{1}{\sqrt{3}}\end{pmatrix},\boldsymbol{Q}^{\mathrm{T}}\boldsymbol{A}\boldsymbol{Q}=\boldsymbol{\Lambda}=\begin{pmatrix}0&&\\&0&\\&&3\end{pmatrix}$;

(3) $\boldsymbol{A}=\begin{pmatrix}1&1&1\\1&1&1\\1&1&1\end{pmatrix},\left(\frac{3}{2}\right)^6\boldsymbol{E}$.

29. (1) $b\neq 0$ 时，$\lambda_1=1+(n-1)b,\lambda_2=\cdots=\lambda_n=1-b,\boldsymbol{\xi}_1=(1,1,1,\cdots,1)^{\mathrm{T}}$,

$\boldsymbol{\xi}_2=(1,-1,0,\cdots,0)^{\mathrm{T}},\boldsymbol{\xi}_3=(1,0,-1,\cdots,0)^{\mathrm{T}},\cdots,\boldsymbol{\xi}_n=(1,,0,\cdots,-1)^{\mathrm{T}}$;

$b=0$ 时，$\lambda_1=\lambda_2=\cdots=\lambda_n=1$，任意非零 n 维列向量均为特征向量.

(2) $b\neq 0$ 时，$\boldsymbol{P}=\begin{pmatrix}1&1&1&\cdots&1\\1&-1&0&\cdots&0\\1&0&-1&\cdots&0\\\vdots&\vdots&\vdots&&\vdots\\1&0&0&\cdots&-1\end{pmatrix}$；$b=0$ 时，$\boldsymbol{P}$ 可取任意的 n 阶可逆矩阵.

31. (2) 非零特征值 $\lambda=\sum_{i=1}^{n}a_i^2,(\boldsymbol{p}_1,\boldsymbol{p}_2,\cdots,\boldsymbol{p}_n)=\begin{pmatrix}a_1&-a_2&\cdots&-a_n\\a_2&a_1&\cdots&0\\\vdots&\vdots&&\vdots\\a_n&0&\cdots&a_1\end{pmatrix}$.

第6章　二　次　型

二次型是线性代数的重要内容之一,其理论起源于二次曲线和二次曲面方程的化简问题.在平面解析几何中,以坐标原点为中心的二次曲线方程为

$$ax^2+bxy+cy^2=1, \tag{6.1}$$

方程(6.1)的左端是关于变量 x,y 的一个二元二次齐次多项式.为了研究这个二次曲线的几何性质,我们通过选择适当的坐标旋转变换

$$\begin{cases}x=x'\cos\theta-y'\sin\theta,\\ y=x'\sin\theta+y'\cos\theta,\end{cases} \tag{6.2}$$

可将该方程化成不含 xy 项的标准方程

$$mx'^2+ny'^2=1. \tag{6.3}$$

从上面的标准形中容易识别曲线的类型和形状,从而方便研究曲线的性质.在二次曲面的研究中,也有类似的问题.

显然,旋转变换(6.2)是一个可逆的线性变换.从代数学的角度来看,化标准形的过程就是通过变量的线性变换化简一个二次齐次多项式,使它只含平方项.这样的一个问题不仅在几何问题中常出现,在数学的其他分支以及物理、力学和网络计算中也常会遇到.本章中我们将这类问题一般化,讨论含 n 个变量的二次齐次多项式的化简问题,还将讨论有重要应用的正定二次型的性质和判定.

6.1　二次型及其标准形

6.1.1　二次型

定义1　含有 n 个变量 $x_1,x_2,\cdots,x_n$ 的二次齐次多项式

$$\begin{aligned}f(x_1,x_2,\cdots,x_n)=&a_{11}x_1^2+2a_{12}x_1x_2+2a_{13}x_1x_3+\cdots+2a_{1n}x_1x_n\\&+a_{22}x_2^2+2a_{23}x_2x_3+\cdots+2a_{2n}x_2x_n+\cdots+a_{nn}x_n^2\end{aligned} \tag{6.4}$$

称为 n 元二次型,简称为二次型.当 a_{ij} 为复数时,称 $f(x_1,x_2,\cdots,x_n)$ 为复二次型;当 a_{ij} 全为实数时,称 $f(x_1,x_2,\cdots,x_n)$ 为实二次型(除特别声明外,本章仅限于讨论实二次型).

如果取 $a_{ji}=a_{ij}$,则有 $2a_{ij}x_ix_j=a_{ij}x_ix_j+a_{ji}x_jx_i$,于是式(6.4)可写成

$$\begin{aligned} f(x_1,x_2,\cdots,x_n) \xlongequal{\triangle} f = & a_{11}x_1x_1 + a_{12}x_1x_2 + a_{13}x_1x_3 + \cdots + a_{1n}x_1x_n \\ & + a_{21}x_2x_1 + a_{22}x_2x_2 + a_{23}x_2x_3 + \cdots + a_{2n}x_2x_n + \cdots \\ & + a_{n1}x_nx_1 + a_{n2}x_nx_2 + a_{n3}x_nx_3 + \cdots + a_{nn}x_nx_n \\ = & \sum_{i=1}^{n}\sum_{j=1}^{n} a_{ij}x_ix_j. \end{aligned} \tag{6.5}$$

利用矩阵的记号，二次型又可表示为

$$\begin{aligned} f = & x_1(a_{11}x_1 + a_{12}x_2 + a_{13}x_3 + \cdots + a_{1n}x_n) + x_2(a_{21}x_1 + a_{22}x_2 + a_{23}x_3 + \cdots + a_{2n}x_n) \\ & + \cdots + x_n(a_{n1}x_1 + a_{n2}x_2 + a_{n3}x_3 + \cdots + a_{nn}x_n) \\ = & (x_1,x_2,\cdots,x_n)\begin{pmatrix} a_{11}x_1 + a_{12}x_2 + \cdots + a_{1n}x_n \\ a_{21}x_1 + a_{22}x_2 + \cdots + a_{2n}x_n \\ \vdots \\ a_{n1}x_1 + a_{n2}x_2 + \cdots + a_{nn}x_n \end{pmatrix} \\ = & (x_1,x_2,\cdots,x_n)\begin{pmatrix} a_{11} & a_{12} & \cdots & a_{1n} \\ a_{21} & a_{22} & \cdots & a_{2n} \\ \vdots & \vdots & & \vdots \\ a_{n1} & a_{n2} & \cdots & a_{nn} \end{pmatrix}\begin{pmatrix} x_1 \\ x_2 \\ \vdots \\ x_n \end{pmatrix}, \end{aligned}$$

记

$$\boldsymbol{A} = \begin{pmatrix} a_{11} & a_{12} & \cdots & a_{1n} \\ a_{21} & a_{22} & \cdots & a_{2n} \\ \vdots & \vdots & & \vdots \\ a_{n1} & a_{n2} & \cdots & a_{nn} \end{pmatrix}, \quad \boldsymbol{x} = \begin{pmatrix} x_1 \\ x_2 \\ \vdots \\ x_n \end{pmatrix},$$

则二次型可表示为

$$f(x) = \boldsymbol{x}^{\mathrm{T}}\boldsymbol{A}\boldsymbol{x}. \tag{6.6}$$

因为 $a_{ji}=a_{ij}(i=1,2,\cdots,n)$，即 $\boldsymbol{A}^{\mathrm{T}}=\boldsymbol{A}$，所以 $\boldsymbol{A}$ 为对称阵，且 $\boldsymbol{A}$ 的主对角线上的元素恰好是二次型中平方项的系数，而 $a_{ij}(i \neq j)$ 恰好是二次型中 x_ix_j 的系数的一半.

例 1　设二次型 $f(x,y,z)=x^2+4xy+4y^2+2xz+z^2+4yz$，用矩阵记号将 f 表示出来.

解　二次型 f 的矩阵形式为

$$f = (x,y,z)\begin{pmatrix} 1 & 2 & 1 \\ 2 & 4 & 2 \\ 1 & 2 & 1 \end{pmatrix}\begin{pmatrix} x \\ y \\ z \end{pmatrix}.$$

由此可知，任给一个二次型就唯一地确定了一个对称阵；反之，任给一个对称阵，也可唯一地确定一个二次型.因此，二次型与对称阵之间存在一一对应关系.所以，研究二次型的性质可以转化为研究对称阵 $\boldsymbol{A}$ 的性质.这里我们把对称阵 $\boldsymbol{A}$ 称为二次型 f 的矩阵，也把二次型 f 称为对称阵 $\boldsymbol{A}$ 的二次型.对称阵 $\boldsymbol{A}$ 的秩为二次型 f 的秩.

例 2　设 $A=\begin{pmatrix}1&0&1\\2&1&5\\-1&1&2\end{pmatrix}$,求二次型 $f=\boldsymbol{x}^{\mathrm{T}}\boldsymbol{A}\boldsymbol{x}$ 的矩阵及二次型 f 的秩.

解　因为 f 是一个数,所以

$$f=\boldsymbol{x}^{\mathrm{T}}\boldsymbol{A}\boldsymbol{x}=(\boldsymbol{x}^{\mathrm{T}}\boldsymbol{A}\boldsymbol{x})^{\mathrm{T}}=\boldsymbol{x}^{\mathrm{T}}\boldsymbol{A}^{\mathrm{T}}\boldsymbol{x}=\frac{1}{2}(\boldsymbol{x}^{\mathrm{T}}\boldsymbol{A}\boldsymbol{x}+\boldsymbol{x}^{\mathrm{T}}\boldsymbol{A}^{\mathrm{T}}\boldsymbol{x})=\boldsymbol{x}^{\mathrm{T}}\left(\frac{\boldsymbol{A}+\boldsymbol{A}^{\mathrm{T}}}{2}\right)\boldsymbol{x}.$$

记 $\boldsymbol{B}=\dfrac{\boldsymbol{A}+\boldsymbol{A}^{T}}{2}$,显然 $\boldsymbol{B}$ 为对称矩阵,故 $f=\boldsymbol{x}^{T}\boldsymbol{A}\boldsymbol{x}$ 的矩阵为 $\boldsymbol{B}=\begin{pmatrix}1&1&0\\1&1&3\\0&3&2\end{pmatrix}$.

易知 $R(\boldsymbol{B})=3$,故二次型 f 的秩为 3.

注:例 2 中 $R(\boldsymbol{A})=2$,但是二次型 f 的秩等于 $R(\boldsymbol{B})$.

6.1.2　二次型的标准形

对于二次型 $f=\boldsymbol{x}^{\mathrm{T}}\boldsymbol{A}\boldsymbol{x}$,我们讨论的主要问题是:寻求可逆的线性变换

$$\begin{cases}x_1=c_{11}y_1+c_{12}y_2+\cdots+c_{1n}y_n,\\x_2=c_{21}y_1+c_{22}y_2+\cdots+c_{2n}y_n,\\\quad\vdots\\x_n=c_{n1}y_1+c_{n2}y_2+\cdots+c_{nn}y_n,\end{cases}\tag{6.7}$$

即

$$\boldsymbol{x}=\boldsymbol{C}\boldsymbol{y},\tag{6.8}$$

其中 $\boldsymbol{C}=(c_{ij})_{n\times n}$ 为 n 阶可逆矩阵,$\boldsymbol{x}=(x_1,x_2,\cdots,x_n)^{\mathrm{T}}$,$\boldsymbol{y}=(y_1,y_2,\cdots,y_n)^{\mathrm{T}}$,使得经过该线性变换后二次型中只含有平方项,也就是将式(6.8)代入式(6.6),能使二次型 f 化为

$$f=\boldsymbol{x}^{\mathrm{T}}\boldsymbol{A}\boldsymbol{x}=(\boldsymbol{C}\boldsymbol{y})^{\mathrm{T}}\boldsymbol{A}(\boldsymbol{C}\boldsymbol{y})=\boldsymbol{y}^{\mathrm{T}}(\boldsymbol{C}^{\mathrm{T}}\boldsymbol{A}\boldsymbol{C})\boldsymbol{y}=k_1y_1^2+k_2y_2^2+\cdots+k_ny_n^2,$$

其中 $k_1,k_2,\cdots,k_n$ 不全为零.

这种只含有平方项的二次型称为二次型的标准形.f 的标准形写成矩阵形式为

$$f=\boldsymbol{y}^{\mathrm{T}}\boldsymbol{\Lambda}\boldsymbol{y},$$

其中 $\boldsymbol{\Lambda}=\begin{pmatrix}k_1&&&\\&k_2&&\\&&\ddots&\\&&&k_n\end{pmatrix}$ 为对角矩阵,即二次型的标准形所对应的矩阵是一对角矩阵.

如果标准形中平方项的系数 $k_1,k_2,\cdots,k_n$ 只在 $-1,0,1$ 这 3 个数中取值,也就是用式(6.8)代入式(6.6)后,f 可化为

$$f=y_1^2+\cdots+y_p^2-y_{p+1}^2-\cdots-y_r^2,\tag{6.9}$$

则称式(6.9)为二次型的规范形.

6.1.3 合同矩阵

定义 2 对于同阶方阵 $\boldsymbol{A},\boldsymbol{B}$,若有可逆矩阵 $\boldsymbol{C}$ 使得 $\boldsymbol{C}^{\mathrm{T}}\boldsymbol{A}\boldsymbol{C}=\boldsymbol{B}$,则称 $\boldsymbol{A}$ 合同于 $\boldsymbol{B}$,可逆矩阵 $\boldsymbol{C}$ 称为合同变换矩阵.

由此定义很容易证明,矩阵之间的合同关系也具有反身性、对称性、传递性.由于矩阵的合同关系具有对称性,所以 $\boldsymbol{A}$ 合同于 $\boldsymbol{B}$ 也说成 $\boldsymbol{A}$ 与 $\boldsymbol{B}$ 合同.

定理 1 若 $\boldsymbol{A}$ 与 $\boldsymbol{B}$ 合同,且 $\boldsymbol{A}$ 是对称矩阵,则 $\boldsymbol{B}$ 也是对称矩阵,且 $R(\boldsymbol{B})=R(\boldsymbol{A})$.

证明 由于 $\boldsymbol{A}$ 为对称矩阵,所以 $\boldsymbol{A}^{\mathrm{T}}=\boldsymbol{A}$,又 $\boldsymbol{A}$ 与 $\boldsymbol{B}$ 合同,即存在可逆矩阵 $\boldsymbol{C}$,使 $\boldsymbol{C}^{\mathrm{T}}\boldsymbol{A}\boldsymbol{C}=\boldsymbol{B}$.于是

$$\boldsymbol{B}^{\mathrm{T}}=(\boldsymbol{C}^{\mathrm{T}}\boldsymbol{A}\boldsymbol{C})^{\mathrm{T}}=\boldsymbol{C}^{\mathrm{T}}\boldsymbol{A}^{\mathrm{T}}\boldsymbol{C}=\boldsymbol{C}^{\mathrm{T}}\boldsymbol{A}\boldsymbol{C}=\boldsymbol{B},$$

即 $\boldsymbol{B}$ 是对称矩阵.

因 $\boldsymbol{B}=\boldsymbol{C}^{\mathrm{T}}\boldsymbol{A}\boldsymbol{C}$,而 $\boldsymbol{C}$ 可逆,从而 $\boldsymbol{C}^{\mathrm{T}}$ 也可逆.由矩阵秩的性质即可得 $R(\boldsymbol{B})=R(\boldsymbol{A})$.

由定理1知,经可逆变换 $\boldsymbol{x}=\boldsymbol{C}\boldsymbol{y}$ 后,二次型 f 的矩阵 $\boldsymbol{A}$ 变为与 $\boldsymbol{A}$ 合同的矩阵 $\boldsymbol{C}^{\mathrm{T}}\boldsymbol{A}\boldsymbol{C}$,但二次型的秩保持不变.

6.2 用正交变换化二次型为标准形

上一节提出二次型的主要问题:寻找可逆的线性变换 $\boldsymbol{x}=\boldsymbol{C}\boldsymbol{y}$,使

$$\begin{aligned} f&=\boldsymbol{x}^{\mathrm{T}}\boldsymbol{A}\boldsymbol{x}=\boldsymbol{y}^{\mathrm{T}}(\boldsymbol{C}^{\mathrm{T}}\boldsymbol{A}\boldsymbol{C})\boldsymbol{y}=k_1y_1^2+k_2y_2^2+\cdots+k_ny_n^2\\ &=(y_1,y_2,\cdots,y_n)\begin{pmatrix}k_1&&&\\&k_2&&\\&&\ddots&\\&&&k_n\end{pmatrix}\begin{pmatrix}y_1\\y_2\\\vdots\\y_n\end{pmatrix}=(y_1,y_2,\cdots,y_n)\boldsymbol{\Lambda}\begin{pmatrix}y_1\\y_2\\\vdots\\y_n\end{pmatrix},\end{aligned}$$

也就是要使 $\boldsymbol{C}^{\mathrm{T}}\boldsymbol{A}\boldsymbol{C}=\boldsymbol{\Lambda}=\mathrm{diag}(k_1,k_2,\cdots,k_n)$ 为对角矩阵.因此,我们的主要问题是:对于实对称矩阵 $\boldsymbol{A}$,如何寻找可逆矩阵 $\boldsymbol{C}$,使 $\boldsymbol{C}^{\mathrm{T}}\boldsymbol{A}\boldsymbol{C}=\boldsymbol{\Lambda}$ 为对角矩阵.

由第5章定理8知,对于任给的 n 阶实对称矩阵 $\boldsymbol{A}$,总有正交矩阵 $\boldsymbol{P}$,使

$$\boldsymbol{P}^{-1}\boldsymbol{A}\boldsymbol{P}=\boldsymbol{P}^{\mathrm{T}}\boldsymbol{A}\boldsymbol{P}=\boldsymbol{\Lambda}=\begin{pmatrix}\lambda_1&&&\\&\lambda_2&&\\&&\ddots&\\&&&\lambda_n\end{pmatrix}=\mathrm{diag}(\lambda_1,\lambda_2,\cdots,\lambda_n),$$

其中 $\lambda_1,\lambda_2,\cdots,\lambda_n$ 为 $\boldsymbol{A}$ 的特征值.

把此结论应用于二次型,就可得到下面的重要定理.

定理2 任给实二次型 $f=\boldsymbol{x}^{\mathrm{T}}\boldsymbol{A}\boldsymbol{x}$（$\boldsymbol{A}$ 为实对称矩阵），总存在正交变换 $\boldsymbol{x}=\boldsymbol{P}\boldsymbol{y}$，可把 f 化为标准形，即

$$f=\boldsymbol{x}^{\mathrm{T}}\boldsymbol{A}\boldsymbol{x}\overset{\boldsymbol{x}=\boldsymbol{P}\boldsymbol{y}}{=}\lambda_1y_1^2+\lambda_2y_2^2+\cdots+\lambda_ny_n^2, \tag{6.10}$$

其中 $\lambda_1,\lambda_2,\cdots,\lambda_n$ 是 f 的矩阵 $\boldsymbol{A}$ 的特征值.

注：$\boldsymbol{A}$ 与 $\boldsymbol{\Lambda}=\mathrm{diag}(\lambda_1,\lambda_2,\cdots,\lambda_n)$ 合同.

推论1 任给实二次型 $f=\boldsymbol{x}^{\mathrm{T}}\boldsymbol{A}\boldsymbol{x}$（$\boldsymbol{A}^{\mathrm{T}}=\boldsymbol{A}$），总有可逆变换 $\boldsymbol{x}=\boldsymbol{C}\boldsymbol{z}$，使 $f(\boldsymbol{C}\boldsymbol{z})$ 为规范形.

证明 由定理2，有

$$f=f(\boldsymbol{P}\boldsymbol{y})=\boldsymbol{y}^{\mathrm{T}}\boldsymbol{\Lambda}\boldsymbol{y}=\lambda_1y_1^2+\lambda_2y_2^2+\cdots+\lambda_ny_n^2.$$

设二次型 f 的秩为 r，则 $\boldsymbol{A}$ 的特征值 λ_i 中，恰有 r 个不为0，不妨设 $\lambda_1,\cdots,\lambda_r\neq0$，$\lambda_{r+1}=\cdots=\lambda_n=0$，令

$$\boldsymbol{Q}=\begin{pmatrix}k_1&&&\\&k_2&&\\&&\ddots&\\&&&k_n\end{pmatrix},\quad k_i=\begin{cases}\dfrac{1}{\sqrt{|\lambda_i|}}, & 1\leqslant i\leqslant r, i\in\mathbf{Z},\\ 1, & r<i\leqslant n, i\in\mathbf{Z},\end{cases}$$

则 $\boldsymbol{Q}$ 可逆，在线性变换 $\boldsymbol{y}=\boldsymbol{Q}\boldsymbol{z}$ 下，可把 f 化为

$$f=f(\boldsymbol{P}\boldsymbol{Q}\boldsymbol{z})=(\boldsymbol{Q}\boldsymbol{z})^{\mathrm{T}}\boldsymbol{\Lambda}(\boldsymbol{Q}\boldsymbol{z})=\boldsymbol{z}^{\mathrm{T}}(\boldsymbol{Q}^{\mathrm{T}}\boldsymbol{\Lambda}\boldsymbol{Q})\boldsymbol{z},$$

而

$$\boldsymbol{Q}^{\mathrm{T}}\boldsymbol{\Lambda}\boldsymbol{Q}=\mathrm{diag}\left(\frac{\lambda_1}{|\lambda_1|},\frac{\lambda_2}{|\lambda_2|},\cdots,\frac{\lambda_r}{|\lambda_r|},0,\cdots,0\right).$$

记 $\boldsymbol{C}=\boldsymbol{P}\boldsymbol{Q}$，则 $\boldsymbol{C}$ 可逆，且在可逆变换 $\boldsymbol{x}=\boldsymbol{C}\boldsymbol{z}$ 下，把 f 化为规范形

$$f(\boldsymbol{z})=\frac{\lambda_1}{|\lambda_1|}z_1^2+\frac{\lambda_2}{|\lambda_2|}z_2^2+\cdots+\frac{\lambda_r}{|\lambda_r|}z_r^2.$$

特别地，若 n 阶实对称矩阵 $\boldsymbol{A}$ 的 n 个特征值 $\lambda_1,\lambda_2,\cdots,\lambda_n$ 都大于0，则 f 的规范形为 $f=z_1^2+z_2^2+\cdots+z_n^2$，此时 $\boldsymbol{A}$ 与 $\boldsymbol{E}_n$ 合同.

例3 设二次型 $f(x_1,x_2,x_3)=2x_1^2+5x_2^2+5x_3^2+4x_1x_2-4x_1x_3-8x_2x_3$，求一个正交变换 $\boldsymbol{x}=\boldsymbol{P}\boldsymbol{y}$，化 $f(x_1,x_2,x_3)$ 为标准形.

解 分4个步骤进行.

(1) 写出二次型 f 对应的矩阵

$$\boldsymbol{A}=\begin{pmatrix}2&2&-2\\2&5&-4\\-2&-4&5\end{pmatrix}.$$

(2) 求 $\boldsymbol{A}$ 的全部特征值.由

$$|\boldsymbol{A}-\lambda\boldsymbol{E}|=\begin{vmatrix}2-\lambda & 2 & -2\\ 2 & 5-\lambda & -4\\ -2 & -4 & 5-\lambda\end{vmatrix}=(1-\lambda)^2(10-\lambda),$$

得 $\boldsymbol{A}$ 的特征值为 $\lambda_1=\lambda_2=1,\lambda_3=10$.

(3) 求各特征值所对应的特征向量.对于 $\lambda_1=\lambda_2=1$,解 $(\boldsymbol{A}-\boldsymbol{E})\boldsymbol{x}=\boldsymbol{0}$,由

$$\boldsymbol{A}-\boldsymbol{E}=\begin{pmatrix}1 & 2 & -2\\ 2 & 4 & -4\\ -2 & -4 & 4\end{pmatrix}\overset{r}{\sim}\begin{pmatrix}1 & 2 & -2\\ 0 & 0 & 0\\ 0 & 0 & 0\end{pmatrix},$$

得正交的基础解系

$$\boldsymbol{\xi}_1=\begin{pmatrix}2\\1\\2\end{pmatrix},\quad \boldsymbol{\xi}_2=\begin{pmatrix}-2\\2\\1\end{pmatrix}.$$

对于 $\lambda_3=10$,解 $(\boldsymbol{A}-10\boldsymbol{E})\boldsymbol{x}=\boldsymbol{0}$,由

$$\boldsymbol{A}-10\boldsymbol{E}=\begin{pmatrix}-8 & 2 & -2\\ 2 & -5 & -4\\ -2 & -4 & -5\end{pmatrix}\overset{r}{\sim}\begin{pmatrix}2 & 0 & 1\\ 0 & 1 & 1\\ 0 & 0 & 0\end{pmatrix},$$

得基础解系

$$\boldsymbol{\xi}_3=\begin{pmatrix}1\\2\\-2\end{pmatrix}.$$

(4) 写出正交变换与标准形.将 $\boldsymbol{\xi}_1,\boldsymbol{\xi}_2,\boldsymbol{\xi}_3$ 单位化,得

$$\boldsymbol{p}_1=\frac{1}{3}\begin{pmatrix}2\\1\\2\end{pmatrix},\quad \boldsymbol{p}_2=\frac{1}{3}\begin{pmatrix}-2\\2\\1\end{pmatrix},\quad \boldsymbol{p}_3=\frac{1}{3}\begin{pmatrix}1\\2\\-2\end{pmatrix}.$$

令 $\boldsymbol{P}=(\boldsymbol{p}_1,\boldsymbol{p}_2,\boldsymbol{p}_3)=\frac{1}{3}\begin{pmatrix}2 & -2 & 1\\ 1 & 2 & 2\\ 2 & 1 & -2\end{pmatrix}$,则 $\boldsymbol{P}$ 为正交矩阵,且在正交变换 $\boldsymbol{x}=\boldsymbol{P}\boldsymbol{y}$ 下,可将二次型 f 化为标准形

$$f=y_1^2+y_2^2+10y_3^2.$$

由于线性变换 $\boldsymbol{x}=\boldsymbol{P}\boldsymbol{y}$ 为正交变换,故以上化二次型为标准形的方法被称为正交变换法.

例 4 设二次型

$$f(x_1,x_2,x_3,x_4)=2x_1x_2+2x_1x_3-2x_1x_4-2x_2x_3+2x_2x_4+2x_3x_4,$$

用正交变换法化 $f(x_1,x_2,x_3,x_4)$ 为标准形,并求所用的正交变换.

解 二次型 f 对应的矩阵

$$\boldsymbol{A}=\begin{pmatrix}0&1&1&-1\\1&0&-1&1\\1&-1&0&1\\-1&1&1&0\end{pmatrix}.$$

由

$$|\boldsymbol{A}-\lambda\boldsymbol{E}|=\begin{vmatrix}-\lambda&1&1&-1\\1&-\lambda&-1&1\\1&-1&-\lambda&1\\-1&1&1&-\lambda\end{vmatrix}=(1-\lambda)\begin{vmatrix}1&1&1&1\\1&-\lambda&-1&1\\1&-1&-\lambda&1\\-1&1&1&-\lambda\end{vmatrix}=(\lambda-1)^3(\lambda+3),$$

得 $\boldsymbol{A}$ 的特征值为 $\lambda_1=\lambda_2=\lambda_3=1,\lambda_4=-3$.

对于 $\lambda_1=\lambda_2=\lambda_3=1$,解 $(\boldsymbol{A}-\boldsymbol{E})\boldsymbol{x}=\boldsymbol{0}$,即 $x_1-x_2-x_3+x_4=0$,得到两两正交的基础解系

$$\boldsymbol{\xi}_1=\begin{pmatrix}1\\1\\0\\0\end{pmatrix},\quad \boldsymbol{\xi}_2=\begin{pmatrix}0\\0\\1\\1\end{pmatrix},\quad \boldsymbol{\xi}_3=\begin{pmatrix}1\\-1\\1\\-1\end{pmatrix}.$$

对于 $\lambda_4=-3$,解 $(\boldsymbol{A}+3\boldsymbol{E})\boldsymbol{x}=\boldsymbol{0}$,由

$$\boldsymbol{A}+3\boldsymbol{E}=\begin{pmatrix}3&1&1&-1\\1&3&-1&1\\1&-1&3&1\\-1&1&1&3\end{pmatrix}\overset{r}{\sim}\begin{pmatrix}1&0&0&-1\\0&1&0&1\\0&0&1&1\\0&0&0&0\end{pmatrix},$$

得基础解系

$$\boldsymbol{\xi}_4=\begin{pmatrix}1\\-1\\-1\\1\end{pmatrix}.$$

显然 $\boldsymbol{\xi}_1,\boldsymbol{\xi}_2,\boldsymbol{\xi}_3,\boldsymbol{\xi}_4$ 两两正交,下面将其单位化得

$$\boldsymbol{p}_1=\begin{pmatrix}\frac{1}{\sqrt{2}}\\\frac{1}{\sqrt{2}}\\0\\0\end{pmatrix},\quad \boldsymbol{p}_2=\begin{pmatrix}0\\0\\\frac{1}{\sqrt{2}}\\\frac{1}{\sqrt{2}}\end{pmatrix},\quad \boldsymbol{p}_3=\begin{pmatrix}\frac{1}{2}\\-\frac{1}{2}\\\frac{1}{2}\\-\frac{1}{2}\end{pmatrix},\quad \boldsymbol{p}_4=\begin{pmatrix}\frac{1}{2}\\-\frac{1}{2}\\-\frac{1}{2}\\\frac{1}{2}\end{pmatrix}.$$

于是得到正交矩阵

$$P=(p_1,p_2,p_3,p_4)=\begin{pmatrix}\frac{1}{\sqrt{2}} & 0 & \frac{1}{2} & \frac{1}{2}\\ \frac{1}{\sqrt{2}} & 0 & -\frac{1}{2} & -\frac{1}{2}\\ 0 & \frac{1}{\sqrt{2}} & \frac{1}{2} & -\frac{1}{2}\\ 0 & \frac{1}{\sqrt{2}} & -\frac{1}{2} & \frac{1}{2}\end{pmatrix},$$

在正交变换 $x=Py$ 下，化二次型 f 为标准形

$$f=y_1^2+y_2^2+y_3^2-3y_4^2.$$

例 5 设二次型 $f(x_1,x_2,x_3)=5x_1^2+5x_2^2+cx_3^2-2x_1x_2+6x_1x_3-6x_2x_3$，$f$ 的秩为 2.

(1) 求 c；

(2) 用正交变换法化 $f(x_1,x_2,x_3)$ 为标准形；

(3) $f(x_1,x_2,x_3)=1$ 表示哪类二次曲面?

解 (1) 二次型 f 的矩阵

$$A=\begin{pmatrix}5 & -1 & 3\\ -1 & 5 & -3\\ 3 & -3 & c\end{pmatrix},$$

因为二次型 f 的秩与矩阵 A 的秩相等，所以 $R(A)=2$，于是 $|A|=0$，解之得 $c=3$.

(2) 由

$$|A-\lambda E|=\begin{vmatrix}5-\lambda & -1 & 3\\ -1 & 5-\lambda & -3\\ 3 & -3 & 3-\lambda\end{vmatrix}=-\lambda(4-\lambda)(9-\lambda),$$

得特征值 $\lambda_1=0,\lambda_2=4,\lambda_3=9$.

对于 $\lambda_1=0$，解 $Ax=\mathbf{0}$，由

$$A=\begin{pmatrix}5 & -1 & 3\\ -1 & 5 & -3\\ 3 & -3 & 3\end{pmatrix}\overset{r}{\sim}\begin{pmatrix}1 & 0 & \frac{1}{2}\\ 0 & 1 & -\frac{1}{2}\\ 0 & 0 & 0\end{pmatrix},$$

得基础解系

$$\xi_1=\begin{pmatrix}-1\\ 1\\ 2\end{pmatrix}.$$

对于 $\lambda_2=4$，解 $(\boldsymbol{A}-4\boldsymbol{E})\boldsymbol{x}=\boldsymbol{0}$，由

$$\boldsymbol{A}-4\boldsymbol{E}=\begin{pmatrix}1&-1&3\\-1&1&-3\\3&-3&-1\end{pmatrix}\overset{r}{\sim}\begin{pmatrix}1&-1&0\\0&0&1\\0&0&0\end{pmatrix},$$

得基础解系

$$\boldsymbol{\xi}_2=\begin{pmatrix}1\\1\\0\end{pmatrix}.$$

对于 $\lambda_3=9$，解 $(\boldsymbol{A}-9\boldsymbol{E})\boldsymbol{x}=\boldsymbol{0}$，由

$$\boldsymbol{A}-9\boldsymbol{E}=\begin{pmatrix}-4&-1&3\\-1&-4&-3\\3&-3&-6\end{pmatrix}\overset{r}{\sim}\begin{pmatrix}1&0&-1\\0&1&1\\0&0&0\end{pmatrix},$$

得基础解系

$$\boldsymbol{\xi}_3=\begin{pmatrix}1\\-1\\1\end{pmatrix}.$$

显然 $\boldsymbol{\xi}_1,\boldsymbol{\xi}_2,\boldsymbol{\xi}_3$ 两两正交，下面将其单位化，得

$$\boldsymbol{p}_1=\begin{pmatrix}-\frac{1}{\sqrt{6}}\\\frac{1}{\sqrt{6}}\\\frac{2}{\sqrt{6}}\end{pmatrix},\quad \boldsymbol{p}_2=\begin{pmatrix}\frac{1}{\sqrt{2}}\\\frac{1}{\sqrt{2}}\\0\end{pmatrix},\quad \boldsymbol{p}_3=\begin{pmatrix}\frac{1}{\sqrt{3}}\\-\frac{1}{\sqrt{3}}\\\frac{1}{\sqrt{3}}\end{pmatrix}.$$

令 $\boldsymbol{P}=(\boldsymbol{p}_1,\boldsymbol{p}_2,\boldsymbol{p}_3)$，则可构造一个正交矩阵

$$\boldsymbol{P}=\begin{pmatrix}-\frac{1}{\sqrt{6}}&\frac{1}{\sqrt{2}}&\frac{1}{\sqrt{3}}\\\frac{1}{\sqrt{6}}&\frac{1}{\sqrt{2}}&-\frac{1}{\sqrt{3}}\\\frac{2}{\sqrt{6}}&0&\frac{1}{\sqrt{3}}\end{pmatrix},$$

在正交变换 $\boldsymbol{x}=\boldsymbol{P}\boldsymbol{y}$ 下，可化二次型 f 为标准形

$$f=0y_1^2+4y_2^2+9y_3^2=4y_2^2+9y_3^2.$$

(3) 因为 $f(x_1,x_2,x_3)=1$ 在正交变换下可化为 $4y_2^2+9y_3^2=1$，所以 $f(x_1,x_2,x_3)=1$ 表示椭圆柱面.

6.3 配方法化二次型为标准形

用正交变换法化二次型为标准形，具有保持几何形状不变的特点，但计算较复杂，其实在化二次型为标准形时，除了使用正交变换法外，还有多种方法(对应有多个可逆的线性变换)可把二次型化为标准形，如配方法、初等变换法等.这里只介绍拉格朗日配方法.

配方法的主要步骤如下.

(1) 如果式(6.4)表示的二次型 $f(x_1,x_2,\cdots,x_n)$ 中至少有一个平方项系数不为零，不妨设 $a_{11}\neq 0$，则可以将所有含 x_1 的乘积项集中，然后配方，即

$$\begin{aligned}
f(x_1,x_2,\cdots,x_n)&=a_{11}x_1^2+2\sum_{j=2}^{n}a_{1j}x_1x_j+\sum_{i=2}^{n}\sum_{j=2}^{n}a_{ij}x_ix_j\\
&=\frac{1}{a_{11}}\Big((a_{11}x_1)^2+2a_{11}x_1\sum_{j=2}^{n}a_{1j}x_j\Big)+\sum_{i=2}^{n}\sum_{j=2}^{n}a_{ij}x_ix_j\\
&=\frac{1}{a_{11}}(\sum_{j=1}^{n}a_{1j}x_j)^2-\frac{1}{a_{11}}(\sum_{j=2}^{n}a_{1j}x_j)^2+\sum_{i=2}^{n}\sum_{j=2}^{n}a_{ij}x_ix_j.
\end{aligned}$$

令

$$g(x_2,x_3,\cdots,x_n)=-\frac{1}{a_{11}}(\sum_{j=2}^{n}a_{1j}x_j)^2+\sum_{i=2}^{n}\sum_{j=2}^{n}a_{ij}x_ix_j=\sum_{i=2}^{n}\sum_{j=2}^{n}b_{ij}x_ix_j,\tag{6.11}$$

并作线性变换

$$\begin{cases}y_1=\sum\limits_{j=1}^{n}a_{1j}x_j,\\ y_2=x_2,\\ \quad\vdots\\ y_n=x_n,\end{cases}$$

即

$$\boldsymbol{y}=\boldsymbol{D}\boldsymbol{x},$$

其中

$$\boldsymbol{D}=\begin{pmatrix}a_{11}&a_{12}&\cdots&a_{1n}\\ &1&\cdots&0\\ &&\ddots&\vdots\\ &&&1\end{pmatrix}\quad(|\boldsymbol{D}|=a_{11}\neq 0).$$

记 $\boldsymbol{C}=\boldsymbol{D}^{-1}$，则当 $\boldsymbol{x}=\boldsymbol{C}\boldsymbol{y}$ 时，有

$$f(x_1,x_2,\cdots,x_n)=\frac{1}{a_{11}}y_1^2+g(x_2,x_3,\cdots,x_n),$$

其中 $g(x_2,x_3,\cdots,x_n)$ 是只含变量 $y_2,y_3,\cdots,y_n$ 的二次型.若 g 的平方项系数还有不为零的话,重复以上步骤,再次用配方法化简.当所有平方项系数都为零时,则讨论下面这种情况.

(2) 若二次型的所有平方项系数都为零,即

$$f(x_1,x_2,\cdots,x_n)=2\sum_{1\leqslant i<j\leqslant n}^{n}a_{ij}x_ix_j,$$

取一个不为零的 $a_{ij}(i<j)$,不妨设 $a_{12}\neq 0$,作变换

$$\begin{cases}x_1=y_1+y_2,\\x_2=y_1-y_2,\\x_k=y_k(k=3,\cdots,n),\end{cases}$$

即

$$\boldsymbol{x}=\boldsymbol{C}\boldsymbol{y},$$

其中

$$\boldsymbol{C}=\begin{pmatrix}1&1&0&\cdots&0\\1&-1&0&\cdots&0\\0&0&1&\cdots&0\\\vdots&\vdots&\vdots&&\vdots\\0&0&0&\cdots&1\end{pmatrix}\quad(|\boldsymbol{C}|=-2\neq 0),$$

此时第(2)类问题就转化成了第(1)类问题.

例 6　设二次型 $f(x_1,x_2,x_3)=2x_1^2+5x_2^2+5x_3^2+4x_1x_2-4x_1x_3-8x_2x_3$,用配方法化 $f(x_1,x_2,x_3)$ 为标准形.

解　由于 f 中含有变量 x_1 的平方项,故可把所有含 x_1 的项集中起来,配方可得

$$\begin{aligned}f&=2x_1^2+5x_2^2+5x_3^2+4x_1x_2-4x_1x_3-8x_2x_3\\&=2[x_1^2+2x_1(x_2-x_3)]+5x_2^2+5x_3^2-8x_2x_3\\&=2(x_1+x_2-x_3)^2+3x_2^2-4x_2x_3+3x_3^2\\&=2(x_1+x_2-x_3)^2+3\left(x_2-\frac{2}{3}x_3\right)^2+\frac{5}{3}x_3^2.\end{aligned}$$

令 $\begin{cases}y_1=x_1+x_2-x_3,\\y_2=x_2-\dfrac{2}{3}x_3,\\y_3=x_3,\end{cases}$　即 $\begin{cases}x_1=y_1-y_2+\dfrac{1}{3}y_3,\\x_2=y_2+\dfrac{2}{3}y_3,\\x_3=y_3,\end{cases}$ 亦即

$$x=\begin{pmatrix}1 & -1 & \frac{1}{3}\\ 0 & 1 & \frac{2}{3}\\ 0 & 0 & 1\end{pmatrix}y\overset{\Delta}{=}Cy.$$

于是在可逆变换 $x=Cy$ 中,就把 f 化成标准形

$$f=2y_1^2+3y_2^2+\frac{5}{3}y_3^2.$$

注:(1) 例 6 中用配方法得到的标准形与例 3 中用正交变换法得到的标准形不一样.

(2) 用配方法化二次型成标准形用的是可逆线性变换,但平方项的系数与 A 的特征值无关.

例 7 化二次型

$$f=x_1x_2+x_2x_3+x_1x_3$$

成规范形,并求所用的变换矩阵.

解 在 f 中不含平方项,属于第(2) 种情形.令

$$\begin{cases}x_1=y_1+y_2,\\ x_2=y_1-y_2,\\ x_3=y_3,\end{cases}$$

即

$$x=\begin{pmatrix}1 & 1 & 0\\ 1 & -1 & 0\\ 0 & 0 & 1\end{pmatrix}y\overset{\Delta}{=}C_1y,$$

则

$$f=y_1^2-y_2^2+(y_1+y_2)y_3+(y_1-y_2)y_3=y_1^2-y_2^2+2y_1y_3,$$

再配方得

$$f=(y_1+y_3)^2-y_2^2-y_3^2.$$

再令

$$\begin{cases}z_1=y_1+y_3,\\ z_2=y_2,\\ z_3=y_3,\end{cases}\quad 即 \quad \begin{cases}y_1=z_1-z_3,\\ y_2=z_2,\\ y_3=z_3,\end{cases}$$

亦即

$$y=\begin{pmatrix}1&0&-1\\0&1&0\\0&0&1\end{pmatrix}z\overset{\Delta}{=}C_2z,$$

就把 f 化成规范形

$$f=z_1^2-z_2^2-z_3^2.$$

所用变换矩阵为

$$C=C_1C_2=\begin{pmatrix}1&1&0\\1&-1&0\\0&0&1\end{pmatrix}\begin{pmatrix}1&0&-1\\0&1&0\\0&0&1\end{pmatrix}=\begin{pmatrix}1&1&-1\\1&-1&-1\\0&0&1\end{pmatrix}\quad(|C|=-2\neq 0).$$

对于一般的二次型都可用上面所介绍的配方法找到可逆变换，把二次型化为标准形(或规范形)，但在变量个数较多时，计算往往比较复杂，故不常采用.

6.4 正定二次型

6.4.1 惯性定理

由例 3 和例 6 知，二次型的标准形不是唯一的，它与所取的可逆线性变换有关.但是，不同的标准形中系数不等于零的平方项的项数是相同的，都等于二次型的秩.不仅如此，在限定变换为实变换时，标准形中正系数的个数是不变的(从而负系数的个数也不变)，这就是惯性定理.

定理 3(惯性定理) 设二次型 $f=x^TAx$ 的秩为 r，若有 2 个可逆变换

$$x=Py$$

和

$$x=Cz$$

使二次型 f 可化为

$$f=k_1y_1^2+k_2y_2^2+\cdots+k_ry_r^2\quad(k_i\neq 0,i=1,2,\cdots,r)$$

及

$$f=\lambda_1z_1^2+\lambda_2z_2^2+\cdots+\lambda_rz_r^2\quad(\lambda_i\neq 0,i=1,2,\cdots,r),$$

则 $k_1,k_2,\cdots,k_r$ 中正数的个数与 $\lambda_1,\lambda_2,\cdots,\lambda_r$ 正数的个数相等.

定理 3 在这里不予证明.

定义 3 二次型 f 的标准形中正系数的个数称为 f 的正惯性指数，负系数的个数称为负惯性指数.正惯性指数与负惯性指数之和等于二次型的秩.

比较常用的二次型是正惯性指数或负惯性指数等于 n 的 n 元二次型.

6.4.2 正定二次型及正定矩阵

定义 4 设有实二次型 $f(\boldsymbol{x})=\boldsymbol{x}^{\mathrm{T}}\boldsymbol{A}\boldsymbol{x}$，如果对任意非零向量 $\boldsymbol{x}$，恒有 $f(\boldsymbol{x})>0$，则称 f 为正定二次型，并称实对称矩阵 $\boldsymbol{A}$ 是正定矩阵；如果对任意非零向量 $\boldsymbol{x}$，恒有 $f(\boldsymbol{x})<0$，则称 f 为负定二次型，并称实对称矩阵 $\boldsymbol{A}$ 是负定矩阵.

我们主要讨论正定二次型.判定一个二次型是否是正定二次型，除了用定义外，还可以用它的标准形和它所对应的矩阵.

定理 4 n 元实二次型 $f=\boldsymbol{x}^{\mathrm{T}}\boldsymbol{A}\boldsymbol{x}$ 为正定二次型的充分必要条件是：它的标准形中 n 个平方项的系数全为正(即 f 的正惯性指数等于 n).

证明 设可逆变换 $\boldsymbol{x}=\boldsymbol{C}\boldsymbol{y}$ 使

$$f=f(\boldsymbol{x})=f(\boldsymbol{C}\boldsymbol{y})=k_1y_1^2+k_2y_2^2+\cdots+k_ny_n^2.$$

充分性.设 $k_1,k_2,\cdots,k_n$ 全为正数，任给 $\boldsymbol{x}\neq\boldsymbol{0}$，则 $\boldsymbol{y}=\boldsymbol{C}^{-1}\boldsymbol{x}\neq\boldsymbol{0}$，故

$$f(\boldsymbol{x})=k_1y_1^2+k_2y_2^2+\cdots+k_ny_n^2>0.$$

必要性.反证法，假设存在某个 $k_t\leqslant 0$，取 $\boldsymbol{y}=\boldsymbol{e}_t$(单位坐标向量)，则

$$f=k_ty_t^2=k_t\leqslant 0.$$

由于 $\boldsymbol{x}=\boldsymbol{C}\boldsymbol{y}=\boldsymbol{C}\boldsymbol{e}_t\neq\boldsymbol{0}$，即存在非零向量 $\boldsymbol{x}$，使 $f\leqslant 0$，这与 f 是正定的相矛盾，故 $k_i>0(i=1,2,\cdots,n)$.

例 8 判定二次型 $f=x_1x_2+x_2x_3+x_1x_3$ 的正定性.

解 由例 7 知 f 的标准形为

$$f=z_1^2-z_2^2-z_3^2,$$

因为 f 的正惯性指数 $r=1\neq 3$，故 f 不是正定二次型.

由于在正交变换下二次型的标准形中平方项的系数是它的矩阵的特征值，于是得到下面的结论.

推论 2 实二次型 $f=\boldsymbol{x}^{\mathrm{T}}\boldsymbol{A}\boldsymbol{x}$ 正定(实对称矩阵 $\boldsymbol{A}$ 正定)的充分必要条件是 $\boldsymbol{A}$ 的特征值全为正.

由定理 4 还可以得到，正定二次型 $f(x_1,x_2,\cdots,x_n)$ 的规范形为

$$f=y_1^2+y_2^2+\cdots+y_n^2. \tag{6.12}$$

因为二次型(6.12)的矩阵是单位矩阵 $\boldsymbol{E}$，所以实对称矩阵正定的充分必要条件是它与 $\boldsymbol{E}$ 合同，即存在可逆矩阵 $\boldsymbol{C}$，使 $\boldsymbol{C}^{\mathrm{T}}\boldsymbol{A}\boldsymbol{C}=\boldsymbol{E}$.

例 9 设 $\boldsymbol{A}$ 是正定矩阵，试证 $\boldsymbol{A}^{-1}$ 也是正定矩阵.

证明 正定矩阵的特征值全为正，所以它是满秩矩阵，故 $\boldsymbol{A}^{-1}$ 是存在的.

又 $\boldsymbol{A}$ 是对称矩阵，即 $\boldsymbol{A}^{\mathrm{T}}=\boldsymbol{A}$，则 $(\boldsymbol{A}^{-1})^{\mathrm{T}}=(\boldsymbol{A}^{\mathrm{T}})^{-1}=\boldsymbol{A}^{-1}$，即 $\boldsymbol{A}^{-1}$ 也是对称矩阵.下面证明 $\boldsymbol{A}^{-1}$ 正定.

方法一：用特征值证明.设 λ 是 $\boldsymbol{A}$ 的特征值，则 λ^{-1} 是 $\boldsymbol{A}^{-1}$ 的特征值.已知 $\boldsymbol{A}$ 的特征值全

大于零，所以 A^{-1} 的特征值也全大于零，故 A^{-1} 也是正定矩阵.

方法二:用定义证明.对二次型 $f=x^TA^{-1}x$ 作变换，令 $x=Ay$，则

$$f=(Ay)^TA^{-1}(Ay)=y^TA^Ty=y^TAy.$$

因 A 可逆时，$x\neq 0\Leftrightarrow y\neq 0$，又 A 正定，则对于任意 $y\neq 0$，恒有 $f=y^TAy>0$.故对于任意 $x\neq 0$ 恒有 $f=x^TA^{-1}x>0$，因此 A^{-1} 正定.

方法三:用合同关系证明.显然 A 与 E 合同，即存在可逆矩阵 C，使 $C^TAC=E$，于是 $(C^TAC)^{-1}=E^{-1}$，即 $C^{-1}A^{-1}(C^{-1})^T=E$，取 $D=(C^{-1})^T$，则 $D^TA^{-1}D=E$（其中 D 可逆），故 A^{-1} 正定.

定理 5　实二次型 $f=x^TAx$ 为正定二次型的充分必要条件是 A 的各阶顺序主子式全大于零；为负定二次型的充分必要条件是 A 的奇数阶顺序主子式全小于零，而偶数阶顺序主子式全大于零.其中 A 的 k 阶顺序主子式是由 A 的前 k 行前 k 列交叉处元素构成的 k 阶子式.

定理 5 称为赫尔维茨(Hurwitz) 定理，这里不予证明.

例 10　当 λ 为何值时，二次型

$$f=x_1^2+4x_2^2+2x_3^2+2\lambda x_1x_2+2x_1x_3$$

是正定的?

解　二次型 f 的矩阵

$$A=\begin{pmatrix}1&\lambda&1\\\lambda&4&0\\1&0&2\end{pmatrix}.$$

由于二次型为正定的充分必要条件是 A 的各阶主子式全大于零，所以有

$$a_{11}=1>0,\begin{vmatrix}1&\lambda\\\lambda&4\end{vmatrix}=4-\lambda^2>0,\quad |A|=\begin{vmatrix}1&\lambda&1\\\lambda&4&0\\1&0&2\end{vmatrix}=4-2\lambda^2>0,$$

解得

$$-\sqrt{2}<\lambda<\sqrt{2}.$$

故当 $-\sqrt{2}<\lambda<\sqrt{2}$ 时，f 是正定的.

例 11　判别 $2x^2+2xy+y^2=3$ 是何种类型的曲线.

解　设 $f=2x^2+2xy+y^2$，则 f 的矩阵为

$$A=\begin{pmatrix}2&1\\1&1\end{pmatrix}.$$

因为

$$a_{11}=2>0,\quad |A|=1>0,$$

所以 f 是正定二次型.于是存在实的可逆变换

$$\begin{pmatrix} x \\ y \end{pmatrix} = \boldsymbol{C}\begin{pmatrix} x' \\ y' \end{pmatrix},$$

在此变换下,可将二次型化成标准形

$$f = a'x'^2 + b'y'^2 \quad (a' > 0, \quad b' > 0).$$

相应地,曲线方程化为 $a'x'^2 + b'y'^2 = 3$,显然是椭圆方程,故曲线 $2x^2 + 2xy + y^2 = 3$ 表示椭圆.

一般地,设 $f(x,y)$ 是二元正定二次型,则 $f(x,y) = c$($c > 0$,为常数)的图形是以原点为中心的椭圆,当把 c 看作任意常数时,则是一族椭圆.这族椭圆随着 $c \to 0$ 而收缩到原点.当 f 为三元正定二次型时,$f(x,y,z) = c$(c 为大于零的任意常数)的图形是一族椭球.

在实际应用中,也会遇到半正定、半负定及不定的二次型,这里我们不作介绍.

小　　结

本章给出了二次型、二次型的标准形、二次型的规范形的概念,研究了用可逆线性变换化二次型成标准形问题,所采取的方法是正交变换法和配方法,并给出了正定二次型的定义和判别方法.

二次型与实对称矩阵之间是一一对应的关系.一方面,二次型可以用实对称矩阵表示,从而可用矩阵的理论与方法进行研究;另一方面,实对称矩阵的问题也可转化为用二次型的思想方法来处理.

对于任一个二次型可以用正交变换法、配方法将其化为标准形,也就是说,一个二次型可用多个可逆线性变换化其为标准形,而且标准形也不是唯一的,但是惯性定理告诉我们,各标准形中的非零项数却是相同的,它等于二次型的矩阵的秩,也等于该矩阵非零特征值的个数,并且各标准形中正、负惯性指数保持不变.

另外,正定二次型(对应正定矩阵)是一类重要的二次型,判定二次型的正定性是本章的一个重点.对于一个 n 元二次型 $f = \boldsymbol{x}^{\mathrm{T}}\boldsymbol{A}\boldsymbol{x}$,通常有以下几种判别方法来判定它是正定的:一是定义,对于任意 $\boldsymbol{x} \neq \boldsymbol{0}$,都有 $f(\boldsymbol{x}) = \boldsymbol{x}^{\mathrm{T}}\boldsymbol{A}\boldsymbol{x} > 0$;二是各阶顺序主子式全大于0;三是所有特征值全为正;四是正惯性指数 $p = n$;五是 f 的标准形中平方项的系数全为正;六是 $\boldsymbol{A}$ 与单位矩阵 $\boldsymbol{E}$ 合同或 f 的规范形为 $f = y_1^2 + y_2^2 + \cdots + y_n^2$.

习　题　六

A

1. 填空题.

(1) 二次型 $f(\boldsymbol{x})=\boldsymbol{x}^{\mathrm{T}}\begin{pmatrix}3 & 1\\ 2 & 2\end{pmatrix}\boldsymbol{x}$ 的矩阵是 ______.

(2) 设二次型 $f(\boldsymbol{x})=\boldsymbol{x}^{\mathrm{T}}\boldsymbol{A}\boldsymbol{x}$ 的秩为 1，$\boldsymbol{A}$ 中各行元素之和为 3，则 f 在正交变换 $\boldsymbol{x}=\boldsymbol{Q}\boldsymbol{y}$ 下的标准形为 ______.

(3) 二次型 $f(x_1,x_2,x_3)=x_1^2+3x_2^2+x_3^2+2x_1x_2+2x_1x_3+2x_2x_3$，则 f 的正惯性指数为 ______.

(4) 设 $f=\boldsymbol{x}^{\mathrm{T}}\boldsymbol{A}\boldsymbol{x}$ 的秩为 2，且三阶实对称矩阵 $\boldsymbol{A}$ 满足 $\boldsymbol{A}^2+\boldsymbol{A}=\boldsymbol{O}$，则 $f=\boldsymbol{x}^{\mathrm{T}}\boldsymbol{A}\boldsymbol{x}$ 的规范形可以表示为 ______.

(5) 若二次曲面的方程 $x^2+3y^2+z^2+2axy+2xz+2yz=4$，经正交变换化成标准形为 $y_1^2+4z_1^2=4$，则 $a=$ ______.

2. 求一个正交变换，化下列二次型成标准形：

(1) $f=x_1^2+x_3^2+2x_1x_2-2x_2x_3$；

(2) $f=x_1^2+x_2^2+x_3^2+x_4^2+2x_1x_2-2x_1x_4-2x_2x_3+2x_3x_4$.

3. 已知实二次型 $f(x_1,x_2,x_3)=a(x_1^2+x_2^2+x_3^2)+4x_1x_2+4x_1x_3+4x_2x_3$，经正交变换 $\boldsymbol{x}=\boldsymbol{P}\boldsymbol{y}$ 可化成标准形 $f=6y_1^2$. 求：

(1) a；

(2) 正交变换 $\boldsymbol{x}=\boldsymbol{P}\boldsymbol{y}$.

4. 求一个正交变换把二次曲面的方程

$$2x^2+y^2-4xy-4yz=1$$

化成标准方程.

5. 证明：二次型 $f=\boldsymbol{x}^{\mathrm{T}}\boldsymbol{A}\boldsymbol{x}$ 在 $\|\boldsymbol{x}\|=1$ 时的最大值是方阵 $\boldsymbol{A}$ 的最大特征值.

6. 用配方法化下列二次型为标准形，并求所用的可逆线性变换矩阵：

(1) $f=x_1^2+3x_2^2+5x_3^2+2x_1x_2-2x_1x_3+6x_2x_3$；

(2) $f=x_1x_2-4x_2x_3$.

7. 用配方法化二次型

$$f=4x_2^2-3x_3^2+4x_1x_2-4x_1x_3+8x_2x_3$$

为规范形，并求所用的可逆线性变换矩阵.

8. 判定下列二次型的正定性:

(1) $f(x_1,x_2,x_3)=3x_1^2+4x_2^2+5x_3^2+4x_1x_2-4x_2x_3$;

(2) $f(x_1,x_2,x_3)=-5x_1^2-6x_2^2-4x_3^2+4x_1x_2-4x_1x_3$.

9. 设 $\boldsymbol{A},\boldsymbol{B}$ 均是 n 阶正定矩阵,且 $\boldsymbol{AB}=\boldsymbol{BA}$,证明:$\boldsymbol{AB}$ 也是正定矩阵.

10. 问 a 为何值时,二次型 $f=x_1^2+x_2^2+5x_3^2+2ax_1x_2-2x_1x_3+4x_2x_3$ 为正定二次型?

11. 设矩阵 $\boldsymbol{A}=\begin{pmatrix}1&0&0\\0&t&1\\0&1&t^2\end{pmatrix}$ 是正定的,问 t 应满足什么条件?

12. 设 $\boldsymbol{A}$ 是 n 阶实对称矩阵,证明:对于充分小的正数 ε,$\boldsymbol{E}+\varepsilon\boldsymbol{A}$ 是正定矩阵.

13. 设 $\boldsymbol{A}$ 是正定矩阵,证明 $|\boldsymbol{E}+\boldsymbol{A}|>1$.

14. 已知二次型 $f(x_1,x_2,x_3)=3x_1^2+5x_2^2+tx_3^2+4x_1x_2-4x_1x_3-10x_2x_3$ 的秩为 2,求:

(1) 参数 t 及二次型对应的矩阵的特征值;

(2) 把 $f(x_1,x_2,x_3)=1$ 化成标准方程,并指出方程 $f(x_1,x_2,x_3)=1$ 表示何种二次曲面.

15. 证明:实对称矩阵 $\boldsymbol{A}$ 是正定的充分必要条件是存在可逆矩阵 $\boldsymbol{P}$,使 $\boldsymbol{A}=\boldsymbol{P}^{\mathrm{T}}\boldsymbol{P}$.

16. 设二次型 $f(x_1,x_2,x_3)=ax_1^2+2x_2^2-2x_3^2+2bx_1x_3\ (b>0)$,其中二次型的矩阵 $\boldsymbol{A}$ 的特征值之和为 1,特征值之积为 -12.

(1) 求 a,b 的值;

(2) 利用正交变换将二次型 f 化为标准形,并写出所用的正交变换.

17. 设矩阵 $\boldsymbol{A}=\begin{pmatrix}8&2&0\\2&8&0\\0&a&6\end{pmatrix}$ 相似于对角阵.

(1) 求 a;

(2) 求一个正交变换,将二次型 $f(x_1,x_2,x_3)=\boldsymbol{x}^{\mathrm{T}}\boldsymbol{A}\boldsymbol{x}$ 化为标准形.

B

18. 已知二次型 $f(x_1,x_2,x_3)=(1-a)x_1^2+(1-a)x_2^2+2x_3^2+2(1+a)x_1x_2$ 的秩为 2.

(1) 求 a 的值;

(2) 求正交变换 $\boldsymbol{x}=\boldsymbol{Q}\boldsymbol{y}$,把 $f(x_1,x_2,x_3)$ 化成标准形;

(3) 求方程 $f(x_1,x_2,x_3)=0$ 的解.

19. 设 $\boldsymbol{A}$ 为 n 阶实对称矩阵,$R(\boldsymbol{A})=n$,A_{ij} 是 $\boldsymbol{A}=(a_{ij})_{n\times n}$ 中元素 a_{ij} 的代数余子式,$i,j=1,2,\cdots,n$,二次型

$$f(x_1,x_2,\cdots,x_n)=\sum_{i=1}^{n}\sum_{j=1}^{n}\frac{A_{ij}}{|\boldsymbol{A}|}x_ix_j.$$

(1) 记 $\boldsymbol{X}=(x_1,x_2,\cdots,x_n)^{\mathrm{T}}$，把 $f(x_1,x_2,\cdots,x_n)$ 写成矩阵形式，并证明二次型 $f(\boldsymbol{X})$ 的矩阵为 $\boldsymbol{A}^{-1}$；

(2) 二次型 $g(\boldsymbol{X})=\boldsymbol{X}^{\mathrm{T}}\boldsymbol{A}\boldsymbol{X}$ 与 $f(\boldsymbol{X})$ 的规范形是否相同？说明理由.

20. 设二次型 $f(x_1,x_2,x_3)=ax_1^2+ax_2^2+(a-1)x_3^2+2x_1x_3-2x_2x_3$.

(1) 求二次型 f 的矩阵的所有特征值；

(2) 若二次型 f 的规范形为 $y_1^2+y_2^2$，求 a 的值.

21. 已知二次型 $f(x_1,x_2,x_3)=\boldsymbol{x}^{\mathrm{T}}\boldsymbol{A}\boldsymbol{x}$ 在正交变换 $\boldsymbol{x}=\boldsymbol{Q}\boldsymbol{y}$ 下的标准形为 $y_1^2+y_2^2$，且 $\boldsymbol{Q}$ 的第 3 列为 $\left(\frac{\sqrt{2}}{2},0,\frac{\sqrt{2}}{2}\right)^{\mathrm{T}}$.

(1) 求矩阵 $\boldsymbol{A}$；

(2) 证明 $\boldsymbol{A}+\boldsymbol{E}$ 为正定矩阵，其中 $\boldsymbol{E}$ 为 3 阶单位矩阵.

22. 已知 $\boldsymbol{A}=\begin{pmatrix}1&0&1\\0&1&1\\-1&0&a\\0&a&-1\end{pmatrix}$，二次型 $f(x_1,x_2,x_3)=\boldsymbol{x}^{\mathrm{T}}(\boldsymbol{A}^{\mathrm{T}}\boldsymbol{A})\boldsymbol{x}$ 的秩为 2.

(1) 求实数 a 的值；(2) 求正交变换 $\boldsymbol{x}=\boldsymbol{Q}\boldsymbol{y}$ 将 f 化为标准形.

23. 设二次型 $f(x_1,x_2,x_3)=(x_1-x_2+x_3)^2+(x_2+x_3)^2+(x_1+ax_3)^2$，其中 a 为参数.

(1) 求 $f(x_1,x_2,x_3)=0$ 的解；(2) 求 $f(x_1,x_2,x_3)$ 的规范形.

24. 设二次型 $f(x_1,x_2,x_3)=2(a_1x_1+a_2x_2+a_3x_3)^2+(b_1x_1+b_2x_2+b_3x_3)^2$，记 $\boldsymbol{\alpha}=\begin{pmatrix}a_1\\a_2\\a_3\end{pmatrix}$，$\boldsymbol{\beta}=\begin{pmatrix}b_1\\b_2\\b_3\end{pmatrix}$.

(1) 证明二次型 f 的矩阵为 $2\boldsymbol{\alpha}\boldsymbol{\alpha}^{\mathrm{T}}+\boldsymbol{\beta}\boldsymbol{\beta}^{\mathrm{T}}$；

(2) 若 $\boldsymbol{\alpha}$，$\boldsymbol{\beta}$ 正交且均为单位向量，证明 f 在正交变换下的标准形为 $2y_1^2+y_2^2$.

习题六部分参考答案

A

1.(1)$\boldsymbol{A}=\begin{pmatrix}3&\frac{3}{2}\\\frac{3}{2}&2\end{pmatrix}$；(2)$3y_1^2$；(3) 2；(4) $f=-y_1^2-y_2^2$；(5)$a=1$.

2. (1) $\boldsymbol{x}=\begin{pmatrix}\frac{1}{\sqrt{3}} & \frac{1}{\sqrt{2}} & -\frac{1}{\sqrt{6}}\\ \frac{1}{\sqrt{3}} & 0 & \frac{2}{\sqrt{6}}\\ -\frac{1}{\sqrt{3}} & \frac{1}{\sqrt{2}} & \frac{1}{\sqrt{6}}\end{pmatrix}\boldsymbol{y}, f=2y_1^2+y_2^2-y_3^2$;

(2) $\boldsymbol{x}=\begin{pmatrix}\frac{1}{\sqrt{2}} & 0 & \frac{1}{2} & -\frac{1}{2}\\ 0 & \frac{1}{\sqrt{2}} & -\frac{1}{2} & -\frac{1}{2}\\ \frac{1}{\sqrt{2}} & 0 & -\frac{1}{2} & \frac{1}{2}\\ 0 & \frac{1}{\sqrt{2}} & \frac{1}{2} & \frac{1}{2}\end{pmatrix}\boldsymbol{y}, f=y_1^2+y_2^2-y_3^2+3y_4^2$.

3. (1) 2; (2) $\boldsymbol{x}=\begin{pmatrix}\frac{1}{\sqrt{3}} & 0 & -\frac{2}{\sqrt{6}}\\ \frac{1}{\sqrt{3}} & \frac{-1}{\sqrt{2}} & \frac{1}{\sqrt{6}}\\ \frac{1}{\sqrt{3}} & \frac{1}{\sqrt{2}} & \frac{1}{\sqrt{6}}\end{pmatrix}\boldsymbol{y}$.

4. $\begin{pmatrix}x\\ y\\ z\end{pmatrix}=\frac{1}{3}\begin{pmatrix}-2 & 2 & 1\\ -1 & -2 & 2\\ 2 & 1 & 2\end{pmatrix}\begin{pmatrix}u\\ v\\ w\end{pmatrix}, u^2+4v^2-2w^2=1$.

6. (1) $f=y_1^2+2y_2^2-4y_3^2, \boldsymbol{C}=\begin{pmatrix}1 & -1 & 3\\ 0 & 1 & -2\\ 0 & 0 & 1\end{pmatrix}$ $(|\boldsymbol{C}|=1\neq 0)$;

(2) $f=z_1^2-z_2^2, \boldsymbol{C}=\begin{pmatrix}1 & 1 & 0\\ 1 & -1 & 0\\ 0 & 0 & 1\end{pmatrix}\begin{pmatrix}1 & 0 & 2\\ 0 & 1 & 2\\ 0 & 0 & 1\end{pmatrix}$ $(|\boldsymbol{C}|=-2\neq 0)$.

7. $f=y_1^2-y_2^2+y_3^2, \boldsymbol{C}=\begin{pmatrix}0 & 1 & -\frac{4}{3}\\ \frac{1}{2} & -\frac{1}{2} & \frac{1}{3}\\ 0 & 0 & \frac{1}{3}\end{pmatrix}$ $\left(|\boldsymbol{C}|=-\frac{1}{6}\neq 0\right)$.

8. (1) 正定;(2) 负定.

10. $-\frac{4}{5}<a<0$.

11. $t>1$.

14. (1)$t=5,\lambda_1=0,\lambda_2=2,\lambda_3=11$;(2) 椭圆柱面.

16. (1)$a=1,b=2$;(2)$f=2y_1^2+2y_2^2-3y_3^2,\boldsymbol{P}=\begin{pmatrix}\frac{2}{\sqrt{5}} & 0 & \frac{1}{\sqrt{5}}\\ 0 & 1 & 0\\ \frac{1}{\sqrt{5}} & 0 & \frac{2}{\sqrt{5}}\end{pmatrix}$.

17. (1)$a=0$;(2)$\boldsymbol{x}=\boldsymbol{Q}\boldsymbol{y}=\begin{pmatrix}0 & \frac{1}{\sqrt{2}} & \frac{1}{\sqrt{2}}\\ 0 & -\frac{1}{\sqrt{2}} & \frac{1}{\sqrt{2}}\\ 1 & 0 & 0\end{pmatrix}\boldsymbol{y},f=6y_1^2-3y_2^2-7y_3^2$.

B

18. (1)$a=0$;(2)$\boldsymbol{x}=\begin{pmatrix}\frac{1}{\sqrt{2}} & 0 & \frac{1}{\sqrt{2}}\\ \frac{1}{\sqrt{2}} & 0 & \frac{-1}{\sqrt{2}}\\ 0 & 1 & 0\end{pmatrix}\boldsymbol{y},f=2y_1^2+2y_2^2$;(3)$\boldsymbol{x}=k(1,-1,0)^{\mathrm{T}}$.

19. (1)$f(\boldsymbol{X})=(x_1,x_2,\cdots,x_n)\ \frac{1}{|\boldsymbol{A}|}\begin{pmatrix}A_{11} & A_{12} & \cdots & A_{n1}\\ A_{21} & A_{22} & \cdots & A_{n2}\\ \vdots & \vdots & & \vdots\\ A_{1n} & A_{2n} & \cdots & A_{nn}\end{pmatrix}\begin{pmatrix}x_1\\ x_2\\ \vdots\\ x_n\end{pmatrix},\boldsymbol{A}^{-1}=\frac{\boldsymbol{A}^*}{|\boldsymbol{A}|}$.

(2) 相同.

20. (1)$\lambda_1=a,\lambda_2=a+1,\lambda_3=a-2$;(2)$a=2$.

21. (1)$\boldsymbol{A}=\begin{pmatrix}\frac{1}{2} & 0 & -\frac{1}{2}\\ 0 & 1 & 0\\ -\frac{1}{2} & 0 & \frac{1}{2}\end{pmatrix}$.

22. (1)$a=-1$;(2)$\boldsymbol{x}=\begin{pmatrix} \frac{1}{\sqrt{3}} & \frac{1}{\sqrt{2}} & \frac{1}{\sqrt{6}} \\ \frac{1}{\sqrt{3}} & \frac{-1}{\sqrt{2}} & \frac{1}{\sqrt{6}} \\ \frac{-1}{\sqrt{3}} & 0 & \frac{2}{\sqrt{6}} \end{pmatrix}\boldsymbol{y}$,标准形为 $f=2y_2^2+6y_3^2$.

23. (1)$a\neq 2$ 时,$x_1=x_2=x_3=0$;$a=2$ 时,$\boldsymbol{x}=k(-2,-1,1)^{\mathrm{T}}$.

(2)$a\neq 2$ 时,$f=y_1^2+y_2^2+y_3^2$;$a=2$ 时,$f=w_1^2+w_2^2$.

* 第 7 章　线性空间与线性变换

线性空间是某一类事物从量这方面的一个抽象，线性变换是反映线性空间中元素间最基本的线性关系.本章主要介绍线性空间的概念、基本性质，线性空间的维数、基，线性变换的概念、运算与其矩阵表示.本章为选学内容.

7.1　线性空间的定义及其性质

7.1.1　线性空间的概念

定义 1　设 V 是一个非空集合，F 是一个数域.如果在 V 上定义了一种代数运算，称为加法运算：对任意的 $\boldsymbol{\alpha},\boldsymbol{\beta}\in V$，总有唯一确定的元素 $\boldsymbol{\gamma}\in V$ 与之对应，并称 $\boldsymbol{\gamma}$ 为 $\boldsymbol{\alpha}$ 与 $\boldsymbol{\beta}$ 的和，记为 $\boldsymbol{\gamma}=\boldsymbol{\alpha}+\boldsymbol{\beta}$（$V$ 关于加法运算封闭）.同时，在数域 F 与集合 V 之间还定义一种代数运算，称为数量乘法：对任意 $k\in F$ 与任意 $\boldsymbol{\alpha}\in V$，总有唯一确定的 $\boldsymbol{\delta}\in V$ 与之对应，并称 $\boldsymbol{\delta}$ 为 k 与 $\boldsymbol{\alpha}$ 的数量乘积，记为 $\boldsymbol{\delta}=k\boldsymbol{\alpha}$（$V$ 关于数乘运算封闭）.并且这两种运算满足下列 8 条运算规律：

(1) $\boldsymbol{\alpha}+\boldsymbol{\beta}=\boldsymbol{\beta}+\boldsymbol{\alpha}$；

(2) $(\boldsymbol{\alpha}+\boldsymbol{\beta})+\boldsymbol{\gamma}=\boldsymbol{\alpha}+(\boldsymbol{\beta}+\boldsymbol{\gamma})$；

(3) V 中有唯一元素 $\mathbf{0}$（称为零元素），对任意 $\boldsymbol{\alpha}\in V$ 有 $\boldsymbol{\alpha}+\mathbf{0}=\boldsymbol{\alpha}$；

(4) 对任意 $\boldsymbol{\alpha}\in V$，都有 $\boldsymbol{\alpha}$ 的负元素 $\boldsymbol{\beta}\in V$ 使得 $\boldsymbol{\alpha}+\boldsymbol{\beta}=\mathbf{0}$；

(5) $k(\boldsymbol{\alpha}+\boldsymbol{\beta})=k\boldsymbol{\alpha}+k\boldsymbol{\beta}$；

(6) $(k+l)\boldsymbol{\alpha}=k\boldsymbol{\alpha}+l\boldsymbol{\alpha}$；

(7) $k(l\boldsymbol{\alpha})=(kl)\boldsymbol{\alpha}$；

(8) $1\boldsymbol{\alpha}=\boldsymbol{\alpha}$.

称 V 为数域 F 上的线性空间（或向量空间）.V 中元素无论本来的性质如何，统称为向量.当 F 为实数域 $\mathbf{R}$ 时，V 称为实线性空间；当 F 为复数域 $\mathbf{C}$ 时，V 称为复线性空间.

简言之，凡是满足 8 条运算规律的加法运算与数乘运算称为线性运算；凡定义了线性运算的集合称为线性空间.

以下是几个线性空间的例子.

例 1　实数域 $\mathbf{R}$ 上的全体 $m\times n$ 矩阵组成的集合记为 $\mathbf{R}^{m\times n}$，按照矩阵加法与矩阵的数乘运算，构成实数域上的线性空间，其中零元素为 $m\times n$ 零矩阵.

例 2　定义在 $\mathbf{R}$ 上的函数构成的集合,按照函数的加法与数和函数的乘法运算,构成实数域上的线性空间,其中零元素为函数 $f(x)=0$.

例 3　实数域上次数不超过 n 的多项式全体记为 $P[x]_n$,即

$$P[x]_n=\{a_0x^n+a_1x^{n-1}+\cdots+a_{n-1}x+a_n \mid a_0,a_1,\cdots,a_n\in\mathbf{R}\},$$

按照通常多项式加法及数与多项式的乘法,构成一个线性空间.

例 4　实数域上次数等于 n 的多项式的全体按照通常多项式加法及数与多项式的乘法,不构成一个线性空间,因为这个集合关于加法或数乘运算不封闭.

7.1.2　线性空间的基本性质

下面介绍线性空间的性质.

性质 1　线性空间的零元素是唯一的.

证明　设 $\mathbf{0}_1,\mathbf{0}_2$ 是线性空间 V 的 2 个零元素,则对任意 $\boldsymbol{\alpha}\in V$,有 $\boldsymbol{\alpha}+\mathbf{0}_1=\boldsymbol{\alpha},\boldsymbol{\alpha}+\mathbf{0}_2=\boldsymbol{\alpha}$.于是,特别有

$$\mathbf{0}_2+\mathbf{0}_1=\mathbf{0}_2,\quad \mathbf{0}_1+\mathbf{0}_2=\mathbf{0}_1,$$

所以

$$\mathbf{0}_1=\mathbf{0}_1+\mathbf{0}_2=\mathbf{0}_2+\mathbf{0}_1=\mathbf{0}_2.$$

性质 2　任意元素的负元素是唯一的,将 $\boldsymbol{\alpha}$ 的负元素记为 $-\boldsymbol{\alpha}$.

证明　设 $\boldsymbol{\alpha}$ 有 2 个负元素 $\boldsymbol{\beta},\boldsymbol{\gamma}$,则 $\boldsymbol{\alpha}+\boldsymbol{\beta}=\mathbf{0},\boldsymbol{\alpha}+\boldsymbol{\gamma}=\mathbf{0}$.于是

$$\boldsymbol{\beta}=\boldsymbol{\beta}+\mathbf{0}=\boldsymbol{\beta}+(\boldsymbol{\alpha}+\boldsymbol{\gamma})=(\boldsymbol{\alpha}+\boldsymbol{\beta})+\boldsymbol{\gamma}=\mathbf{0}+\boldsymbol{\gamma}=\boldsymbol{\gamma}.$$

性质 3　$0\boldsymbol{\alpha}=\mathbf{0}$;$(-1)\boldsymbol{\alpha}=-\boldsymbol{\alpha}$;$\lambda\mathbf{0}=\mathbf{0}$.

证明　(1) 因为 $\boldsymbol{\alpha}+0\boldsymbol{\alpha}=1\boldsymbol{\alpha}+0\boldsymbol{\alpha}=(1+0)\boldsymbol{\alpha}=1\boldsymbol{\alpha}=\boldsymbol{\alpha}$,由于零元素唯一,所以 $0\boldsymbol{\alpha}=\mathbf{0}$;

(2) $\boldsymbol{\alpha}+(-1)\boldsymbol{\alpha}=[1+(-1)]\boldsymbol{\alpha}=0\boldsymbol{\alpha}=\mathbf{0}$,由于任意元素的负元素唯一,所以 $(-1)\boldsymbol{\alpha}=-\boldsymbol{\alpha}$;

(3) $\lambda\mathbf{0}=\lambda[\boldsymbol{\alpha}+(-1)\boldsymbol{\alpha}]=\lambda\boldsymbol{\alpha}+(-\lambda)\boldsymbol{\alpha}=[\lambda+(-\lambda)]\boldsymbol{\alpha}=0\boldsymbol{\alpha}=\mathbf{0}$.

性质 4　如果 $\lambda\boldsymbol{\alpha}=\mathbf{0}$,则 $\lambda=0$ 或 $\boldsymbol{\alpha}=\mathbf{0}$.

证明　若 $\boldsymbol{\alpha}\neq\mathbf{0}$,则 $\boldsymbol{\alpha}=1\boldsymbol{\alpha}=1\boldsymbol{\alpha}+\mathbf{0}=1\boldsymbol{\alpha}+\lambda\boldsymbol{\alpha}=(1+\lambda)\boldsymbol{\alpha}$,所以 $1+\lambda=1$,即 $\lambda=0$;若 $\lambda\neq0$,则 $\frac{1}{\lambda}(\lambda\boldsymbol{\alpha})=\frac{1}{\lambda}\mathbf{0}=\mathbf{0}$,而 $\frac{1}{\lambda}(\lambda\boldsymbol{\alpha})=\left(\lambda\ \frac{1}{\lambda}\right)\boldsymbol{\alpha}=1\boldsymbol{\alpha}=\boldsymbol{\alpha}$,所以 $\boldsymbol{\alpha}=\mathbf{0}$.

线性空间的子集也可以构成线性空间,称为子空间.

定义 2　设 V 是一个线性空间,L 是 V 的一个非空子集,如果 L 对 V 中定义的加法和数乘两种运算也构成一个线性空间,则称 L 为 V 的子空间.

线性空间 V 的一个满足什么条件的子集 L 才构成子空间呢?由于 L 是 V 的一部分,所以 V 的运算对于 L 来讲,运算规律(1)、(2)、(5)、(6)、(7)、(8) 显然满足,只要 L 对运算封闭且满足运算规律(3)、(4) 即可.又由线性空间的性质可知,若 L 对运算封闭,则就能满

足运算规律(3)、(4).于是有定理1.

定理1 线性空间V的非空子集L为V的子空间的充分必要条件是:L对V中定义的两种线性运算封闭.

7.2 基、维数与坐标

一般线性空间除只由一个零元素构成的零空间外,都有无穷多个元素,如何把这无穷多个元素全部表示出来,它们之间的关系又怎样,即线性空间的构造如何,这是一个重要的问题.另外,线性空间的元素是抽象的,如何使得它与数发生联系,用比较具体的数学式子表达,然后进行运算,这是另一个问题.这节主要解答这2个问题.为此,我们引入基与维数的概念.

7.2.1 线性空间的基与维数

定义3 在线性空间V中,如果存在n个元素$\boldsymbol{a}_1,\boldsymbol{a}_2,\cdots,\boldsymbol{a}_n$,满足:

(1) $\boldsymbol{a}_1,\boldsymbol{a}_2,\cdots,\boldsymbol{a}_n$线性无关;

(2) V中任意元素$\boldsymbol{\alpha}$能由$\boldsymbol{a}_1,\boldsymbol{a}_2,\cdots,\boldsymbol{a}_n$线性表示,

则称$\boldsymbol{a}_1,\boldsymbol{a}_2,\cdots,\boldsymbol{a}_n$为线性空间$V$的一个基,$n$称为线性空间$V$的维数.规定只含有零元素的线性空间没有基,零空间的维数为0.

维数为n的线性空间称为n维线性空间,通常记为V_n.需要说明的是,线性空间的维数可以是无穷的.对于无穷维线性空间,本书不进行讨论.

对于n维线性空间V_n,若$\boldsymbol{a}_1,\boldsymbol{a}_2,\cdots,\boldsymbol{a}_n$为线性空间$V_n$的一个基,则$V_n$可以表示为

$$V_n=\{\boldsymbol{\alpha}=x_1\boldsymbol{a}_1+x_2\boldsymbol{a}_2+\cdots+x_n\boldsymbol{a}_n \mid x_1,x_2,\cdots,x_n\in\mathbf{R}\},$$

即V_n是由基生成的线性空间,这就是线性空间V_n的构造.

若$\boldsymbol{a}_1,\boldsymbol{a}_2,\cdots,\boldsymbol{a}_n$为线性空间$V_n$的一个基,则对任意元素$\boldsymbol{\alpha}\in V_n$,都有一组有序数$x_1,x_2,\cdots,x_n$,使得

$$\boldsymbol{\alpha}=x_1\boldsymbol{a}_1+x_2\boldsymbol{a}_2+\cdots+x_n\boldsymbol{a}_n,$$

且这组数是唯一的.反之,任意给定一组有序数$x_1,x_2,\cdots,x_n$,总有唯一元素

$$\boldsymbol{\alpha}=x_1\boldsymbol{a}_1+x_2\boldsymbol{a}_2+\cdots+x_n\boldsymbol{a}_n\in V_n,$$

这样V_n中的元素$\boldsymbol{\alpha}$与有序数组$(x_1,x_2,\cdots,x_n)^{\mathrm{T}}$之间存在一个一一对应的关系,因此当线性空间$V_n$的基选定后,就可以用有序数组$(x_1,x_2,\cdots,x_n)^{\mathrm{T}}$来表示$V_n$的元素$\boldsymbol{\alpha}$.

7.2.2 线性空间中向量的坐标

定义4 设$\boldsymbol{a}_1,\boldsymbol{a}_2,\cdots,\boldsymbol{a}_n$为线性空间$V_n$的一个基,对任意元素$\boldsymbol{\alpha}\in V_n$,有唯一一组有序数$x_1,x_2,\cdots,x_n$,使得

$$\boldsymbol{\alpha}=x_1\boldsymbol{a}_1+x_2\boldsymbol{a}_2+\cdots+x_n\boldsymbol{a}_n,$$

有序数 $x_1,x_2,\cdots,x_n$ 称为元素 $\boldsymbol{\alpha}$ 在基 $\boldsymbol{a}_1,\boldsymbol{a}_2,\cdots,\boldsymbol{a}_n$ 下的坐标，记为

$$\boldsymbol{\alpha}=(x_1,x_2,\cdots,x_n)^{\mathrm{T}}.$$

例 5 求 $\mathbf{R}^3$ 中向量 $\boldsymbol{\alpha}=(1,2,1)$ 在基

$$\boldsymbol{a}_1=(1,1,1),\quad \boldsymbol{a}_2=(1,1,-1),\quad \boldsymbol{a}_3=(1,-1,-1)$$

下的坐标.

解 设所求的坐标为$(x_1,x_2,x_3)^{\mathrm{T}}$，那么

$$\boldsymbol{\alpha}=x_1\boldsymbol{a}_1+x_2\boldsymbol{a}_2+x_3\boldsymbol{a}_3,$$

即

$$x_1+x_2+x_3=1,\quad x_1+x_2-x_3=2,\quad x_1-x_2-x_3=1,$$

解得 $x_1=1,x_2=\dfrac{1}{2},x_3=-\dfrac{1}{2}$，于是所求坐标为$\left(1,\dfrac{1}{2},-\dfrac{1}{2}\right)^{\mathrm{T}}$.

例 6 在线性空间 $P[x]_3$ 中，$p_1=1,p_2=x,p_3=x^2,p_4=x^3$ 是它的一个基，三次多项式 $2x^3+3x^2-x+1$ 在这个基下的坐标为$(1,-1,3,2)^{\mathrm{T}}$.

对于 n 维线性空间 V_n，若 $\boldsymbol{a}_1,\boldsymbol{a}_2,\cdots,\boldsymbol{a}_n$ 为线性空间 V_n 的一个基，当选定该基后，线性空间的线性运算可以转化为 n 维有序数组的线性运算.

设 $\boldsymbol{\alpha},\boldsymbol{\beta}\in V_n$，有

$$\boldsymbol{\alpha}=x_1\boldsymbol{a}_1+x_2\boldsymbol{a}_2+\cdots+x_n\boldsymbol{a}_n,\quad \boldsymbol{\beta}=y_1\boldsymbol{a}_1+y_2\boldsymbol{a}_2+\cdots+y_n\boldsymbol{a}_n,$$

于是

$$\boldsymbol{\alpha}+\boldsymbol{\beta}=(x_1+y_1)\boldsymbol{a}_1+(x_2+y_2)\boldsymbol{a}_2+\cdots+(x_n+y_n)\boldsymbol{a}_n,$$
$$\lambda\boldsymbol{\alpha}=(\lambda x_1)\boldsymbol{a}_1+(\lambda x_2)\boldsymbol{a}_2+\cdots+(\lambda x_n)\boldsymbol{a}_n.$$

记 $\boldsymbol{\alpha}\leftrightarrow(x_1,x_2,\cdots,x_n)^{\mathrm{T}},\boldsymbol{\beta}\leftrightarrow(y_1,y_2,\cdots,y_n)^{\mathrm{T}}$，则

$$\boldsymbol{\alpha}+\boldsymbol{\beta}\leftrightarrow(x_1,x_2,\cdots,x_n)^{\mathrm{T}}+(y_1,y_2,\cdots,y_n)^{\mathrm{T}}=(x_1+y_1,x_2+y_2,\cdots,x_n+y_n)^{\mathrm{T}}$$
$$\lambda\boldsymbol{\alpha}\leftrightarrow((\lambda x_1),(\lambda x_2),\cdots,(\lambda x_n))^{\mathrm{T}}.$$

这说明线性空间 V_n 与 $\mathbf{R}^n$ 有相同结构，称 V_n 与 $\mathbf{R}^n$ 同构.

一般地，设 U 与 V 是 2 个线性空间，如果它们的元素之间有一一对应关系，且这个对应关系保持线性组合的对应，那么就称线性空间 U 与 V 同构.

由上述讨论可知，任何 n 维线性空间都与 $\mathbf{R}^n$ 同构，因此维数相同的线性空间都同构. 这样线性空间的结构完全由它的维数决定.

定理 2 n 维线性空间 V_n 中元素之间的线性相关性与它们坐标构成的向量的线性相关性是完全一致的.

推论 1 n 维线性空间 V_n 中的元素 $\boldsymbol{a}_1,\boldsymbol{a}_2,\cdots,\boldsymbol{a}_s(s\leqslant n)$ 线性无关的充要条件是它们的坐标列向量构成的矩阵 $\mathbf{A}$ 的秩等于 s.

定理 3 n 维线性空间 V_n 中的元素 $\boldsymbol{a}_1,\boldsymbol{a}_2,\cdots,\boldsymbol{a}_n$ 为线性空间 V_n 的一个基的充要条件

是它们的坐标列向量构成的矩阵 $\boldsymbol{A}$ 为满秩矩阵.

7.3 基变换与坐标变换

我们已经知道,线性空间中同一个元素在不同的基下有不同的坐标.下面来讨论线性空间中同一个元素在不同的基下的坐标之间的关系.

7.3.1 基变换与过渡矩阵

设 $\boldsymbol{\varepsilon}_1,\boldsymbol{\varepsilon}_2,\cdots,\boldsymbol{\varepsilon}_n$ 与 $\boldsymbol{\eta}_1,\boldsymbol{\eta}_2,\cdots,\boldsymbol{\eta}_n$ 是线性空间 V_n 的 2 个基,且

$$\begin{cases}\boldsymbol{\eta}_1=p_{11}\boldsymbol{\varepsilon}_1+p_{21}\boldsymbol{\varepsilon}_2+\cdots+p_{n1}\boldsymbol{\varepsilon}_n,\\ \boldsymbol{\eta}_2=p_{12}\boldsymbol{\varepsilon}_1+p_{22}\boldsymbol{\varepsilon}_2+\cdots+p_{n2}\boldsymbol{\varepsilon}_n,\\ \quad\vdots\\ \boldsymbol{\eta}_n=p_{1n}\boldsymbol{\varepsilon}_1+p_{2n}\boldsymbol{\varepsilon}_2+\cdots+p_{nn}\boldsymbol{\varepsilon}_n,\end{cases}\tag{7.1}$$

即

$$(\boldsymbol{\eta}_1,\boldsymbol{\eta}_2,\cdots,\boldsymbol{\eta}_n)=(\boldsymbol{\varepsilon}_1,\boldsymbol{\varepsilon}_2,\cdots,\boldsymbol{\varepsilon}_n)\boldsymbol{P},\tag{7.2}$$

其中

$$\boldsymbol{P}=\begin{pmatrix}p_{11}&p_{12}&\cdots&p_{1n}\\ p_{21}&p_{22}&\cdots&p_{2n}\\ \vdots&\vdots&&\vdots\\ p_{n1}&p_{n2}&\cdots&p_{nn}\end{pmatrix}.$$

式(7.1)或式(7.2)称为基变换公式,矩阵 $\boldsymbol{P}$ 称为由基 $\boldsymbol{\varepsilon}_1,\boldsymbol{\varepsilon}_2,\cdots,\boldsymbol{\varepsilon}_n$ 到基 $\boldsymbol{\eta}_1,\boldsymbol{\eta}_2,\cdots,\boldsymbol{\eta}_n$ 的过渡矩阵.由于 $\boldsymbol{\eta}_1,\boldsymbol{\eta}_2,\cdots,\boldsymbol{\eta}_n$ 线性无关,所以过渡矩阵 $\boldsymbol{P}$ 可逆.

7.3.2 坐标变换公式

下面讨论同一元素在不同基下的坐标之间的关系.

定理 4 设线性空间 V 中的元素 $\boldsymbol{\alpha}$ 在基 $\boldsymbol{\varepsilon}_1,\boldsymbol{\varepsilon}_2,\cdots,\boldsymbol{\varepsilon}_n$ 与基 $\boldsymbol{\eta}_1,\boldsymbol{\eta}_2,\cdots,\boldsymbol{\eta}_n$ 下的坐标分别为 $(x_1,x_2,\cdots,x_n)^{\mathrm{T}}$ 与 $(y_1,y_2,\cdots,y_n)^{\mathrm{T}}$.若两个基满足关系式(7.2),则有坐标变换公式

$$\begin{pmatrix}x_1\\ x_2\\ \vdots\\ x_n\end{pmatrix}=\boldsymbol{P}\begin{pmatrix}y_1\\ y_2\\ \vdots\\ y_n\end{pmatrix}\quad\text{或}\quad\begin{pmatrix}y_1\\ y_2\\ \vdots\\ y_n\end{pmatrix}=\boldsymbol{P}^{-1}\begin{pmatrix}x_1\\ x_2\\ \vdots\\ x_n\end{pmatrix}.\tag{7.3}$$

证明 因为

$$\boldsymbol{\alpha}=(\boldsymbol{\varepsilon}_1,\boldsymbol{\varepsilon}_2,\cdots,\boldsymbol{\varepsilon}_n)\begin{pmatrix}x_1\\x_2\\\vdots\\x_n\end{pmatrix}=(\boldsymbol{\eta}_1,\boldsymbol{\eta}_2,\cdots,\boldsymbol{\eta}_n)\begin{pmatrix}y_1\\y_2\\\vdots\\y_n\end{pmatrix},$$

由式(7.2)有

$$\boldsymbol{\alpha}=(\boldsymbol{\varepsilon}_1,\boldsymbol{\varepsilon}_2,\cdots,\boldsymbol{\varepsilon}_n)\begin{pmatrix}x_1\\x_2\\\vdots\\x_n\end{pmatrix}=(\boldsymbol{\eta}_1,\boldsymbol{\eta}_2,\cdots,\boldsymbol{\eta}_n)\begin{pmatrix}y_1\\y_2\\\vdots\\y_n\end{pmatrix}=(\boldsymbol{\varepsilon}_1,\boldsymbol{\varepsilon}_2,\cdots,\boldsymbol{\varepsilon}_n)\boldsymbol{P}\begin{pmatrix}y_1\\y_2\\\vdots\\y_n\end{pmatrix}.$$

由于 $\boldsymbol{\varepsilon}_1,\boldsymbol{\varepsilon}_2,\cdots,\boldsymbol{\varepsilon}_n$ 线性无关,所以有

$$\begin{pmatrix}x_1\\x_2\\\vdots\\x_n\end{pmatrix}=\boldsymbol{P}\begin{pmatrix}y_1\\y_2\\\vdots\\y_n\end{pmatrix}\quad 或 \quad \begin{pmatrix}y_1\\y_2\\\vdots\\y_n\end{pmatrix}=\boldsymbol{P}^{-1}\begin{pmatrix}x_1\\x_2\\\vdots\\x_n\end{pmatrix}.$$

定理 4 的逆定理也是成立的,即若任意元素在两个基下的坐标满足关系式(7.3),那么这两个基满足变换公式(7.2).

例 7 设三维线性空间 V 的 2 个基 $\varepsilon_1,\varepsilon_2,\varepsilon_3$ 与 η_1,η_2,η_3 满足

$$\begin{cases}\eta_1 = 3\varepsilon_1+2\varepsilon_2+\varepsilon_3,\\ \eta_2 = \varepsilon_1+\varepsilon_2,\\ \eta_3 = \varepsilon_1.\end{cases}$$

(1) 求在 2 个基下的坐标变换公式;

(2) 若一元素在 $\varepsilon_1,\varepsilon_2,\varepsilon_3$ 下坐标为$(2,-1,3)$,求它在基 η_1,η_2,η_3 下的坐标.

解 (1) 由基 $\varepsilon_1,\varepsilon_2,\varepsilon_3$ 到基 η_1,η_2,η_3 的过渡矩阵为

$$\boldsymbol{P}=\begin{pmatrix}3&1&1\\2&1&0\\1&0&0\end{pmatrix}.$$

设元素在基 $\varepsilon_1,\varepsilon_2,\varepsilon_3$ 下坐标为 $(x_1,x_2,x_3)^{\mathrm{T}}$,在基 η_1,η_2,η_3 下坐标为 $(y_1,y_2,y_3)^{\mathrm{T}}$,则

$$\begin{pmatrix}x_1\\x_2\\x_3\end{pmatrix}=\begin{pmatrix}3&1&1\\2&1&0\\1&0&0\end{pmatrix}\begin{pmatrix}y_1\\y_2\\y_3\end{pmatrix}$$

或

$$\begin{pmatrix}y_1\\y_2\\y_3\end{pmatrix}=\begin{pmatrix}3&1&1\\2&1&0\\1&0&0\end{pmatrix}^{-1}\begin{pmatrix}x_1\\x_2\\x_3\end{pmatrix}=\begin{pmatrix}0&0&1\\0&1&-2\\1&-1&-1\end{pmatrix}\begin{pmatrix}x_1\\x_2\\x_3\end{pmatrix}.$$

(2) 由(1)知：

$$\begin{pmatrix}y_1\\y_2\\y_3\end{pmatrix}=\begin{pmatrix}0&0&1\\0&1&-2\\1&-1&-1\end{pmatrix}\begin{pmatrix}2\\-1\\3\end{pmatrix}=\begin{pmatrix}3\\-7\\0\end{pmatrix}.$$

例 8 在线性空间 $P[x]_3$ 中，$\varepsilon_1=1,\varepsilon_2=x,\varepsilon_3=x^2,\varepsilon_4=x^3$ 是它的一个基，而 $\eta_1=1$，$\eta_2=x-1,\eta_3=(x-1)^2,\eta_4=(x-1)^3$ 为另一基.

(1) 求在 2 个基下的坐标变换公式；

(2) 分别将 $1+x+x^3$ 和 $3x+4x^2+x^3$ 展为 $x-1$ 的多项式.

解 (1) 因为

$$\begin{cases}1 = 1,\\ x-1 = -1+x,\\ (x-1)^2 = 1-2x+x^2,\\ (x-1)^3 = -1+3x-3x^2+x^3,\end{cases}$$

所以由基 $\varepsilon_1,\varepsilon_2,\varepsilon_3,\varepsilon_4$ 到基 $\eta_1,\eta_2,\eta_3,\eta_4$ 的过渡矩阵为

$$\boldsymbol{P}=\begin{pmatrix}1&-1&1&-1\\0&1&-2&3\\0&0&1&-3\\0&0&0&1\end{pmatrix},$$

其逆矩阵为

$$\boldsymbol{P}^{-1}=\begin{pmatrix}1&1&1&1\\0&1&2&3\\0&0&1&3\\0&0&0&1\end{pmatrix}.$$

设一元素在基 $\varepsilon_1,\varepsilon_2,\varepsilon_3,\varepsilon_4$ 下坐标为 $(x_1,x_2,x_3,x_4)^{\mathrm T}$，在基 $\eta_1,\eta_2,\eta_3,\eta_4$ 下坐标为 $(y_1,y_2,y_3,y_4)^{\mathrm T}$，则

$$\begin{pmatrix}x_1\\x_2\\x_3\\x_4\end{pmatrix}=\begin{pmatrix}1&-1&1&-1\\0&1&-2&3\\0&0&1&-3\\0&0&0&1\end{pmatrix}\begin{pmatrix}y_1\\y_2\\y_3\\y_4\end{pmatrix} \quad 或 \quad \begin{pmatrix}y_1\\y_2\\y_3\\y_4\end{pmatrix}=\begin{pmatrix}1&1&1&1\\0&1&2&3\\0&0&1&3\\0&0&0&1\end{pmatrix}\begin{pmatrix}x_1\\x_2\\x_3\\x_4\end{pmatrix}.$$

(2) 因 $1+x+x^3$ 在基 $\eta_1,\eta_2,\eta_3,\eta_4$ 下坐标为

$$\begin{pmatrix} y_1 \\ y_2 \\ y_3 \\ y_4 \end{pmatrix} = \begin{pmatrix} 1 & 1 & 1 & 1 \\ 0 & 1 & 2 & 3 \\ 0 & 0 & 1 & 3 \\ 0 & 0 & 0 & 1 \end{pmatrix} \begin{pmatrix} 1 \\ 1 \\ 0 \\ 1 \end{pmatrix} = \begin{pmatrix} 3 \\ 4 \\ 3 \\ 1 \end{pmatrix},$$

所以

$$1+x+x^3=3+4(x-1)+3(x-1)^2+(x-1)^3.$$

$3x+4x^2+x^3$ 在基 $\eta_1,\eta_2,\eta_3,\eta_4$ 下坐标为

$$\begin{pmatrix} y_1 \\ y_2 \\ y_3 \\ y_4 \end{pmatrix} = \begin{pmatrix} 1 & 1 & 1 & 1 \\ 0 & 1 & 2 & 3 \\ 0 & 0 & 1 & 3 \\ 0 & 0 & 0 & 1 \end{pmatrix} \begin{pmatrix} 0 \\ 3 \\ 4 \\ 1 \end{pmatrix} = \begin{pmatrix} 8 \\ 14 \\ 7 \\ 1 \end{pmatrix},$$

所以

$$3x+4x^2+x^3=8+14(x-1)+7(x-1)^2+(x-1)^3.$$

7.4 线性变换及其矩阵表示

7.4.1 线性变换的概念

首先介绍线性变换的概念.

定义 5 设 V_n,V_m 分别为实数域上的 n 维与 m 维线性空间,T 是从 V_n 到 V_m 的映射,若该映射满足:

(1) 任给 $\boldsymbol{\alpha},\boldsymbol{\beta}\in V_n$,有 $T(\boldsymbol{\alpha}+\boldsymbol{\beta})=T(\boldsymbol{\alpha})+T(\boldsymbol{\beta})$;

(2) 任给 $\boldsymbol{\alpha}\in V_n,k\in\mathbf{R}$,有 $T(k\boldsymbol{\alpha})=kT(\boldsymbol{\alpha})$,

那么就称该映射为从 V_n 到 V_m 的线性变换.

可以这么认为,线性变换就是保持线性组合的对应的映射.特别地,若 $V_n=V_m$,则称 T 是线性空间 V_n 中的线性变换.

下面来看几个线性变换的例子.

例 9 在线性空间 $P[x]_n$ 中,容易验证以下几点.

(1) 微分运算 D 是一个线性变换.

(2) 若定义线性空间 $P[x]_n$ 中的线性变换为:任给线性空间 $P[x]_n$ 中多项式

$$p(x)=a_0x^n+a_1x^{n-1}+\cdots+a_{n-1}x+a_n \quad (a_0,a_1,\cdots,a_n\in\mathbf{R}),$$

$T(p(x))=a_n$(即变换后为该多项式的常数项),则该变换 T 为线性变换.

(3) 若定义线性空间 $P[x]_n$ 中的线性变换为:任给线性空间 $P[x]_n$ 中多项式

$$p(x)=a_0x^n+a_1x^{n-1}+\cdots+a_{n-1}x+a_n \quad (a_0,a_1,\cdots,a_n\in\mathbf{R}),$$

$T(p(x))=1$,则该变换 T 不是线性变换.

例 10 设 $\mathbf{A}$ 为一个 n 阶矩阵,定义 $\mathbf{R}^n$ 中线性变换 T 为

$$\forall \boldsymbol{\alpha} \in \mathbf{R}^n, \quad T(\boldsymbol{\alpha})=\mathbf{A}\boldsymbol{\alpha},$$

则根据矩阵的运算规则,容易验证 T 为 $\mathbf{R}^n$ 中线性变换.

线性变换 T 具有以下基本性质:

(1) $T\mathbf{0}=\mathbf{0}, T(-\boldsymbol{\alpha})=-T\boldsymbol{\alpha}$;

(2) $T(k_1\alpha_1+k_2\alpha_2+\cdots+k_n\alpha_n)=k_1T\alpha_1+k_2T\alpha_2+\cdots+k_nT\alpha_n$;

(3) 若 $\alpha_1,\cdots,\alpha_n$ 线性相关,则 $T\alpha_1,\cdots,T\alpha_n$ 也线性相关,但反之不成立;

(4) 线性变换 T 的像集 $T(V_n)$ 是一个线性空间,称之为线性变换 T 的像空间.

(5) 满足 $T(\boldsymbol{\alpha})=\mathbf{0}$ 的 $\boldsymbol{\alpha}$ 的全体

$$S_T=\{\boldsymbol{\alpha} \mid \boldsymbol{\alpha} \in V_n, T\boldsymbol{\alpha}=\mathbf{0}\}$$

是线性空间 V_n 的子空间.称 S_T 为线性变换 T 的核.

7.4.2 线性变换的矩阵表示

下面讨论线性变换的矩阵表示.

定义 6 设 T 是线性空间 V_n 中的线性变换,$\varepsilon_1,\varepsilon_2,\cdots,\varepsilon_n$ 是 V_n 的一个基.设:

$$\begin{cases} T\varepsilon_1=p_{11}\varepsilon_1+p_{21}\varepsilon_2+\cdots+p_{n1}\varepsilon_n, \\ T\varepsilon_2=p_{12}\varepsilon_1+p_{22}\varepsilon_2+\cdots+p_{n2}\varepsilon_n, \\ \quad\vdots \\ T\varepsilon_n=p_{1n}\varepsilon_1+p_{2n}\varepsilon_2+\cdots+p_{nn}\varepsilon_n. \end{cases} \tag{7.4}$$

如果记 $T(\varepsilon_1,\varepsilon_2,\cdots,\varepsilon_n)=(T\varepsilon_1,T\varepsilon_2,\cdots,T\varepsilon_n)$,则式(7.4)可以表示为

$$T(\varepsilon_1,\varepsilon_2,\cdots,\varepsilon_n)=(\varepsilon_1,\varepsilon_2,\cdots,\varepsilon_n)\mathbf{A}, \tag{7.5}$$

其中

$$\mathbf{A}=\begin{pmatrix} p_{11} & p_{12} & \cdots & p_{1n} \\ p_{21} & p_{22} & \cdots & p_{2n} \\ \vdots & \vdots & & \vdots \\ p_{n1} & p_{n2} & \cdots & p_{nn} \end{pmatrix},$$

这个矩阵 $\mathbf{A}$ 称为线性变换 T 在基 $\varepsilon_1,\varepsilon_2,\cdots,\varepsilon_n$ 下的矩阵.

显然,在基给定的条件下,线性变换与它的矩阵之间有一一对应的关系.

任取 $\boldsymbol{\alpha} \in V_n$,若 $\boldsymbol{\alpha}=x_1\varepsilon_1+x_2\varepsilon_2+\cdots+x_n\varepsilon_n$,则

$$T(\alpha)=T(x_1\varepsilon_1+x_2\varepsilon_2+\cdots+x_n\varepsilon_n)=x_1T\varepsilon_1+x_2T\varepsilon_2+\cdots+x_nT_n\varepsilon_n$$

$$=(T\varepsilon_1,T\varepsilon_2,\cdots,T\varepsilon_n)\begin{pmatrix} x_1 \\ x_2 \\ \vdots \\ x_n \end{pmatrix}=(\varepsilon_1,\varepsilon_2,\cdots,\varepsilon_n)\mathbf{A}\begin{pmatrix} x_1 \\ x_2 \\ \vdots \\ x_n \end{pmatrix},$$

即

$$T\left[(\varepsilon_1,\varepsilon_2,\cdots,\varepsilon_n)\begin{pmatrix}x_1\\x_2\\\vdots\\x_n\end{pmatrix}\right]=(\varepsilon_1,\varepsilon_2,\cdots,\varepsilon_n)A\begin{pmatrix}x_1\\x_2\\\vdots\\x_n\end{pmatrix}. \tag{7.6}$$

由关系式(7.6)可知,$\boldsymbol{\alpha}$ 与 $T(\boldsymbol{\alpha})$ 在基 $\varepsilon_1,\varepsilon_2,\cdots,\varepsilon_n$ 下的坐标分别为

$$\boldsymbol{\alpha}=\begin{pmatrix}x_1\\x_2\\\vdots\\x_n\end{pmatrix},\quad T(\boldsymbol{\alpha})=A\begin{pmatrix}x_1\\x_2\\\vdots\\x_n\end{pmatrix}. \tag{7.7}$$

例 11 在线性空间 $P[x]_3$ 中,$\varepsilon_1=1,\varepsilon_2=x,\varepsilon_3=x^2,\varepsilon_4=x^3$ 是它的一个基,求微分运算在这个基下的矩阵.

解 由于

$$\begin{cases}D\varepsilon_1=0=0\varepsilon_1+0\varepsilon_2+0\varepsilon_3+0\varepsilon_4,\\D\varepsilon_2=1=1\varepsilon_1+0\varepsilon_2+0\varepsilon_3+0\varepsilon_4,\\D\varepsilon_3=2x=0\varepsilon_1+2\varepsilon_2+0\varepsilon_3+0\varepsilon_4,\\D\varepsilon_4=3x^2=0\varepsilon_1+0\varepsilon_2+3\varepsilon_3+0\varepsilon_4,\end{cases}$$

所以,微分运算在这个基下的矩阵为

$$A=\begin{pmatrix}0&1&0&0\\0&0&2&0\\0&0&0&3\\0&0&0&0\end{pmatrix}.$$

例 12 在 $\mathbf{R}^3$ 中,T 表示将向量投影到 xoy 平面的线性变换,即

$$T(x\boldsymbol{i}+y\boldsymbol{j}+z\boldsymbol{k})=x\boldsymbol{i}+y\boldsymbol{j}.$$

(1) 取 $\mathbf{R}^3$ 的基为 $\boldsymbol{i},\boldsymbol{j},\boldsymbol{k}$,求 T 的矩阵;

(2) 取 $\mathbf{R}^3$ 的基为 $\alpha=\boldsymbol{i},\beta=\boldsymbol{j},\gamma=\boldsymbol{i}+\boldsymbol{j}+\boldsymbol{k}$,求 T 的矩阵.

解 (1) 由于

$$\begin{cases}T\boldsymbol{i}=\boldsymbol{i},\\T\boldsymbol{j}=\boldsymbol{j},\\T\boldsymbol{k}=\boldsymbol{0},\end{cases}$$

即

$$T(\boldsymbol{i},\boldsymbol{j},\boldsymbol{k})=(\boldsymbol{i},\boldsymbol{j},\boldsymbol{k})\begin{pmatrix}1&0&0\\0&1&0\\0&0&0\end{pmatrix}.$$

(2) 由于

$$\begin{cases}T\alpha=\boldsymbol{i}=\alpha,\\T\beta=\boldsymbol{j}=\beta,\\T\gamma=\boldsymbol{i}+\boldsymbol{j}=\alpha+\beta,\end{cases}$$

即

$$T(\alpha,\beta,\gamma)=(\alpha,\beta,\gamma)\begin{pmatrix}1&0&1\\0&1&1\\0&0&0\end{pmatrix}.$$

由例 12 可知,同一线性变换在不同基下的矩阵不同.一般地,有以下结果.

定理 5　设 $\varepsilon_1,\varepsilon_2,\cdots,\varepsilon_n$ 与 $\eta_1,\eta_2,\cdots,\eta_n$ 是线性空间 V_n 的 2 个基,矩阵 $\boldsymbol{P}$ 为由基 $\varepsilon_1,\varepsilon_2,\cdots,\varepsilon_n$ 到基 $\eta_1,\eta_2,\cdots,\eta_n$ 的过渡矩阵,V_n 中的线性变换 T 在这 2 个基下的矩阵分别为 $\boldsymbol{A}$ 和 $\boldsymbol{B}$,则 $\boldsymbol{B}=\boldsymbol{P}^{-1}\boldsymbol{AP}$.

证明　由定理条件有

$$(\eta_1,\eta_2,\cdots,\eta_n)=(\varepsilon_1,\varepsilon_2,\cdots,\varepsilon_n)\boldsymbol{P}\quad(\text{矩阵 }\boldsymbol{P}\text{ 可逆}),$$

$$T(\varepsilon_1,\varepsilon_2,\cdots,\varepsilon_n)=(\varepsilon_1,\varepsilon_2,\cdots,\varepsilon_n)\boldsymbol{A},$$

$$T(\eta_1,\eta_2,\cdots,\eta_n)=(\eta_1,\eta_2,\cdots,\eta_n)\boldsymbol{B},$$

因此有

$$\begin{aligned}(\eta_1,\eta_2,\cdots,\eta_n)\boldsymbol{B}&=T(\eta_1,\eta_2,\cdots,\eta_n)=T[(\varepsilon_1,\varepsilon_2,\cdots,\varepsilon_n)\boldsymbol{P}]\\&=T[(\varepsilon_1,\varepsilon_2,\cdots,\varepsilon_n)]\boldsymbol{P}=(\varepsilon_1,\varepsilon_2,\cdots,\varepsilon_n)\boldsymbol{AP}\\&=(\eta_1,\eta_2,\cdots,\eta_n)\boldsymbol{P}^{-1}\boldsymbol{AP}.\end{aligned}$$

所以

$$\boldsymbol{B}=\boldsymbol{P}^{-1}\boldsymbol{AP}.$$

这个结论表明:线性变换在 2 个不同基下的矩阵是相似的,且两个基之间的过渡矩阵就是相似变换矩阵.

例 13　设 $\varepsilon_1,\varepsilon_2,\varepsilon_3$ 为三维线性空间 V 的一个基,线性变换 T 在这个基下的矩阵为

$$\boldsymbol{A}=\begin{pmatrix}1&0&1\\1&1&0\\0&1&1\end{pmatrix},$$

又 $\eta_1=\varepsilon_1-\varepsilon_2,\eta_2=\varepsilon_1+\varepsilon_2,\eta_3=\varepsilon_1+\varepsilon_2+\varepsilon_3$,求线性变换在基 η_1,η_2,η_3 下的矩阵.

解　从 $\varepsilon_1,\varepsilon_2,\varepsilon_3$ 到 η_1,η_2,η_3 的过渡矩阵为

$$\boldsymbol{P}=\begin{pmatrix}1&1&1\\-1&1&1\\0&0&1\end{pmatrix},$$

且

$$P^{-1}=\begin{pmatrix}\frac{1}{2} & -\frac{1}{2} & 0\\ \frac{1}{2} & \frac{1}{2} & -1\\ 0 & 0 & 1\end{pmatrix},$$

所以线性变换 T 在基 η_1,η_2,η_3 下的矩阵为

$$B=P^{-1}AP=\begin{pmatrix}\frac{1}{2} & -\frac{1}{2} & 0\\ \frac{3}{2} & \frac{1}{2} & 0\\ -1 & 1 & 2\end{pmatrix}.$$

小　　结

本章主要讲述了线性空间与线性变换的基本概念和性质.首先对线性空间的概念与性质进行了介绍;接着引入线性空间的基与维数的概念,并着重讲述了线性空间中向量在一组基下的坐标;然后介绍了线性空间中不同基之间的关系,即过渡矩阵,以及一个向量在不同基下的坐标之间的关系,即坐标变换公式;最后介绍了线性变换的概念与线性变换的矩阵表示.本章只需要掌握基本概念与基本计算.

对线性空间的概念与性质,要求会判断一个集合在某种结构下是否构成一个线性空间,在线性空间的性质中特别关注零元素与单位元素的性质;对线性空间的基与维数和坐标,线性空间的基就是线性空间的一个最大无关组,线性空间的基没有唯一性,两组基是等价的,两组基之间由过渡矩阵连接起来,线性空间中同一向量在不同基下坐标也由过渡矩阵连接起来,连接公式十分重要;线性空间维数就是线性空间基中向量的个数,线性空间的维数是唯一的,求一个向量在一组基下的坐标实际就是求解一个线性方程组;线性空间中的线性变换与矩阵一一对应,在不同基下的变换矩阵之间的关系是通过过渡矩阵联系的.

本章常见题型有判断一个集合在某种结构下是否构成一个线性空间、求线性空间的基与维数、计算线性空间中一向量在不同基下的坐标等.

习　题　七

1. 设 $\mathbf{R}^+$ 是全体正实数集合,$\mathbf{R}$ 为实数域,在 $\mathbf{R}^+$ 上定义两种运算.

加法:对任意 $x,y\in\mathbf{R}^+$,$x\oplus y=xy$.

数乘：对任意 $x \in \mathbf{R}^+, k \in \mathbf{R}, k \otimes x = x^k$.

判断 $\mathbf{R}^+$ 对加法和数乘运算是否构成数域 $\mathbf{R}$ 上的线性空间.

2. 验证下列集合是否构成实数域上的线性空间.

(1) 全体实数的二元数列，对下面定义的运算：

$$(x_1, y_1) \oplus (x_2, y_2) = (x_1 + x_2, y_1 + y_2 + x_1 x_2),$$

$$k \otimes (x_1, y_1) = (kx_1, ky_1 + \frac{k(k-1)}{2} x_1^2).$$

(2) 平面上全体向量，对于通常的向量加法和如下定义的数乘：$k \otimes \boldsymbol{\alpha} = \mathbf{0}$.

3. 验证：所有 n 阶实对称矩阵，按矩阵的加法和数与矩阵的乘法构成数域 $\mathbf{R}$ 上的线性空间.

4. 判断所有 n 阶实可逆矩阵，按矩阵的加法和数与矩阵的乘法是否构成数域 $\mathbf{R}$ 上的线性空间.

5. 设 V 是实数域上全体二阶方阵构成的线性空间，求 V 的一个基与维数.

6. 在 $\mathbf{R}^3$ 中求向量 $\boldsymbol{\alpha} = (1,3,0)^{\mathrm{T}}$ 在基 $\boldsymbol{\alpha}_1 = (1,0,1)^{\mathrm{T}}, \boldsymbol{\alpha}_2 = (0,1,0)^{\mathrm{T}}, \boldsymbol{\alpha}_3 = (1,2,2)^{\mathrm{T}}$ 下的坐标.

7. 在 $\mathbf{R}^4$ 中求向量 $\boldsymbol{\alpha} = (1,2,1,1)^{\mathrm{T}}$ 在基

$$\boldsymbol{\alpha}_1 = (1,1,1,1)^{\mathrm{T}}, \quad \boldsymbol{\alpha}_2 = (1,1,-1,-1)^{\mathrm{T}},$$

$$\boldsymbol{\alpha}_3 = (1,-1,1,-1)^{\mathrm{T}}, \quad \boldsymbol{\alpha}_4 = (1,-1,-1,1)^{\mathrm{T}}$$

下的坐标.

8. 在三维向量空间 R^3 中，基 $\boldsymbol{\alpha}_1 = (-1,0,2)^{\mathrm{T}}, \boldsymbol{\alpha}_2 = (0,1,1)^{\mathrm{T}}, \boldsymbol{\alpha}_3 = (3,-1,0)^{\mathrm{T}}$ 在线性变换 T 下的像为 $\boldsymbol{\beta}_1 = (-5,0,3)^{\mathrm{T}}, \boldsymbol{\beta}_2 = (0,-1,6)^{\mathrm{T}}, \boldsymbol{\beta}_3 = (-5,-1,9)^{\mathrm{T}}$，求 $\boldsymbol{\beta}_1, \boldsymbol{\beta}_2, \boldsymbol{\beta}_3$ 在线性变换 T 下的像.

9. 在由次数不超过三次的多项式所组成的线性空间中，定义线性变换 T 为

$$T(f(x)) = f'(x).$$

求 T 在基 $1, x, x^2, x^3$ 下对应的矩阵及在基 $1, 1+x, 1+x+x^2, 1+x+x^2+x^3$ 下对应的矩阵，并求由前一个基到后一个基的过渡矩阵.

习题七部分参考答案

1. 是.

2. (1) 是；(2) 否.

4. 否.

5. 一个基为 $\begin{pmatrix} 1 & 0 \\ 0 & 0 \end{pmatrix}, \begin{pmatrix} 0 & 1 \\ 0 & 0 \end{pmatrix}, \begin{pmatrix} 0 & 0 \\ 1 & 0 \end{pmatrix}, \begin{pmatrix} 0 & 0 \\ 0 & 1 \end{pmatrix}$，维数 4.

6. $(2,5,-1)$.

7. $\left(\frac{5}{4},\frac{1}{4},-\frac{1}{4},-\frac{1}{4}\right)$.

8. $(-5,2,-9)^{T},(-20,1,18)^{T},(-25,1,9)^{T}$.

9. $\begin{pmatrix}0&1&0&0\\0&0&2&0\\0&0&0&3\\0&0&0&0\end{pmatrix},\begin{pmatrix}0&1&-1&-1\\0&0&2&-1\\0&0&0&3\\0&0&0&0\end{pmatrix},\begin{pmatrix}1&1&1&1\\0&1&1&1\\0&0&1&1\\0&0&0&1\end{pmatrix}$.

*第 8 章　MATLAB 在线性代数中的应用

MATLAB 是矩阵实验室的英文单词 matrix laboratory 的缩写形式，它是一种功能非常强大的计算软件，能够进行大量的科学与工程运算.MATLAB 主要应用于数学计算、数学建模、数据处理、工程绘图及应用系统开发.MATLAB 不仅功能强大，而且操作起来非常简单.对于初学者来说，MATLAB 简单实用.本章主要介绍 MATLAB 在线性代数中的应用.

8.1　矩阵的建立与运算

MATLAB 最大的功能是处理矩阵，由于它的命令和用法比较多，因此，我们首先介绍矩阵的建立与最基本的一些运算.

8.1.1　矩阵的建立

通常采用直接输入的方法.首先，按矩阵行的顺序输入每个元素，同一行的元素用逗号分开，或者用空格分开，不同行的元素用分号分开，或者另起一行，最后用方括号把所有的元素括起来.

比如，要建立矩阵

$$\boldsymbol{A}=\begin{pmatrix}1 & 0 & 1\\ 2 & 1 & 3\\ 4 & 1 & -1\end{pmatrix},$$

直接输入命令：

```
>> Matrix_A = [1  0  1;  2  1  3;  4  1  -1]
```

然后按回车键，有

```
Matrix_A =
     1   0    1
     2   1    3
     4   1   -1
```

一些特殊矩阵的建立如下：

zeros(n) 表示生成 $n\times n$ 的全零阵；

zeros(m,n) 表示生成 $m\times n$ 的全零阵；

eye(n) 表示生成 $n \times n$ 的单位阵；

ones(n) 表示生成 $n \times n$ 的全 1 阵；

ones(m,n) 表示生成 $m \times n$ 的全 1 阵；

rand(n) 表示生成 $n \times n$ 的随机矩阵，其元素在(0,1) 内；

rand(m,n) 表示生成 $m \times n$ 的随机矩阵；

diag(v) 表示以向量 $\boldsymbol{v}$ 为主对角线的对角阵.

例如，要建立三阶单位阵，输入命令：

```
>> E = eye(3)
```

然后按回车键，有

```
E =
    1  0  0
    0  1  0
    0  0  1
```

例如，要建立以 1,2,3 为对角元的对角阵，输入命令：

```
>> v = [1  2  3] ;
>> Λ = diag(v)
```

然后按回车键，有

```
Λ =
    1  0  0
    0  2  0
    0  0  3
```

8.1.2 矩阵的运算

1. 线性运算

矩阵的加法与减法用“+”,“−”运算符来进行计算.矩阵的数乘用“ * ”运算符来进行计算.

例如，矩阵的加法与减法的算法如下：

```
>> A = [1  0  1;  2  3  4] ;
>> B = [2  1  -1;  1  2  -3] ;
>> C = A + B
```

然后按回车键，有

```
C =
    3  1  0
    3  5  1
```

```
>> D=A-B
```

然后按回车键,有

```
D=
   -1   -1   2
    1    1   7
```

例如,矩阵的数乘算法如下:

```
>> A=[1  0  1;  2  3  4];
>> B=2*A
```

然后按回车键,有

```
B=
   2  0  2
   4  6  8
```

2. 矩阵的乘法

矩阵的乘法用"*"运算符来进行计算.

例如,求$\begin{pmatrix}4 & 3 & 1\\ 1 & -2 & 3\\ 5 & 7 & 0\end{pmatrix}\begin{pmatrix}7\\ 2\\ 1\end{pmatrix}$.

```
>> A=[4  3  1;  1  -2  3;  5  7  0];
>> B=[7  2  1]';
>> C=A*B
```

然后按回车键,有

```
C=
   35
    6
   49
```

3. 矩阵的幂

矩阵的幂用"∧"运算符来进行计算.

例如,设$\boldsymbol{A}=\begin{pmatrix}1 & 2\\ 0 & 1\end{pmatrix}$,求$\boldsymbol{A}^2$.

```
>> A=[1  2;  0  1];
>> B=A^2
```

然后按回车键,有

```
B=
   1  4
   0  1
```

4. 矩阵的转置

矩阵的转置用“′”运算符来进行计算.

```
>> A=[1  0  1;  2  3  4];
>> B=A'
```

然后按回车键,有

```
B=
   1  2
   0  3
   1  4
```

8.2 线性代数中的一些实例

8.2.1 行列式的求值

在 MATLAB 中求行列式值的函数为 det().

例 1 求行列式 D 的值,其中

$$D=\begin{vmatrix}1 & -5 & 3 & -3\\2 & 0 & 1 & -1\\3 & 1 & -1 & 2\\4 & 1 & 3 & -1\end{vmatrix}.$$

解 输入命令:

```
>> A=[1  -5   3  -3
      2   0   1  -1
      3   1  -1   2
      4   1   3  -1];
>> D=det(A)
```

然后按回车键,有

```
D=
   -55
```

所以

$$D=\begin{vmatrix}1 & -5 & 3 & -3\\2 & 0 & 1 & -1\\3 & 1 & -1 & 2\\4 & 1 & 3 & -1\end{vmatrix}=-55.$$

例 2　当 k 取何值时,下列齐次方程组有非零解?

$$\begin{cases}kx_1+x_2-x_3=0,\\x_1+kx_2+x_3=0,\\x_1+x_2-3x_3=0.\end{cases}$$

解　输入命令:

```
>> syms  k
>> A=[k  1  -1
      1  k   1
      1  1  -3];
>> B=det(A)
```

然后按回车键,有

```
B=
    -3*k^2+3
```

所以当 $k=\pm1$ 时,$|\boldsymbol{B}|=0$,齐次方程组有非零解.

8.2.2　逆矩阵的求法

如果方阵 $|\boldsymbol{A}|\neq 0$,则 $\boldsymbol{A}$ 可逆,在 MATLAB 中求逆矩阵的函数为 inv().

例 3　设 $\boldsymbol{A}=\begin{pmatrix}3&2&1\\3&1&5\\3&2&3\end{pmatrix}$,求 $\boldsymbol{A}^{-1}$.

解　输入命令:

```
>> A=[3  2  1
      3  1  5
      3  2  3];
>> D=det(A)
```

然后按回车键,有

```
D=
    -6
```

```
>> B=inv(A)
```

然后按回车键,有

B＝

$$\begin{matrix} \frac{7}{6} & \frac{2}{3} & -\frac{3}{2} \\ -1 & -1 & 2 \\ -\frac{1}{2} & 0 & \frac{1}{2} \end{matrix}$$

所以

$$\boldsymbol{A}^{-1}=\begin{pmatrix} \frac{7}{6} & \frac{2}{3} & -\frac{3}{2} \\ -1 & -1 & 2 \\ -\frac{1}{2} & 0 & \frac{1}{2} \end{pmatrix}.$$

例 4 设 $\boldsymbol{A}=\begin{pmatrix} 4 & 1 & -2 \\ 2 & 2 & 1 \\ 3 & 1 & -1 \end{pmatrix}$，$\boldsymbol{B}=\begin{pmatrix} 1 & -3 \\ 2 & 2 \\ 3 & -1 \end{pmatrix}$，求 $\boldsymbol{X}$ 使 $\boldsymbol{AX}=\boldsymbol{B}$.

解 方法一 步骤如下：

```
>> A=[4  1  -2
      2  2   1
      3  1  -1];
>> B=[1  -3;  2  2;  3  -1];
>> X=inv(A)*B
```

然后按回车键，有

```
X=
     10    2
    -15   -3
     12    4
```

所以方程的解为

$$\boldsymbol{X}=\begin{pmatrix} 10 & 2 \\ -15 & -3 \\ 12 & 4 \end{pmatrix}.$$

方法二 上面这个例题还可以用矩阵的除法“\”来计算.

步骤如下：

```
>> A=[4  1  -2
      2  2   1
      3  1  -1];
```

```
>> B = [1  -3;  2  2;  3  -1];
>> X = A\B
```

然后按回车键,有

```
X =
    10     2
   -15    -3
    12     4
```

所以方程的解为

$$\boldsymbol{X}=\begin{pmatrix}10 & 2\\ -15 & -3\\ 12 & 4\end{pmatrix}.$$

8.2.3 线性方程组的求解

在求方程组之前,首先要判断方程组有没有解,如果有解,解是不是唯一的.解存在的唯一性主要是根据系数矩阵和增广矩阵的秩的大小来判断的.下面我们将介绍如何求矩阵的秩.

1. 矩阵秩的求法

在 MATLAB 中求矩阵的秩的函数为 rank().

例 5 设 $\boldsymbol{A}=\begin{pmatrix}0 & 1 & 2\\ 1 & 1 & -1\\ 2 & 4 & 2\end{pmatrix}$,求矩阵 $\boldsymbol{A}$ 的秩.

解 步骤如下:

```
>> A = [0  1  2;  1  1  -1;  2  4  2];
>> R = rank(A)
```

然后按回车键,有

```
R =
    2
```

所以矩阵 $\boldsymbol{A}$ 的秩为 2.

2. 行最简型矩阵的求法

在 MATLAB 中,求矩阵的行最简形矩阵的函数为 rref().

例 6 设 $\boldsymbol{A}=\begin{pmatrix}1 & 2 & 2 & 11\\ 1 & -3 & -3 & -14\\ 3 & 1 & 1 & 8\end{pmatrix}$,求 $\boldsymbol{A}$ 的行最简形矩阵.

解 步骤如下:

```
>> A=[1    2    2    11
      1   -3   -3   -14
      3    1    1     8];
>> R=rank(A)
```

然后按回车键,有

```
R=

    2
```

```
>> C=rref(A)
```

然后按回车键,有

```
C=

    1  0  0  1
    0  1  1  5
    0  0  0  0
```

所以 $\boldsymbol{A}$ 的行最简形矩阵为

$$\begin{pmatrix} 1 & 0 & 0 & 1 \\ 0 & 1 & 1 & 5 \\ 0 & 0 & 0 & 0 \end{pmatrix}.$$

3. 线性齐次方程组的通解的求法

在 MATLAB 中,我们可以调用函数 null,来求齐次线性方程组的通解.实际上,求出来的是方程组的基础解系.

例 7 设 $\boldsymbol{A}=\begin{pmatrix} 1 & -1 & 1 & -1 \\ 1 & -1 & -1 & 1 \\ 1 & -1 & -2 & 2 \end{pmatrix}$,求方程组 $\boldsymbol{AX}=\boldsymbol{0}$ 的通解.

解 步骤如下:

```
>> A=[
      1  -1   1  -1
      1  -1  -1   1
      1  -1  -2   2];
>> R=rank(A)
```

然后按回车键,有

```
R=

    2
```

```
>> X=null(A)
```

然后按回车键,有

```
X =
    -1/2   1/2
    -1/2   1/2
     1/2   1/2
     1/2   1/2
```

所以方程组的通解为

$$\boldsymbol{X}=c_1\begin{pmatrix}-\frac{1}{2}\\-\frac{1}{2}\\\frac{1}{2}\\\frac{1}{2}\end{pmatrix}+c_2\begin{pmatrix}\frac{1}{2}\\\frac{1}{2}\\\frac{1}{2}\\\frac{1}{2}\end{pmatrix}\quad(c_1,c_2\in\mathbf{R}).$$

4. 线性非齐次方程组的通解的求法

在MATLAB中,我们可以调用函数rref(),来求非齐次线性方程组的通解.可以先将增广矩阵化成行最简形矩阵,这时就可以得到最简同解方程组.

例8 求方程组

$$\begin{cases}x_1+x_2=5,\\2x_1+x_2+x_3+2x_4=1,\\5x_1+3x_2+2x_3+2x_4=3\end{cases}$$

的通解.

解 步骤如下:

```
>> A=[1  1  0  0
      2  1  1  2
      5  3  2  2];
>> b=[5  1  3]';
>> B=[A  b]
>> C=rref(B)
```

然后按回车键,有

```
C =

    1   0    1   0   -8
    0   1   -1   0   13
    0   0    0   1    2
```

对应的齐次方程组的基础解系为 $\boldsymbol{\xi}=\begin{pmatrix}-1\\1\\1\\0\end{pmatrix}$，非齐次方程组的一个特解为 $\boldsymbol{\eta}=\begin{pmatrix}-8\\13\\0\\2\end{pmatrix}$，因此方程组的通解为 $\boldsymbol{x}=k\boldsymbol{\xi}+\boldsymbol{\eta}$，其中 k 为常数.

再介绍一种方法，步骤如下：

```
>> A = [1  1  0  0
        2  1  1  2
        5  3  2  2];
>> b = [5  1  3]';
>> B = A\b
```

然后按回车键，有

```
B =

   -8
   13
    0
    2
```

所以非齐次方程组的一个特解为 $\boldsymbol{\eta}=\begin{pmatrix}-8\\13\\0\\2\end{pmatrix}$.

```
>> r = rank(A);
>> C = null(A,'r')
```

然后按回车键，有

C =

-1
1
1
0

所以对应的齐次方程组的基础解系为 $\boldsymbol{\xi}=\begin{pmatrix}-1\\1\\1\\0\end{pmatrix}$.因此,方程组的通解为 $\boldsymbol{x}=k\boldsymbol{\xi}+\boldsymbol{\eta}$,其中 k 为常数.

8.2.4　线性相关性与最大无关组

例 9　求向量组 $\boldsymbol{\alpha}_1=(-1\quad 3\quad 1)$,$\boldsymbol{\alpha}_2=(2\quad 1\quad 0)$,$\boldsymbol{\alpha}_3=(1\quad 4\quad 1)$ 的秩,并判断其是否线性相关.

解　步骤如下:

```
>> A = [-1  3  1;  2  1  0;  1  4  1];
>> R = rank(A)
```

然后按回车键,有

R =

2

由于 $2<3$(向量个数),因此向量组线性相关.

例 10　求向量组 $\boldsymbol{\alpha}_1=(1\quad 0\quad 2\quad 1)^{\mathrm{T}}$,$\boldsymbol{\alpha}_2=(1\quad 2\quad 0\quad 1)^{\mathrm{T}}$,$\boldsymbol{\alpha}_3=(2\quad 1\quad 3\quad 0)^{\mathrm{T}}$,$\boldsymbol{\alpha}_4=(2\quad 5\quad -1\quad 4)^{\mathrm{T}}$,$\boldsymbol{\alpha}_5=(1\quad -1\quad 3\quad -1)^{\mathrm{T}}$ 的一个最大无关组.

解　步骤如下:

```
>> A=[1  1  2   2  1;0  2  1  5  -1;
      2  0  3  -1  3;1  1  0  4  -1];
>> [r,b]=rref(A)
```

然后按回车键,有

r =

```
1  0  0   1   0
0  1  0   3  -1
0  0  1  -1   1
0  0  0   0   0
```

```
b =

    1    2    3
```

所以向量组的秩为 3,最大无关组为 $\boldsymbol{\alpha}_1,\boldsymbol{\alpha}_2,\boldsymbol{\alpha}_3$.

8.2.5 将二次型化成标准形

1. 特征值与特征向量的求法

在 MATLAB 中,求矩阵的特征值与特征向量的函数为 eig().

例 11 设 $\boldsymbol{A}=\begin{pmatrix}1 & 2 & 3\\ 2 & 1 & 3\\ 3 & 3 & 6\end{pmatrix}$,求 $\boldsymbol{A}$ 的特征值与特征向量.

解 步骤如下:

```
>> A = [1  2  3;  2  1  3;  3  3  6];
>> [v  d] = eig(A)
```

然后按回车键,有

```
v =

     0.7071     0.5774     0.4082
    -0.7071     0.5774     0.4082
          0    -0.5774     0.8165

d =

    -1.0000          0          0
          0     0.0000          0
          0          0     9.0000
```

所以 $\boldsymbol{A}$ 的特征值为 $-1,0,9$,特征向量为 $\boldsymbol{v}$ 的 3 个列向量.

2. 矩阵的对角化与正交基

判断矩阵能否对角化也可以调用函数 eig().

例 12 判断矩阵 $\boldsymbol{A}=\begin{pmatrix}1 & 2 & 2\\ 2 & 1 & 2\\ 2 & 2 & 1\end{pmatrix}$是否能对角化.

解 步骤如下:

```
>> A = [1  2  2;  2  1  2;  2  2  1];
>> [v  d] = eig(A)
```

然后按回车键,有

```
v =
    0.6015    0.5522    0.5774
    0.1775   -0.7970    0.5774
   -0.7789    0.2448    0.5774
d =
   -1.0000         0         0
         0   -1.0000         0
         0         0    5.0000
```

```
>> R = rank(v)
```

然后按回车键,有

```
R =
    3
```

表示 $\boldsymbol{A}$ 有 3 个线性无关的特征向量,因此能对角化.

将矩阵正交规范化可以调用函数 orth().

例 13 求一个正交矩阵,将矩阵 $\boldsymbol{A}=\begin{pmatrix}4 & 0 & 0\\ 0 & 3 & 1\\ 0 & 1 & 3\end{pmatrix}$ 正交规范化.

解 步骤如下:

```
>> A = [4  0  0;  0  3  1;  0  1  3];
>> p = orth(A)
```

然后按回车键,有

```
p =
         0    1.0000         0
   -0.7071         0   -0.7071
   -0.7071         0    0.7071
```

```
>> e = p * inv(p)
```

然后按回车键,有

```
e =
    1.0000         0         0
         0    1.0000         0
         0   -0.0000    1.0000
```

因此,$\boldsymbol{p}$ 就是所求的正交矩阵.

3. 二次型转化成标准形

例 14 将二次型 $f(x_1,x_2,x_3)=x_1^2+x_2^2+x_3^2+4x_1x_2+4x_1x_3+4x_2x_3$ 化为标准

形.

解 步骤如下:

```
>> A=[1 2 2; 2 1 2; 2 2 1];
>> [v d]=eig(A)
```

然后按回车键,有

```
v=
    0.6015    0.5522    0.5774
    0.1775   -0.7970    0.5774
   -0.7789    0.2448    0.5774
d=
   -1.0000         0         0
         0   -1.0000         0
         0         0    5.0000
```

因此,二次型的标准形为 $f(x_1,x_2,x_3)=-x_1^2-x_2^2+5x_3^2$.

小 结

本章主要介绍了矩阵的建立及矩阵的运算,它是 MATLAB 最基础的内容.然后,通过一些实例,重点介绍了线性代数中常见的算法.我们只是介绍了很少的一些算法,其实 MATLAB 的功能非常强大,可以说它涉及线性代数方方面面的知识,大家可以找相关的书籍进行学习.另外,对于 MATLAB 的操作和用法,可以查阅关于 MATLAB 的专业教材.

习 题 八

请在计算机上用 MATLAB 求解下列各题.

1. 求行列式 D 的值:

$$D=\begin{vmatrix}1&-5&3&-3\\2&0&1&-1\\3&1&-1&2\\4&1&3&-1\end{vmatrix}.$$

2. 计算:

(1) $\begin{pmatrix}2&1\\-3&-2\end{pmatrix}\begin{pmatrix}3&-1\\-4&5\end{pmatrix}$; (2) $\begin{pmatrix}4&3\\2&5\end{pmatrix}\begin{pmatrix}3&-2&4\\5&1&-3\end{pmatrix}$;

(3) $\begin{pmatrix}1 & 0 & 1\\2 & 1 & -3\end{pmatrix}\begin{pmatrix}6 & 2 & 1\\0 & 4 & 0\\3 & -6 & 4\end{pmatrix}$.

3.设 $\boldsymbol{A}=\begin{pmatrix}0 & 0 & 1\\0 & 1 & 0\\1 & 0 & 0\end{pmatrix}$,$\boldsymbol{B}=\begin{pmatrix}1 & 2\\2 & 3\\1 & -1\end{pmatrix}$,$\boldsymbol{C}=\begin{pmatrix}3 & 1 & 0\\1 & 2 & 1\end{pmatrix}$,求:

(1) $2\boldsymbol{A}+\boldsymbol{BC}$;(2)$\boldsymbol{C}^{\mathrm{T}}\boldsymbol{B}^{\mathrm{T}}$;(3)$\boldsymbol{A}-4\boldsymbol{BC}$;(4) $(\boldsymbol{A}-4\boldsymbol{BC})^{\mathrm{T}}$.

4. 设 $\boldsymbol{A}=\begin{pmatrix}1 & \lambda\\0 & 1\end{pmatrix}$,求 $\boldsymbol{A}^8$.

5. 求下列矩阵的逆矩阵:

(1) $\begin{pmatrix}1 & 2\\3 & 1\end{pmatrix}$;　　(2) $\begin{pmatrix}1 & -1 & -1\\2 & -1 & -3\\3 & 2 & -5\end{pmatrix}$.

6. 解下列矩阵方程:

(1) $\begin{pmatrix}1 & -1\\0 & 1\end{pmatrix}\boldsymbol{X}=\begin{pmatrix}1 & 4\\-1 & 2\end{pmatrix}$;

(2) $\begin{pmatrix}1 & 2 & -1\\3 & 4 & -2\\5 & -4 & 1\end{pmatrix}\boldsymbol{X}\begin{bmatrix}1 & 0 & 0\\0 & 0 & 1\\0 & 1 & 0\end{bmatrix}=\begin{bmatrix}0 & 1 & 0\\1 & 0 & 0\\0 & 0 & 1\end{bmatrix}$.

7. 利用逆矩阵求方程组的解:

$$\begin{cases}x_1+2x_2+3x_3=2,\\2x_1-x_2+2x_3=1,\\x_1+3x_2=0.\end{cases}$$

8. 已知矩阵 $\boldsymbol{X}$ 满足关系式 $\boldsymbol{XA}=\boldsymbol{B}^{\mathrm{T}}+3\boldsymbol{X}$,其中

$$\boldsymbol{A}=\begin{bmatrix}4 & -3\\2 & 1\end{bmatrix},\quad \boldsymbol{B}=\begin{bmatrix}2 & 3 & 0\\0 & -1 & 4\end{bmatrix}.$$

9. 求齐次方程组的解:

$$\begin{cases}x_1+x_2+2x_3+x_4=0,\\2x_1+x_2-2x_3-2x_4=0,\\x_1-x_2-4x_3-x_4=0.\end{cases}$$

10. 求非齐次方程组的解:

$$\begin{cases}x_1+x_2-3x_3-x_4=1,\\3x_1-x_2-3x_3+4x_4=4,\\x_1+x_2-x_3-3x_4=0.\end{cases}$$

11. 求 $\boldsymbol{A}=\begin{bmatrix} 2 & -1 & 2 \\ 5 & -3 & 3 \\ -1 & 0 & -2 \end{bmatrix}$ 的特征值与特征向量.

12. 将二次型 $f(x_1,x_2,x_3)=x_1^2+2x_2^2+3x_3^2-2x_1x_3$ 化为标准形.

参 考 文 献

[1] 同济大学数学系.工程数学线性代数[M].5版.北京:高等教育出版社,2007.

[2] 上海财经大学应用数学系.线性代数[M].上海:上海财大出版社,2007.

[3] 邱森.线性代数[M].武汉:武汉大学出版社,2007.

[4] 北京大学数学系.高等代数[M].北京:高教教育出版社,2003.

[5] 汪雷,宋向东.线性代数及其应用[M].北京:高等教育出版社,2001.

[6] 居余马,等.线性代数[M].北京:清华大学出版社,2002.

[7] 朱永松.线性代数应用与提高[M].北京:科学出版社,2003.